文教事業部
專屬團購好禮方案

頑文教事業部為博碩文化為服務廣大教育市場所成立的行銷團隊

活動說明

- ⏰ 本活動與【讀墨電子書平台】合作，推出習題電子書教學配件，可供教師及學生作為日常作業或評量，了解個人學習狀況。
- ⏰ 教師可另外申請下載習題解答，恕不提供非教師申請。

果用書團購好禮活動

- 🎯 好禮一：專屬優惠折扣或贈品
- 🎯 好禮二：專屬習題電子書

U0141319

本教學配件由博碩文化文教事業部獨家提供

- ⏰ 掃描以下 QR code，可查閱詳細說明，完成團購標準可獲得專屬習題電子書。

博碩文化

Python
程式設計基石

基礎概念 與 實戰應用
全攻略

袁葆宏、袁儀齡——著

Everything is an Object！

以圖表、實際操作及多樣化的方式，詳盡
說明 Python 在使用程序式及函數式程式
範型所需要了解的概念。

唯有打好基礎，
才能在專業上
學有所成。

 博碩官網下載書中範例程式碼

作　　者：袁葆宏、袁儀齡
責任編輯：黃俊傑

董 事 長：曾梓翔
總 編 輯：陳錦輝

出　　版：博碩文化股份有限公司
地　　址：221 新北市汐止區新台五路一段 112 號 10 樓 A 棟
　　　　　電話 (02) 2696-2869　傳真 (02) 2696-2867

發　　行：博碩文化股份有限公司
郵撥帳號：17484299　戶名：博碩文化股份有限公司
博碩網站：http://www.drmaster.com.tw
讀者服務信箱：dr26962869@gmail.com
訂購服務專線：(02) 2696-2869 分機 238、519
（週一至週五 09:30 ～ 12:00；13:30 ～ 17:00）

版　　次：2025 年 1 月初版一刷

建議零售價：新台幣 680 元
I S B N：978-626-414-070-6
律師顧問：鳴權法律事務所 陳曉鳴律師

本書如有破損或裝訂錯誤，請寄回本公司更換

國家圖書館出版品預行編目資料

Python 程式設計基石：基礎概念與實戰應用
全攻略 / 袁葆宏, 袁儀齡著 .-- 初版 .-- 新
北市 : 博碩文化股份有限公司, 2025.01

面；　公分

ISBN 978-626-414-070-6(平裝)

1.CST: Python(電腦程式語言)

312.32P97　　　　　　　　　　113018849

Printed in Taiwan

博 碩 粉 絲 團　歡迎團體訂購，另有優惠，請洽服務專線
　　　　　　　(02) 2696-2869 分機 238、519

Preface

前言

　　程式設計是資訊相關科系的基本技能。學習資料結構、系統程式、演算法、資料庫和作業系統等專業科目，都需要具備一定的程式設計能力。程式設計的能力越強，專業科目的學習就越能夠深入。

　　要掌握程式設計能力，必須使用一種程式語言作為工具。從 Pascal、C、C++、Java 到現今的 Python，每種語言都有其時代背景和相關應用。隨著雲端和人工智慧的發展，Python 以其特性成為目前資訊業界最受歡迎的程式語言。

　　然而，像其他通用程式語言一樣，Python 的語法和功能並非專為資訊教育而設計。由於融合了多種程式語言的特性，Python 非常靈活，可以十分精簡的完成複雜的工作，但這也增加了學習難度。同時，許多人對 Python 也有一定程度的誤解，認為它是一個簡單易學的程式語言。實際上，在缺乏合適教材時，學習者很容易陷入 "知其然不知其所以然" 的困境，也因而無法有效的掌握程式設計的核心能力。

　　對於初學者而言，程式設計能力的訓練應分階段逐步進行：基本邏輯設計、結構化程式設計、模組化程式設計、物件程式設計及物件導向程式設計。每一個階段在學習過程中都扮演著承上啟下的關鍵角色。若不切實際地追求速成，最終將無法理解專業領域的核心知識，難以有所成就。

　　基於上述原因，我們撰寫了本書，希望讓首次學習 Python 的學生和業界人士能夠掌握 Python 語言及相關的專業技能。

　　由於專業英文閱讀能力對掌握資訊技術至關重要。本書盡量以原文呈現重要專業名詞，希望提升讀者對專業知識及相關文獻的理解。程式設計能力的養成需深入了解程式語言，我們在各章節中使用 Python Shell 以各種面向提供大量的操作實例，並針對同一題目提供多種設計方式及說明其優缺點，強調 "做中學" 的重要性。為避免內容過於龐雜，本書範圍止於模組化程式設計。

本書將 Python 配合程式設計做一系統性說明,因此將內容分為了 4 個章節,分別是:程式設計基礎概念、Python 基本概念及資料型態、程式敘述及模組化程式設計。第一章程式設計基礎概念說明了程式學習的重要性及相關基本概念,第二章開始,圍繞著 Python 萬物皆物件的觀念,說明 Python 的基本概念及相關的基本資料型態及操作,其中特別針對 container、iterable 及 sequence 等相關資料型態及操作做深入的探討。第三章程式敘述分別以 simple statement(簡單敘述)與 compound statement(複合敘述)對 Python 在模組化程式設計時所會使用的程式敘述做系統性的說明。在第四章中,我們對 Python 所提供的模組化程式架構,如 function(函數)及 module(模組)等相關文法及機制進行說明及探討。在 function 的說明中,我們使用了 caller 及 callee 分別對 function 的設計及使用進行說明。在 function parameter 中說明了 Python 所提供的多種 parameter 的設計及傳送方式。以 namespace 及 scope 間的關係及 LEGB 的原則說明了 local 及 global 變數的各種使用方式,希望讀者能夠切實的掌握模組化程式中變數的使用。此外,也介紹了 recursive function 及 lambda function 的原理及使用方式,使得程式能夠更加精簡。在 module 一節中,我們說明了 import 及 from import 的工作方式及 absolute import 及 relative import,regular package 及 namespace package 的概念及使用方式。為了使讀者能夠掌握模組化設計的完整能力,我們特別就作業系統中檔案相關的概念及 Python 對於文字檔案的存取做基本的介紹及 Python 所提供的型態檢查 type hint。最後提供多個實際的範例說明如何進行有效的模組化程式設計。

希望本書能夠對於希望掌握資訊專業的同學及相關的人士能夠提供實質的幫助,我們的努力就沒有白費。

雖然我們已全力校稿,相信其中仍有疏漏之處,承望各界能夠不吝賜教。

最後感謝我們的家人及博碩文化的全力支持,使得本書得以順利出版。

袁葆宏、袁儀齡

2024 年 12 月

Contents ✳

目錄

✳ 第一章 ✳

程式設計基礎概念

✳ 第二章 ✳

Python 基本概念及資料型態

✳ 第三章 ✳

Program Statement（程式敘述）

※ 第四章 ※

模組化程式設計

Python

第 **1** 章

程式設計基礎概念

　　程式設計是資訊科技的基礎，所有資訊相關科系的同學或是想要從事資訊專業的人士都應該要了解、掌握的一項基本技術。就如同在學習數學的乘除法前，必須要先學會加減法；學習微積分之前，必須先了解代數。由於程式設計是如此的重要，牽涉的範圍十分的廣泛，其中的知識遠超過一本書所能涵蓋。因此本書範圍主要是介紹基礎程式設計及相關概念。

　　所謂的基礎程式設計是指程式語言在運作時所需的基本概念及相關的程式邏輯，包含變數、運算式的運作、結構化程式設計包含的決策、迴圈邏輯、模組化程式中的函數設計及互動方式、檔案系統的概念及文字檔案的處理及現代程式語言中處理程式錯誤常用的例外處理及模組、包裹等基本概念。物件及物件導向等相關機制屬於較為進階的概念且複雜多變，並不包含在本書的介紹範圍。

　　在正式開始介紹程式設計之前，我們先用將近一章的篇幅來介紹程式語言及程式設計的相關基本概念，希望大家在學習程式設計的過程中能夠確切的掌握程式設計的方向及重點。

　　在 1.1 中，我們先說明為何要學習程式？程式設計在當今的資訊技術中所扮演的角色為何？如果程式設計的能力不佳，對進一步的學習有何影響？還有的就是程式語言的學習階段及目標為何？當今資訊科技的發展日新月異，一日千里，到底應該如何學習程式設計？應該學習到何種程度，才算有所小成，我們在 1.3.3 中說明這個問題。

　　在 1.2 中我們說明什麼是程式？程式與程式語言之間的關係是什麼？程式語言有哪些執行方式？這些執行方式對我們的學習有什麼影響。這是學習程式設計時首先要了解的。

　　大家可能也有另外一個疑問：學了 Python，那麼對於 C、C++、C#、JavaScript 及 PHP 等目前大量運用在單機或是網路系統開發的程式語言還需要從頭再學嗎？此外，程式語言到底有多少，或是有哪幾種？那些程式語言是重要的？學習的先後次序應該如何？關於這些問題，我們也將在 1.2 進行說明。

　　學習程式設計最重要的就是大量的程式設計練習。那麼程式該如何進行開發？開發的過程是什麼？該使用哪些工具？用哪一種工具學習？是簡便的工具還是原始的工具？選擇不同的工具會對學習產生何種影響？相信這些問題都會困擾著初學者。此外，程式在開發的過程中會產生什麼錯誤，為什麼會造成這些錯誤，在 1.3 中會有基本的說明。

在 1.4 中我們簡單介紹了 Python 程式語言發展過程及執行平台。所以選擇 Python 作為本書的學習對象，是因為 Python 及其相關技術已十分普遍，廣為大眾接受。但由於 Python 程式語言及函式庫的設計使用整合了三種不同的程式語言範型，有程序式、物件導向式及函數式三種。因此要對 Python 由淺入深的介紹基礎程式概念是有一些困難的。雖然如此，本書以循序漸進的方式及大量的操作示範，在講述尚未提及或是超出範圍的課題或是技術時都會進行提示，期使大家能夠充分掌握及了解程式設計的主要概念及如何進行相關的練習。

在 1.5，我們以目前主要的操作環境：微軟的 Windows 11、Apple 的 macOS 及 Ubuntu 介紹如何設定 Python 的執行環境及設計一個簡單的程式以開始我們 Python 程式設計的學習之路。

1.1 為何要學習程式設計？

為何要學習程式設計？相信這是很多資訊相關科系學生或是有志於資訊產業的人士在開始學習程式設計時想了解的問題。

目前市面上有許多的套裝軟體，也有許多的軟體公司提供相關的系統開發及諮詢服務。對於不懂資訊技術的人，大可以直接使用這些套裝軟體，或是將需求外包給軟體公司即可。那為什麼還要大費周章的學習程式設計？

學習程式設計的目的，大家首先想到的應該是可以開發所需的工具及系統。這個答案其實過於籠統，學習程式設計的重要性及實用性可以說遠遠超出大家的想像！

要回答這個問題，可以分兩個方向來回答：

- 可以設計什麼樣的系統？

- 設計一套軟體系統需要哪些技術能力？

在現今的電腦世界中，軟體系統的種類多如繁星，所牽涉到的技術，在不同的系統中也有不同的需求。設計文字編輯器與設計一個資訊管理系統所需要的能力是一樣的嗎？設計個人網站與設計聊天網站所需的技術是一樣的嗎？這當然是不一樣的。要詳細回答這個問題，已超出本書的範圍。但簡單來說：只要牽涉到程式，程式語言的了解及程式設計能力當然是必要的。此外，設計文字編輯器還需要了解作業系統、演算法等電腦專業能力；設計會計系統等管理資訊系統，除了程式設計能力之外，也需要了解會計作業流程及相關法令等相關專業知識，才能設計出一個好的會計系統；設計一個聊天網站，除程式設計能力外，也需要了解 HTML 及 CSS 還有網路技術、通訊協定如 HTTP、TCP/IP 及 Relational Database（關聯式資料庫）等相關的專業知識。不過，我們要強調的是：不管我們要開發文字編輯器或是資訊管理系統，或是要設計個人或是聊天網站，都需要程式設計能力，否則一切都是空談。

另一方面，對於非資訊專業人士，學習程式設計又有哪些好處呢？由於程式設計相關知識是所有資訊技術的基礎。在當今這個高度資訊化的社會，各行各業都在思考如何提高資訊化程度以提高自身的競爭力。現今市面上已提供了許多軟體供我們日常使用，也有許多公司提供軟體開發的服務。但是，如果我們不了解資訊技術，就無法有效的操作這些軟體[1]，或是了解這些軟體的能力[2]及可能的限制，以發揮其特殊功能[3]。

因此，如果了解程式設計，也就能夠了解資訊技術能夠為我們提供哪些服務。了解得越深入，越可以確實的要求資訊部門提供有效的服務。不致於因為專業障礙而受制於人！

講了這許多，相信大家已經了解程式設計能力在資訊社會的重要性。然而對於初學者而言，要掌握程式設計能力可說是一條漫長且艱辛的道路。如果不了解其重要性，時常會半途而廢。因此，我們不厭其煩的說明學習程式設計的重要性，希望大家在學習過程中遇到挫折時，不要輕言放棄！

1.1.1　了解資訊相關技術

由於程式邏輯是軟體運作的方式，對各種程式邏輯了解的越深入，也就越能夠掌握各種資訊技術的基本運作方式及提高資訊專業上的自我學習能力。

---

[1] 大多數手機的 APP 並無教學手冊可供參考，需要我們自己摸索學習。

[2] 如各家資料庫除提供標準 SQL 語言外，大都針對該資料庫的特性客製化了 SQL（Structured Query Language。

[3] 如 Oracle、MySQL、PostgreSQL 及微軟的 SQL Server 都有各自客制化的 SQL 語言與實作方式。

1.1.2 應用系統的使用

程式設計中有許多的基本觀念可以幫助我們有效的使用電腦，更進一步的說是有效的操作作業系統及各種電腦軟體工具。

就使用作業系統來說，許多的應用系統在安裝時需要設定 environment variable（環境變數），這個概念就與程式語言中的 variable（變數）有共通之處。在使用作業系統時處理日常事務時，作業系統本身也提供了一些程式語言供我們設計所謂的 script（腳本或是描述語言），可以使用基本的程式邏輯設計程式一次執行作業系統中的多項命令，如 Linux 的 Bash 所提供的程式語言及 Windows 中 cmd.exe（命令提示字元）及 PowerShell 的程式語言。

在電腦軟體方面，許多的工具本身也可以使用程式語言新增或修改本身的功能。如 Windows 作業系統中常用的程式編輯器 Notepad++ 可使用 C++ 設計 plugin 來新增功能。Linux 中大名鼎鼎的程式編輯器 Emacs 則是使用 Lisp 程式語言來設定或新增功能。大家知道微軟的 Office 也可以自己寫程式控制嗎？在 Office 中可以使用 .Net 所提供的多種程式語言，如 C#、Visual Basic 及 F# 等來執行或是客製化 Office 中 Word 的排版功能、Excel 的數值分析及統計功能及 PowerPoint 中的各項簡報功能。

1.1.3 進階學習的基礎

由於程式設計的基本觀念牽涉到電腦軟硬體運作的基本原理。因此，在電腦世界中許多的專業技術都需要程式設計的觀念及實際寫作的經驗作為基礎。

就程式語言的學習來說，常見的程式語言如：Python、C、C++ 及 Java 等。除個別程式語言的特性，如 C 及 C++ 有 pointer（指標），C++、Python 及 Java 甚至於 Fortran 2003 及 Delphi 都提供了物件導向機制，C++、Python 及 Java 有函數式設計，這些語言基本上都有程序式語言機制。如：變數的使用、決策及迴圈邏輯及使用者自定函數等。因此，掌握了一種程式語言後，再學習其他程式語言的速度會快的多。

其次，物件導向技術也是目前電腦軟體界所普遍使用的技術。在資料結構、作業系統及系統分析等科目中都有它的蹤跡。而物件導向中所說的 method（方法），就可說是模組化程式中的 function（函數），也就是說，如果學會了函數的概念、設計及使用，在學習及使用物件中的方法時，會是十分輕鬆的。

再說到目前大家最熟悉的 Web 系統所使用的程式語言。不論是微軟 .Net 技術中的 C#，或是網頁中所使用的 HTML、JavaScript、CSS，甚至於伺服器端的 Python、Java 及 PHP，這些程式語言都具備了變數，決策、迴圈邏輯，及物件導向等語言機制。它們只是在文法上有所不同及因應各自的特性而有一些特別的設計。然而這也說明了程式設計能力在設計 Web 應用系統上的重要性。

1.2 程式語言基本概念

在學習程式設計之前，首先要了解程式與程式語言的基本概念。

1.2.1 什麼是程式及程式語言

簡單來說，程式就是由程式語言中所定義的程式敘述所組成。程式敘述又是由變數、運算子及運算式所組成。程式以一連串的 statement（程式敘述）指揮電腦完成使用者交付的工作。這裡說的使用者泛指執行程式的個體，可以是人也可以是另外一支程式或是一個軟體系統；至於程式敘述在不同的層次則有不同的意義。

在電腦的最底層，也就是一般所說的機器層，所謂的程式敘述，是 instruction（指令）也是 machine code（機器碼）的代稱。指令是 CPU（Central Processing Unit，處理器）所了解的語言。這種語言完全由 0 與 1 所組成，就算是受過專業訓練的工程師，要直接了解其中的意義，也十分困難。以下的機器碼是 Intel 8086 16 位元 CPU 將兩個暫存器的內容相加：

```
0000 0001 1101 1000
```

乍看之下，無人可以解釋這串數字所代表的意義，只有 x86 [4] 的 CPU 可以了解。其次，不同種類的 CPU，它們的機器語言也完全不同，以下是 MIPS 32 位元 CPU 進行加法計算的機器語言：

---

4 由於早期 Intel 的 CPU，8086、8088、…、80386、80486 的名稱大多以 86 作為結尾，因此市場上泛指這些有著共同架構的 Intel CPU 為 x86。這個架構一直發展到現今 Intel 的 i3、i5、i7、i9、Xeon 及 AMD 的 Ryzen 系列等。

```
0000 0010 0001 0010 0100 0000 0010 0000
```

由以上介紹可知，機器語言不易了解而且容易在設計時出錯，了解機器語言需要相當專業的訓練。因為它牽涉了該 CPU 內部的架構及相關的運作細節。如一般暫存器及狀態暫存器的使用、定址模式、多工作業及記憶體管理方式等。因此，為了要減輕程式設計師的負擔，科學家就開始思考如何以更有效率的方式設計程式。科學家設計了 assembly（組合語言），將 CPU 中所有以 0 與 1 組成的指令分別以有意義的英文名詞取代，也就是我們常說的 mnemonics（助憶碼）。又設計了 assembler（組譯器），負責將組合語言（主要以助憶碼及相關 CPU 運算單元組成）轉譯為機器碼。比如說：以上 MIPS 機器語言的助憶碼的內容為 add 及參與運作的暫存器，專用於 MIPS CPU 的組譯器會將 add 指令轉譯為以上那一串二進位的數字。如此一來，程式設計師就不需要以 0 與 1 的組合撰寫程式，只要使用該 CPU 專用的組譯器及助憶碼就可以完成工作。在組合語言的層次，程式敘述主要就是指助憶碼。因此，撰寫組合語言需要了解 CPU 及電腦平台架構。因此，組合語言又被稱為低階程式語言。

隨著科技演進，越來越多，越來越好的 CPU 及電腦架構問世，如：x86-64、Apple Silicon、ARM 及 RISC-V。使用 x86 組合語言所開發的應用軟體，如果想要不加修改就在其他架構的電腦上執行是不可能的。因為它們使用不同的機器語言。程式設計師必須將已開發完成的軟體使用目標架構的組合語言重新設計。目標架構又因為各種 CPU 搭配不同的電腦硬體架構及 operating system（作業系統），如：Windows 10/11、macOS、iOS/iPadOS、Linux 及 Android，產生了許多不同的組合 [5]。

軟體公司如果希望他們所開發的軟體系統在各種不同架構的電腦平台上執行，程式設計師就必須學習各種電腦系統的架構 [6] 再重新撰寫程式；或是針對不同的電腦平台，聘請專精該平台的軟體人才進行開發。這對任何個人或是公司都是一項不可能的任務。因此，為了擺脫這種困境，電腦科學家設計了高階電腦語言取代了組合語言的大部分工作。早期的如科學計算用的 Fortran，商業資料處理的 COBOL 到現在的 Python、C++ 及 Java 等都是屬於高階程式語言。

---

5 一般稱其為 computer platform（電腦平台）。

6 包含 CPU、相關電腦架構及電腦作業系統。

在高階程式語言中的程式敘述就是指我們一般人所認知的程式邏輯敘述，如：設定敘述、邏輯敘述及迴圈敘述等。高階程式語言與組合語言最大的不同在於：撰寫高階程式語言的程式時，基本上不需要了解 CPU 的機器語言及電腦架構。這些細節全部都交由 compiler（編譯器）幫我們處理。程式設計師只需要專注於如何以該種高階語言所提供的函式庫及邏輯來設計程式解決問題即可。

如果程式需要在其他電腦架構執行，只需重新以該系統使用的編譯器重新編譯就可產生該系統的執行檔，幾乎不需要重新撰寫程式。因此，以高階程式語言撰寫程式可以大幅提高程式設計師的生產力，只要掌握住一種高階程式語言，所開發的軟體就可以在不同的電腦架構中執行。也由於高階程式語言越來越易於使用，程式設計能力也不再是少數電腦專業人士所獨有。基本上，只要了解高階語言所提供的邏輯及程式架構，加上不斷的練習，就可以設計程式來解決自己工作上的問題。

1.2.2 程式語言的分類

現代的資訊科技自 1940 年代第一代 programmable computer（可程式化電腦），如：Mark I 及 ENIAC 開始發展到今天普遍化的網際網路及 WWW，高階程式語言的發展可說是日新月異，令人目不暇給。到目前為止，到底有多少程式語言，沒有人能夠說清楚。除了我們目前在各個應用場景都時常見到的 Python、C、C++、C# 及 Java，還有許多的高階程式語言存在於各種不同的應用環境中。舉例來說，網頁設計中所使用的 HTML 及 CSS、資料定義及交換中時常使用的 XML 及 Java、text editor（文字編輯器）Emacs 中的 Lisp、Linux 及 macOS 中 Bash 的 sh、資料庫中使用的 SQL、數學軟體 MATLAB 及統計分析軟體 SPSS 中的程式語言及傳統人工智慧中的 Lisp 及 Scheme，以至於 data mining（資料探勘）及 big data（大數據）中的 R 等。接下來，我們就介紹它們的種類及可能的執行方式，讓大家對目前的程式語言及執行方式有一個概念性的了解。

程式語言的基本邏輯架構，一般通稱為 paradigm（範式）。高階程式語言通常可分為：Imperial language（程序式語言）、Functional language（函數式語言）及 Logic language（邏輯式語言）等三大類。簡單來說，程序式語言是以指令、決策及迴圈等邏輯及函數為主要基本語法的程式語言，如 C、C++、C# 及 Java、Python 等語言；函數式語言主要則以 Lisp 為代表，其他還有 Scheme 及 ML 等語言。主要的設計觀念在於將函數視為主要運算個體或稱為 First-Class Function（一級函數）。簡單説就是給予函數如同程序式語言中變數的地位，可以當成參數傳遞或是當成傳回值。其程式運作方式則以 recursive（遞迴）為主。至於邏輯式語言，則是以 Prolog 為主，程式主要以 relation（關係式）為主，這些關係式主要表示事實及推理規則。函數式及邏輯式語言早期主要用於人工智慧方面的研究。

由於電腦軟硬體技術的蓬勃發展，除了以上這三大類的程式語言外，又出現一種稱之為 Declarative language（宣告式語言），常見的是編寫網頁的 HTML、CSS 及資料庫查詢語言 SQL。宣告式語言與程序式語言最大的差別在於：宣告式語言的程式通常直接指定計算的結果而不牽涉計算過程；而程序式語言的程式則是説明電腦應如何執行來得到結果；也就是説，我們無法直接改善宣告式語言的執行效能，它的執行效能是由它的系統或環境來決定。比如説，瀏覽器呈現網頁的速度主要是由瀏覽器決定，而非由網頁內容決定；而程序式語言的程式架構、效能、佔用的記憶體及使用的網路、檔案等，可以經由程式邏輯、資料結構或是演算法來決定。這也是學習程式設計時，大家都是以程序式語言為主要考量的原因。

但是程式語言發展到今日，功能繁多，已無法將其單純歸類為某一類的程式語言。因此，我們將其稱為混合式語言。比如説 Object-Oriented Programming（物件導向程式設計，簡稱 OOP）的高度發展，導致許多傳統的程序式語言中加入了 OOP 的機制。比如説，將 OOP 加入 C 語言後，成為了 C++；將 OOP 加入 Fortran 後就成為了 Fortran 2003；有些程式語言在一開始發展時就整合了程序式及物件導向機制，如 Python、Java 及 Ada。

而因應目前 multi-core（多核心）CPU 的普遍及 parallel processing（平行運算）的需求，Python 及 Java 也採用或是加入了函數式語言的特性，如 Python 中的 lambda 及 comprehension 及 Java 的 lambda 及 Stream API 等。還有許多的函式庫提供 multi-thread（多執行緒）及 parallel programming（平行程式設計）的相關實作，使得我們能夠撰寫更強大的程式，處理龐雜資料可以更快、更有效率。但是隨之而來的就是需要學習更為複雜的電腦理論及相關運作機制。

1.2.3 高階程式語言的執行方式

高階程式語言執行方式可分為三種：interpreted（解譯式）、compiled（編譯式）及混合式。接下來，我們就對這些執行方式進行説明。

所謂的解譯式，也稱為直譯式。使用這種方式執行的高階程式語言是先讀取一行程式敘述、解譯成 object code（目的碼）後再執行該目的碼的方式進行。也就是按照程式邏輯的順序對程式碼逐行讀取再執行。這種執行方式的好處在於易於對程式除錯。由於程式是依照邏輯執行，如果程式有問題隨時可以中止程式的執行，了解程式中止時的狀態，再據以修改錯誤。比如說：變數當時的值是否與設想的一致及了解產生無限迴圈的原因。解譯式執行方式的缺點在於程式執行速度較慢。由於程式需要逐行翻譯，因此每執行完一行程式，系統必須等待下一行程式的讀取及解譯，執行才能繼續。這就像是即席翻譯，演講者每說完一句話，必須等待翻譯人員將一句或是一段話翻譯完畢，演講者才能繼續。翻譯者翻譯的快慢、好壞決定了演講的速度及品質。雖然解譯有著上述缺點，可是對於初學者來說，每執行一行程式，初學者可以立即知道該行程式碼是否有文法錯誤，也可以在每行程式執行後，立即了解電腦內部的狀態變化是否符合預期。因此，以解譯的方式執行程式，是一種常見的程式語言執行方式。

編譯的執行方式則是將程式碼針對目標執行環境的 CPU 及作業系統一次全部翻譯為可執行的目的碼，所以執行時不再需要逐行翻譯。也因爲如此，編譯的執行效率較解譯方式有大幅的提升。但缺點就是當錯誤出現時，程式的執行不能立即中斷，我們無法有效的了解當時的系統狀態！因此，在除錯時必須事先加入一些專門用來除錯的程式碼，以觀察程式狀態在執行時的變化；或是藉由特殊設計的工具，如：debugger（除錯器）來了解程式的執行過程及當時的狀態。如果問題不嚴重的話，程式修改後需要重新再編譯執行。如果嚴重的話可能導致系統崩潰需要重新開機！

一般來說，高階程式語言可以選擇以編譯或是解譯的方式執行，並沒有一定的執行方式。也就是說，程式語言只是一種文法規則，電腦是按照這些規則所定義的邏輯來執行。至於如何執行，則是由程式語言的實作者來決定。比如說，BASIC 語言是由 Kemeny 及 Kurtz 兩位教授於 1964 年設計，它開始廣為人知是在 1970 及 80 年代。當時的個人電腦上，幾乎每台都裝有 BASIC 的執行環境以解譯的方式執行 BASIC。目前微軟的 Visual Basic 及免費的 FreeBASIC 則是以編譯的方式執行。C++ 則是由 Bjarne Stroustrup 在 1979 年所開發的物件導向程式語言。最早的 C++ 編譯器是先將 C++ 轉成 C，再用 C 編譯器產生目的碼。後來相關技術成熟後，才有直接支援 C++ 的編譯器。

目前的市場上 C++ 編譯器少説也有數十種,較為知名的有微軟的 Visual C++、Gnu 的 g++,甚至於 Intel 及 AMD 也有提供 C++ 的編譯器以發揮自家處理器的效能。至於選擇將 C++ 以直譯的方式執行的則有 igcc、Ch 及 CINT 等。

近年來,由於網路的發達,Web 系統的盛行,單純的編譯或是解譯的執行方式無法滿足 cross-platform computing(跨平台計算)的需求。所謂的跨平台就是程式的執行不被限定在特定的電腦系統,需要儘可能的同時在各種電腦環境中執行,因此,混合式的執行方式便應運而生。Python 及 Java 可説是其中的代表。簡單來説,程式先以編譯方式產生全部的目的碼,執行時再以解譯的方式執行目的碼。為什麼要這樣做呢?因為跨平台計算要求程式必須可以直接在不同的平台上執行。我們在 1.2.1 中提到不同的平台有著完全不同的機器碼。在一個平台上直接產生的執行檔是無法直接在另一個平台上直接執行的。為了要達成跨平台計算,這類程式語言的目的碼不能是針對某一種平台。為了解決這個問題,電腦科學家們使用 virtual machine(虛擬機器)的方式來解決。簡單説,虛擬機器是以程式設計並實作的一個 middleware(中介軟體)。Python 是 PVM(Python Virtual Machine)、Java 則是 JVM(Java Virtual Machine)。廠商以虛擬機器方式在各個不同的平台提供該程式語言運作所需要的執行環境,程式在編譯時產生的是對應該虛擬機的目的碼,以這種方式完成跨平台計算的要求。

由上述可知,高階程式語言要以何種方式執行,並沒有絕對的方式。主要還是在於該程式語言所在的執行環境或是所設定的應用方向。一般來説,如果程式執行時所重視的是執行效能,那麼執行環境多半是提供編譯的方式。如果為了某些原因,如教育或是推廣程式語言的使用,則多提供解譯式的執行環境。不過在目前的電腦硬體效能已大幅提高,像 Python 及 Java 這種採取混合方式執行的程式語言也越來越多,如:C# 運作在 CLR、JavaScript 運作於 JavaScript engine、PHP 則是在 Zend Engine,Kotlin、Scala 及 Groovy 則是在 JVM 中運行。

1.3 程式的開發及執行方式

　　程式寫作、開發的過程，如果採取編譯的方式開發，可分為編輯原始程式、編譯、執行等階段。如圖 1-1 所示：

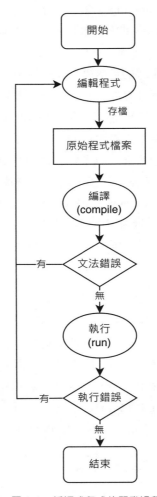

■ **圖 1-1**　編譯式程式的開發過程

　　由圖 **1-1** 可以了解到：編譯式程式的開發過程是一個較為繁瑣的過程。只要產生任何錯誤，就必須重新檢視原始程式是否有錯，發現錯誤再重新編輯程式碼、編譯、執行。如果對程式語言的文法及架構的了解不夠深入，時常會不知所措！因此，學習程式語言需要大量的時間及精力投入，不斷地累積經驗，才能學好程式設計。

　　如果是解譯式執行環境，其開發過程可以簡化，學習效率也可提高。每一行或是一段程式都可以直接執行，如果程式有文法或是執行錯誤，可以即時修正 ，其過程如圖 1-2 所示。

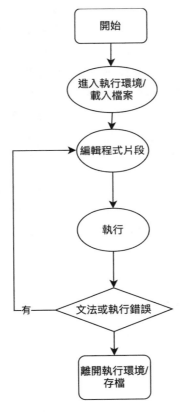

■ 圖 1-2　解譯式程式的開發過程

　　再談到程式開發方式，在現代的資訊環境下，程式開發有兩種方式。一種是使用電腦中提供的基本工具進行開發，使用程式編輯器如：Notepad++，vim 等撰寫程式，存檔後再以 Windows 中的 cmd 或是 powershell，Linux 及 macOS 中的 terminal，配合程式語言提供的工具使用系統命令進行編譯、執行等工作。在早期的資訊環境及技術不如複雜多變，程式設計師多是以這種方式開發系統。另一種則是因為今日資訊技術及電腦硬體的快速發展，為了提高程式設計師的工作效能，出現了許多 IDE（Integrated Development Environment，整合式開發環境）。這些開發環境整合了許多程式開發所需工具如：程式寫作、編譯、執行、除錯及開發環境、程式版本、函式庫及檔案的管理等等。使用者幾乎可以在其中完成整個軟體系統的開發工作。常見的 IDE 有 VisualStudio、Xcode、Spider、PyCharm 及 NetBeans 等等。

　　這兩種主要的開發方式，乍看之下，使用 IDE 來學習、開發程式是一件理所當然的事，因為 IDE 幫我們省去了許多麻煩。許多工作都可以在 IDE 中完成。許多初學者為求快速上手而選擇了 IDE 為學習工具。在筆者的教學經驗中發現 IDE 固然可以提供許多的便利。可是在使用 IDE 的過程中，初學者根本不了解程式到底是如何在電腦及作業系統中運作，程式開發環境要如何設定。因為 IDE 會幫助使用者自動完成許多的工作，初學者也因而不需了解開發程式時如何與電腦環境互動。 因此，當 IDE 一旦出現問題，無法正常運作，學生就束手無策。因此，初學者一定要認清一個現實：使用 IDE 無助瞭解程式及電腦間的互動關係，貪圖一時的方便將導致對電腦環境一無所知，沒有 IDE 就不會開發程式，不會操作電腦，進而畏懼電腦！

　　因此，我們強烈建議初學者應強迫自己使用基本的開發工具學習程式設計。雖然開始時需要瞭解 cmd、terminal 及電腦檔案系統中的相關概念及命令，但是對日後的深入學習會產生極大的幫助。待日後對於電腦環境有了相當認識後，再使用 IDE 來提升學習與工作效率。

1.3.1 程式如何執行

　　講完了程式的開發過程，我們接下來說明程式是如何執行的。

　　首先，作業系統必須先搜尋到程式所在的檔案，載入電腦的主記憶體後由 CPU 逐行讀取、執行程式中的指令。程式要能夠正確執行，這其中的任何一個環節都不能出錯！首先可能發生的問題是：作業系統找不到程式檔案。這可能有幾種原因：程式檔案不在指定的位置（路徑），或是檔案名稱錯誤。其次在載入執行時，記憶體可能不夠，導致無法載入執行所需的程式碼。也有可能是我們忘了存檔，導致系統執行的是之前有錯的版本。再者，如果使用的函式庫沒有安裝，或是沒有正確安裝到指定位置，程式也無法執行。這些都是常見的基本操作錯誤。這也是為什麼在上一節中，我們要求初學者不要使用 IDE 學習。因為 IDE 幫我們處理了這些開發環境可能出現的絕大部分的問題，輕忽電腦操作環境的了解及操作命令的學習將會嚴重的影響資訊專業的學習。

接下來我們需要了解程式是由哪裡開始執行的。

首先大家必須要知道現在的軟體系統通常是由多個程式檔案組成，成百上千個程式檔案也不足為奇。那麼，問題就來了，電腦系統如何知道程式或是系統是由哪裡開始執行的呢？啟動執行的那個檔案，我們稱它為 main program（主程式）或是主檔。其他的程式檔都是為合配合主程式的附屬工具程式。那麼，主程式又是由何處開始執行呢？

通常執行方式是由程式語言所定義。不同的程式語言有著不同的執行方式。基本可以分為兩種：一種是由主程式的第一行開始；另一種則是由主程式中的 main function（主函數）開始。

由於解譯是邊讀邊執行，他們時常都是由主程式的第一行開始執行，如：Python、JavaScript、PHP 及 BASIC 等。

編譯是先編譯成 object code 再執行，主程式中需要設計一特定名稱的函數，即前文所提到的 main function，也稱之為 program entry point（程式進入點）。主程式中必須有這個特別名稱的函數以啟動程式的執行，如：C、C++ 及 Java 等。

1.3.2 程式的錯誤型態

在學習程式設計的過程中，我們一定會遇到兩種錯誤：syntax error（文法錯誤）及 runtime error（執行錯誤）。了解並處理這些錯誤是學習程式設計時不可避免的課題。

● Syntax error（文法錯誤）

文法錯誤主要是指程式語法違反了程式語言的規則所產生的錯誤。一般而言，會造成文法錯誤多半是由於不了解程式語法使得編譯器無法解析程式碼內容，或是不熟悉電腦操作，導致原始程式碼中出現了一些不應該出現的字元，而這些字元又是不可見的控制字元，使得程式產生莫名其妙的文法錯誤！

由於文法錯誤訊息都是以專業英文表示，沒有專業基礎及英文閱讀能力是無法了解的。因此，許多的初學者對於這些錯誤訊息多視而不見。因不了解錯誤訊息，導致盲目的修改程式，進而造成學習障礙，失去信心。因此筆者建議大家在處理文法錯誤時，一定要仔細了解文法錯誤的內容，再據以修正程式，多看多改，久病成良醫，再面對這些文法錯誤就不會是麻煩事了 [7]。

在處理文法錯誤時，初學者有時會發現一個奇怪的現象：文法錯誤的數目可能比原始程式的行數還多！發生這種現象多是因為一個文法錯誤，誤導了編譯器的解析，導致其無法了解之後的程式碼，因此將之後的程式均視為錯誤。因此，出現文法錯誤時可以先嘗試修正最前面一兩個錯誤後再重新編譯，大部分的文法錯誤可能就解決了。

關於文法錯誤，由第二章開始會有許多的範例說明。

● Run-time error（執行時期錯誤）

對於有良好訓練的程式設計師而言，文法錯誤並不會造成太多困擾。在程式的開發過程中，最令人頭痛的應該是執行錯誤。

所謂的執行錯誤就是程式的執行結果並未如我們所預期時所發生的錯誤。以下是幾種常見的執行錯誤：

程式計算時的資料有錯，無法執行。如：兩數相除，而除數為 0。

程式的邏輯出錯，如：直接跳過某一段程式或是進入無限迴圈，無法停止。

程式執行的結果有錯，如：計算 1 加 2 卻得到 12。

程式輸出結果與所需要的不一致。要輸出 10+20=30 卻輸出 a+b=c。

程式錯誤的種類當然還有許多種，不勝枚舉。當開發的系統越複雜，所產生的錯誤越是難以處理。所謂的 debug（除錯）主要是在處理程式的執行錯誤。這是一門大學問，這類錯誤之所以難處理就在於它牽涉到系統內部的運作過程，所有的細節都必須要掌握，思慮稍有不慎，對相關系統的了解不夠透徹，就有可能產生執行錯誤。這是程式設計師一輩子都在努力的課題！

7　這也是為何本書在關鍵字詞使用原文的原因。

1.3.3 程式設計的學習階段及目標

由之前的説明中，大家應該已經對程式語言及它們可能的執行方式有了初步的認識。大家可以了解到程式語言的種類繁多，所牽涉到的背景知識更是包羅萬象，可以説這輩子都學不完。我們必須分階段、循序漸進的學習。

程式的學習目標是什麼？當然是學會程式設計！可是什麼是學會？什麼又是程式設計？這個問題有些含混，學到什麼程度叫做學會？學哪一種程式設計？接下來我們就來回答這些問題。

首先我們先來説明什麼是學會，這可能是從一開始學習程式設計時，大家就會有的疑問：對每一個觀念、每一道習題，是否真的了解；或是説，要學到什麼程度才能夠説學會？

這個問題見仁見智，沒有一致的答案！在筆者多年的教學經驗中，歸納出一個簡單的原則：

獨力完成程式，由開始撰寫到正確執行，完全不依靠他人！

為什麼要這樣説呢？因為在筆者多年的教學中，看到許多同學在練習程式時，只要遇到無法立即解決的問題，會立即求助他人，不願意花費時間仔細思考程式語法、了解文法錯誤或是研究程式邏輯中到底出了什麼問題。交作業時甚至繳交未經測試的程式，將程式當成是文章寫作！ 這些錯誤的學習觀念，導致許多同學無法真正學會程式設計。

進一步來説，若要真正掌握軟體系統開發能力，程式能夠正確執行，得到所需的答案，僅僅是第一步而已！效能如何？使用了多少記憶體？有無可讀性？這些都還沒有談到。而這些關於 programming style、coding style（程式風格）及 program structure（程式架構）、資料結構（data structure）及演算法（algorithm）才是程式設計的重點所在！

所謂的程式風格就是指命名、排版及寫作方式。如：程式註解是否撰寫、如何撰寫，全域、區域變數何時使用、是否恰當，錯誤如何處理等諸多方面。主要的評量標準在於程式是否具有 readability（可讀性）及 consistency（一致性）。有良好的程式風格，程式才會有維護性。大家要知道，程式主要不是寫給自己看的，而是要給別人看的。別人要能看得懂你的程式，你也要能看懂別人寫的程式。要達到這個要求，軟體系統才能夠維護，才能夠長久運作。難以閱讀的程式碼，就如同一個不定時炸彈，一旦出現問題，因為沒人看得懂，也就無法修正，系統就可能因此停擺。現今的程式語言或是大型軟體公司大都有提供程式風格指引（programming style guide），這是軟體開發者不可或缺的功課。

至於程式架構更是重要！所有的程式語言的發展及演進大都與其相關。程式邏輯由最早的 structured programming（結構化程式設計）進展到 modular programming（模組化程式設計），之後再產生 object programming（物件程式設計），由物件再發展出 object-oriented Programming（物件導向程式設計）。物件導向技術又衍生出了 Design Patterns（設計模式）、MVC 及 RESTful 等軟體架構。資料結構由最基本的 array（陣列）、singly-linked 及 double-linked list（單鏈結及雙鏈結串列）、binary tree（二元樹）、binary search tree（二元搜尋樹）、Heap（堆積）等各種資料結構、演算法則配合資料結構則有各種各樣演算設計。如：QuickSort（快速排序）、AVL tree 及 B+ tree 等。計算方式則由最基本的 sequential（循序）執行到 synchronized/asynchronized（同步 / 非同步），再到 concurrent programming（併行程式設計）、parallel programming（平行程式設計）、由 network programming（網路程式設計）到 distributed programming（分散式程式設計）及 cloud programming（雲端程式設計）等。無一不影響著軟體 / 系統的架構設計。不同的電腦理論設計出不同的軟體架構，不同的軟體架構又影響著系統的執行方式及效能。資訊軟體專業人員究其一生可說都在鑽研軟體及系統架構。架構的良莠與系統的未來性及效能有著緊密的關係。胡亂設計或是急就章的架構對軟體系統無異於飲鴆止渴。當使用人數或是資料處理量開始增加，系統效能開始下降進而無法正常運作。要修改時，架構無法調整或是擴充，最終導致軟體系統走向失敗。

由於現今軟體系統的相關技術幾乎都是以物件導向技術為基礎發展出來，要掌握開發系統所需的核心能力，必須先以物件導向程式設計能力為目標。但是要能夠熟悉並且運用物件導向的邏輯思維並非一蹴可及，需要相當的基礎。就 Python 而言，物件導向程式設計能力的學習階段可分為：

- 程式基本概念：包含資料型態的使用及轉換、變數與值、運算式、程式敘述及基本輸入、輸出等基本概念。

- 結構化程式設計、Python 儲存庫資料型態：結構化包含決策及迴圈等邏輯及使用 Python 儲存庫資料型態如：list、tuple 及 dict 等配合結構化程式邏輯進行資料處理。

- 模組化程式設計：設計及使用函數（參數、傳回值及型態檢查）、組織及使用自訂函數及系統函數、例外處理等課題。

- 物件程式設計：如何使用及設計類別與物件、如何建構物件的狀態與行為來解決問題。

- 物件導向程式設計：使用類別的繼承、多型及設計模式（Design Patterns）等設計程式及系統架構。

剛接觸程式設計，我們必須要有耐心克服這些階段的學習，才能算是掌握了程式設計的基礎能力。每一個階段都是腦力考驗，需要運用不同的程式架構，改變思維方式來設計程式。由於本書篇幅有限，關於物件及其後的部份將於另書說明。

1.4 Python 程式語言介紹

荷蘭的電腦科學家 Guido van Rossum（吉多・范羅蘇姆）於 1991 年 2 月推出了 Python 最初的 0.9.0 版本。在 1994 年 1 月推出了 1.0 版。Python 2.0 於 2000 年 10 月發布。Python 3.0 於 2008 年 12 月發表。Python 3.0 對 2.x 的語法做了修改，導致 Python 3.0 不能與 2.x 完全相容。也就是說，使用 2.x 語法開發的 Python 程式無法正確無誤的在 Python 3.0 的環境中執行；同樣的，使用 3.0 語法開發的 Python 程式也無法在 2.x 的環境中執行。由於 Python.org（Python 主要的開發與推廣組織）決定 Python 2 的最終版本為 2.7，並於 2020 中止開發。在本書寫作時，Python 3 的穩定版本為 3.12.4，這也是本書所使用的 Python 版本。

Python 有人稱其為大蟒蛇語言。因為在英文中的 python 是蟒蛇的意思。其實 Python 名字的由來是由於 Guido 是英國 BBC 電視劇 Monty Python 的飛行馬戲團的粉絲，因此使用了 Python 作為程式語言的名字，與大蟒蛇一點關係也沒有。

作為一個廣受歡迎的通用高階程式語言，Python 的進化是十分快速的。在每一個版本推出時都新增、修改了一些語法。因此，使用 Python 開發系統時，要留意版本與使用的第三方套件間的相容性問題。本書是以基礎 Python 程式設計為主，因此不需擔心此問題。

Python 之所以廣受歡迎主要是因為它提供了多種的程式設計範式。包含了程序式、物件導向式及函數式。Python 語言將這些範式巧妙地融合，使得 Python 與其他的程式語言相比有著更強大的表達能力。撰寫 Python 十分有趣，常常有意想不到的語法配合其資料型態，可以將其他語言需要數行或是十數行才能表達的邏輯以十分精簡的語法表示。在記憶體管理方面，如同 Java 一樣，Python 會主動管理記憶體的使用，程式設計師不需擔心電腦記憶體的回收問題。Python 也提供了為數眾多且功能強大的函式庫，可供絕大多數資訊系統的開發及應用。如 1.2.3 所述，Python 也提供了跨平台計算的功能，使得 Python 也能夠在今日的 Web 系統中佔有一席之地。

説了許多 Python 的優點，難道 Python 沒有缺點嗎？當然有！它最為人所詬病的就是其執行速度不如 C、C++ 等 compiled language，甚至於連 Java 也稍有不如，尤其是在多核心的電腦平台中。不過 Python 之父 Guido 及相關開發人員承諾會持續改進 Python 的執行效能及在多核心系統上的表現。雖然，Python 在效能上不及其他主流程式語言，但現今的電腦硬體已十分進步，高效能的電腦硬體在大多數的應用上已能彌補 Python 的這一弱點。再加上 Python 的不斷改進，相信這個問題的影響會逐漸降低 [8]。

介紹 Python 語言時，有一類重要文件需要參考了解，那就是 **PEP（Python Enhancement Proposals，Python 改進提案）**，官網是 **https://www.python.org/dev/peps/**。其內容是經由多方討論、彙總後，經由核心開發人員認可後的正式文件。包含了 Standards Tracks（標準），Informational（資訊），Process（處理）等三大類內容。

標準類 PEP 的相關文件中詳列了每一個 Python 版本的更動內容及如何實作。資訊類 PEP 提供 Python 語言相關的參考資訊，其中最常被提到的大概就是 PEP 8 Style Guide for Python Code（Python 程式風格指南），內容主要是關於 Python 程式碼的寫作風格。處理類 PEP 則是不屬於前兩類但是關於 Python 的相關議題，比如說 PEP 1 了定義 PEP 的內容，誰需要了解 PEP，PEP 從提出到定案的工作流程。要深入了解 Python，就需要多多閱讀了解 PEP 的相關文件。

8　現代的資訊系統的效能瓶頸主要來自於 I/O（Input/Output），不在於程式語言本身的效能。所謂的 I/O 是指系統服務間的資料傳遞、資料庫查詢及網路傳輸等。

1.4.1 Python 執行平台的實作方式

　　再談到 Python 執行平台的實作方式。現今 Python 主要的執行環境是由 C 語言開發的，一般通稱為 **CPython**。由於當時開發考量，因此在架構上採取 GIL（Global Interpreter Lock，全域鎖）。由於這個在架構設計上的選擇，使得 Python 在現今多核心、多執行緒的系統中綁手綁腳，無法高效執行。Python 要大幅提高多核心及多執行緒的效能，突破 GIL 的限制是必須的，這也是當前許多 Python 在效能研究上的重點，Python 官方也預計在 3.14 時移除 GIL。大家可能會奇怪當時為何會採取這種設計，把自己綁死。實際上，當時對多工並沒有這麼大的需求，Guido 當時應該也沒有想到 Python 能夠發展到今天的規模吧！

　　在 1.2.3 中提及了虛擬機器的概念，**Jython** 就是嘗試用 JVM（Java Virtual Machine）來執行 Python。不過，它目前僅支援 Python 2.x 及 Java 8，對 Python 3 的支援還在努力中。將 Python 運行在 JVM 中最大的好處在於 Python 可以與 Java 整合，開發者可以利用兩大平台的特性，發揮彼此的特長。這構想雖然很好，但是缺點也顯而易見：它無法同步支援 Python 最新的版本，這當然也影響了其普遍性。

　　IronPython 則是將 Python 實作在微軟的 .NET 環境中。其好處顯而易見，使用 IronPython 開發，可以與微軟的 .NET 環境整合。而它的缺點最直接的就是：使用 IronPython 開發，系統也被限制在 .NET 環境中運行。這令人回想起當年微軟支援 Java 的一段往事：微軟在自家平台推出 Java，可是微軟的 Java 只能在微軟的平台中運行，違反了與 Sun MicroSystems[9]（Sun，昇陽電腦）的跨平台協議。在與 Sun 的官司敗訴後，微軟不得再使用 Java 這個名稱，因而推出了 C#。因此，IronPython 的跨平台能力取決於微軟能將 .NET 擴展到多少平台而定。截至 2024 年 10 月，IronPython 可以支援到 Python 3.4.1。

　　還有一個實驗性的平台也蠻有趣的，稱之為 PyPy。它是使用 Python 實作 Python 的運作平台。目前是支援 Python 3.10 及 2.7。它嘗試用 JIT（Just-in-Time）編譯器技術來加速 Python 的執行。根據官方資料，PyPy 與 Python 標準之間還是存在一些相容性問題。不過這些議題都已遠超過本書範圍，大家有個基本認知就可以了。

9　於 1982 年創立的美國電腦公司，Java 的原始開發廠商，後於 2009 年 4 月 20 日被 Oracle 併購。

概略介紹了這些平台，大家應該對軟體技術的多樣化及資訊技術的可能性有了進一步的了解。由於目前 Python 社群是以官方的 CPython 作為主要運作平台。

1.5 執行 Python

接下來，我們先說明如何安裝 Python 3 的執行環境及數種執行 Python 程式的方式。在安裝及說明這些環境後，從下一章開始，我們就開始介紹如何學習基礎的 Python 程式設計了。

1.5.1 執行環境設定

由於本書主要是使用 Python 介紹基礎程式設計觀念，不涉及 Python 的進階課題。但是有些 Python 功能，如：f-string 是在 Python 3.6 提供的。因此在選擇 Python 版本時，應使用 Python 3.10 之後的版本。目前在 Python 的官方網站下載網頁（https://www.python.org/downloads/）中，提供了許多電腦作業平台的 Python 安裝程式。我們只需前往下載並安裝即可。安裝過程也十分簡單。我們對三種主要的電腦平台：Microsoft Windows 11、macOS 15.0.1 及 Ubuntu 24.04 LTS[10] 進行說明。

在安裝 Windows 11 的 Python 時，要注意的是：在安裝視窗的首頁要記得勾選：**add python.exe to PATH** 及 **Use admin privilege when installing py.exe**，如圖 1-3 所示。否則無法直接以 command（命令）的方式啟動 Python shell。

---

[10] Ubuntu 官方提供 Desktop 及 Server 兩種版本下載，建議安裝 Desktop。Ubuntu Server 無視窗環境，需自行安裝。

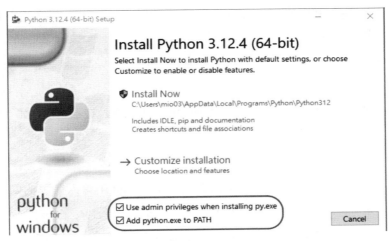

■ 圖 1-3 在 Windows 安裝 Python 需勾選的安裝選項。

macOS 的 Python 環境可在 python.org 直接下載安裝就可執行。Ubuntu Linux 24.04 LTS 中已內建了 Python 3.12，可以直接使用。

1.5.2 執行方式

由於 Python 廣受歡迎，因應各種需求，Python 有許多種的執行方式可供選擇。可以直接執行整支程式；也可以解譯的方式，邊寫邊執行。

在安裝了 Python 環境後，我們可以在 terminal 中使用 **python** 命令，進入 Python 的解譯式執行環境，也就是 **Python shell**，如圖 1-4 所示。

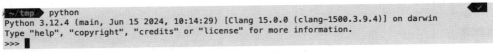

■ 圖 1-4 以解譯的方式執行 Python，進入 Python Shell 的執行環境。

在圖 1-4 中，可以看到 system prompt（系統提示號）>>>。當系統出現 >>> 時，代表 Python shell 已準備好執行環境，等待我們使用。此時就可以輸入程式碼請求 Python 執行。不同的系統環境通常有不同的 system prompt。比如說 Windows 11 的 cmd 或是 powershell 中的 system prompt 是以磁碟機名稱為開頭，如：c:、d:，後面接著路徑名稱。如：

```
c:\homework\>
```

在 Linux terminal 中的 system prompt 可能是以 command interpreter（命令解譯器）的名稱及版本為開頭，接著 **$** 或是 **%**。如：

```
bash-3.2$
```

或是單獨的 **$** 或是 **%**，有些前面也會顯示使用者名稱及機器名稱，如：

```
myname@my-Virtualbox$
```

接下來，我們可以在 Python shell 的 system prompt 中輸入簡單的四則運算，Python 會直接計算出答案，如圖 1-5 所示。

```
~/tmp  python
Python 3.12.4 (main, Jun 15 2024, 10:14:29) [Clang 15.0.0 (clang-1500.3.9.4)] on darwin
Type "help", "copyright", "credits" or "license" for more information.
>>> 3+2
5
>>> 5*3/2
7.5
>>>
```

■ 圖 1-5　在 Python Shell 中以互動的方式執行四則運算。

除了 Python，我們也可以使用 IPython 來強化 Python 的語法顯示。由於 IPython 是一個 python package（套件），需使用下列命令來安裝：

```
pip install ipython
```

安裝好了之後，在 IPython 中重新執行以上的計算，我們可以得到十分醒目的效果，如圖 1-6 所示：

```
~/tmp  ipython
Python 3.11.4 (main, Jun 20 2023, 17:23:00) [Clang 14.0.3 (clang-1403.0.22.14.1)]
Type 'copyright', 'credits' or 'license' for more information
IPython 8.14.0 -- An enhanced Interactive Python. Type '?' for help.

In [1]: 1+2
Out[1]: 3

In [2]: 3-2*4
Out[2]: -5

In [3]:
```

■ 圖 1-6　在 ipython 環境中執行四則運算。

以上所説的是以互動的方式執行 Python。Python 當然也可以類似編譯的方式直接執行程式。如果原始程式檔案名稱是：**myprogrom.py**，其中只有一行程式，印出 `"Hello World"`：

```
print("Hello World")
```

我們就可以命令列的方式執行，執行方式如圖 **1-7** 所示。

```
~/tmp  python myprogram.py
Hello World
~/tmp
```

■ 圖 **1-7**　以編譯方式執行 Python 程式。

如果命令下錯、檔案不存在、檔案名稱打錯、Python 執行環境沒有安裝好，都可能會出現執行錯誤。如果出現錯誤，大家務必要了解是哪種錯誤，直到能夠正確執行為止。

1.6　Python 輸入及輸出

安裝好 Python 執行環境後，我們就可以開始學習一些基本的程式設計。最基本的應該就是上節中印出 "Hello World" 的程式。在程式中只有一行程式碼：

```
1.  print("Hello World")
```

簡單來説：print() 是用來將資料輸出到畫面的 function。我們可以使用它了解變數當下的內容或是 expression 的計算結果。當然，最常見的是輸出程式最終的結果。操作如下：

```
>>> print(1)                  # 輸出 1
1
>>> print("1+1=", 1 + 1)      # 計算 1 + 1 後輸出結果
1+1= 2
>>> print("hello","world")    # 輸出兩個英文單字
hello world
>>> print(2,"books")          # 輸出數字及文字
2 books
```

由上述操作可以看到，我們只需要在 print() 的括號中放置一個或多個以逗點分隔的資料，或是一個計算式，print() 就可以將其計算後輸出結果。

另一個常見的函數是由鍵盤輸入資料的 input()。使用方式如下：

```
>>> x = input("Enter an int: ")
Enter an int: _
```

此時系統游標會停留在 **:** 之後，等待使用者輸入，當使用者輸入資料後，input() 會將該資料存在變數 x 中。input() 括號中的 **"Enter an int: "** 是一句提示語，提示使用者應該執行何種動作，輸入哪一種資料，程式再用這些資料進行所需要的計算。比如說，讓電腦向使用者說早安：

```
>>> name = input("Enter your name: ")   # 提示使用者輸入名字
Enter your name: John
>>> print('Good morning', name, '!')    # 向使用者說早安
Good morning John !
```

或是將程式寫在 Python 程式檔案中，假設我們將程式儲存於檔案名稱為：**myfirst.py** 中：

```
1.   name = input("Enter your name: ")
2.   print('Good morning,', name )
```

存檔後，在 Linux 的 terminal 或是 Windows 的 cmd 執行命令：**python myfirst.py**，其執行結果如下：

```
$ python myfirst.py
Enter your name: John
Good morning: John
```

在以上的程式中牽涉到許多的觀念，如函數、參數、整數、文字等等，這些觀念，我們將在接下來的章節一一說明。

1.7 結論

本章中首先説明了為何要學習程式設計的理由。包括了資訊技術的了解,軟體系統的使用及新增修改功能,同時也是進階學習的基礎。

在程式的基本概念方面,我們説明了機器語言及高階程式語言之間的關係及三種程式範型:Imperial language(程序式語言)、Functional language(函數式語言)及 Logic language(邏輯式語言)及屬於這些範型的程式語言及這些範式間的異同。

在程式語言的執行上,説明了編譯及解譯之間的執行方式及其優劣還有混合式的發生背景及應用環境。在程式的開發及執行方面,説明了程式的開發過程、所可能產生的文法錯誤及執行錯誤,及開發工具的介紹及初學者應該使用的學習工具及學習方式。説明程式設計的學習階段及目標。

接下來我們簡單介紹了 Python 3 及其執行平台不同的實作方式,希望大家能夠了解資訊技術的多樣性。

最後我們説明在三種作業平台:Windows、Linux 及 macOS 上,如何執行 Python 程式及相關開發環境的安裝及操作。希望本章中的內容能夠使大家能夠在學習程式設計之初,就能夠了解相關的重要概念,不會因為一些錯誤觀念,影響到程式專業的學習進度。

Note

Python

第 2 章

Python 基本概念
及資料型態

Python 程式基本上是由一或多個 program（程式）所組成。Program 主要是由 statement（程式敘述）及 expression（運算式）組成。Statement 可以由 identifier（識別字），operand（運算元），operator（運算子），literal（定值）及 expression（運算式）組成。Expression 在組成上則類似於 statement，差別在於在 statement 中可以有多個 expression，而 expression 中不可以有 statement。Identifier 是程式中各種運算個體的通稱，如 variable（變數），function（函數），class（類別），module（模組），exception（例外）。Identifier 因儲存的內容而有不同的名稱。

我們先看一個簡單的 statement：

```
x = 1 + 2
```

首先，這是 assignment statement（指定敘述）。1 + 2 是一個 expression。其中，x 是一個 identifier，也是一個 variable。= 、+ 是 operator。1、2 是 operand（運算元）也是 int literal（整數定值）。其計算過程就是：1 與 2 相加後，將結果儲存在變數 x 中。再看下一個例子：

```
print("hello world")
```

Python 將 "hello world" 傳送給 print()，再由 print() 將此 string literal（字串定值）顯示在畫面。其中的 "hello world" 是 operand（運算元）。print() 是 function call（函數呼叫），也是一個 expression。

由以上兩個例子可以認識程式語言中這些基本元素 statement、expression、identifier 及 operator 之間的關係。初學者在剛接觸時，可能會驚訝這麼簡單的程式，有這麼多的觀念需要釐清。不過，大家先不用緊張。這裏只是先讓大家對程式語言有個基本認識，之後會再詳細說明這些概念。

2.1 Python 程式基本元素

在本章開始時，我們提到了 identifier、keyword 與 literal。這些是組成 statement 與 expression 的基本要素。對初學者而言，區分及了解它們的角色是十分重要的。觀念不清，處理不慎，就會造成文法錯誤甚至執行錯誤。

先簡單了解一下程式語言在執行時是如何分析程式中有哪些是 identifier，哪些是 literal。

2.1.1 Lexical Analysis（詞法分析）

Python 在執行程式原始碼時，是由 program 的第一行的第一個字元開始讀取每個字元。每讀到一個字元就須與前一個已讀取字元比較，判斷此字元應該是接續著前一個字元，還是另一個字詞的開頭。如果該字元是空白字元或是非字元的符號，如：>、= 等，就將之前讀到的字元組成一個單元。再依照程式語言的定義判斷它是 identifier 還是 operator。如果是 identifier，接著就要判定這個 identifier 的屬性為何？它可能是 keyword、literal，或是其他的文法單元。處理完後，將辨識完成的 identifier 儲存於 symbol table（符號表），成為程式中合法的名稱。這個過程不斷重複，直到程式結束。此過程稱之為 lexical analysis（詞法分析）。程式執行時，Python 將依據所讀取、分析完成的 identifier 參考、更新此符號表，直到程式結束執行。

Lexical analysis 是依據 Python 的文法定義執行，與程式設計者的主觀認定不一定相同，文法錯誤或是執行錯誤也就因此產生。舉例來說，當 Python 讀到了一行程式：

```
if=1
```

它會將這行程式拆解為：`if`、`=` 及 `1` 三個字詞。`if` 依 Python 的定義是一個 keyword。`=` 是一個 operator。`1` 則是一個數字。再看下一個例子：

```
ifa=1
```

這行敘述則會被拆解成 `ifa`、`=` 及 `1` 等三個字詞。`ifa` 是一個 identifier，不是 keyword，`=` 是一個 operator，`1` 是一個數字。再將這行程式改為：

```
if a==1
```

語法分析會將它拆解為 `if`、`a`、`==` 及 `1` 等四個字詞。其中 `if` 為 keyword，`a` 為 identifier，`==` 是 operator，`1` 是一個數字。

　　由以上的例子，可以看到空白字元在 lexical analysis 中是十分重要的。在不同屬性的字詞中間，如果沒有空白字元，Python 在讀到一個新的字元時，只能以是否與前方字詞特性相同進行判斷，它可能是字詞的一部份，也可能是一個新的字詞，十分容易造成誤判而產生文法錯誤。使用空白字元分隔不同屬性的字詞，可提高程式可讀性，也可免除這些誤判。

　　在說明了語法分析的概念後，接下來，繼續說明這些基本元素在 Python 程式中所扮演的角色。

2.1.2 Identifier（識別字）

　　Python 的 identifier（識別字），如同其他的程式語言一樣，簡單說就是程式中所有的字詞的泛稱。Python 對其組成有一定的規則，基本是需要以大小寫英文字母開頭，後面接著 0 個以上的英文字母或是數字，長度則是沒有限制。由於 Python 3 支援 Unicode，字詞開頭也可以是 Unicode 中所定義的字符。Identifier 的名稱可以使用英文命名，如 salary、weekday 都是可被接受的 identifier 名稱。程式語言中對於 identifier 的組成都有一套規則。雖然 Python 允許使用非英文的文字命名 identifier，但是一般在學習程式語言時，建議大家還是要以英文為唯一選擇。命名時的基本原則是以英文字母開頭，後面接著一個或多個英文字母、數字或是 _。

　　Python 程式中所有以英文開頭的字詞，都會先被視為 identifier，再依照程式語言的定義判斷它是否為 keyword。在上述的例子 `ifa = 1` 中 `ifa` 在語法分析時會被視為是 identifier，Python 再判斷這些 identifier 是否是 keyword。由於 `ifa` 並不是 Python 的 keyword，因此被判斷為一個 identifier。`ifa = 1` 的意思成為了：ifa 中儲存了一個 int，因此 ifa 是一個變數。如果後續的程式要讀取 a 這個 identifier，Python 在符號表中又搜尋不到 a，就會產生 a 沒有定義的錯誤。要修正這個錯誤，只需要在 a 前後加上空格，將 `ifa = 1` 改為 `if a = 1`，這行程式就會由定義一個變數及其初始值成為了一行 **if statement**。但是由於 = 不允許出現在 if statement 中，這又造成了另一種文法錯誤。

2.1.3 Keyword（關鍵字）

　　每一種程式語言都有一套 keyword（關鍵字），也有人稱之為 reserved word（保留字），Python 也不例外。程式語言中 keyword 存在的目的就是需要它們來了解程式的基本架構進而解析其內容。每個 keyword 都被設計用於各種的邏輯語法。也可以說，keyword 建構了程式語言的基本架構。正確的使用 keyword，程式才能被了解並執行。Python keyword 依用途分類如表 2-1 所示。

表 2-1 Python Keywords

用途	Keyword	用途	Keyword
邏輯值	True、False	邏輯敘述	pass
虛無值	None	布林邏輯運算	and、or、not、in、is
決策控制	if、elif、else	迴圈邏輯	while、for、else
迴圈控制	continue、break	identifier 使用範圍	global、nonlocal
module 使用	as、from、import	function 定義	def、lambda
class 定義	class	object 刪除	del
exception 處理	with、try、except、finally、raise	除錯測試	assert
執行控制	await、async、return	generator	yield
特定環境使用（soft keyword）	match、case、_、as		

由表 2-1 可以看到，這些 keyword 都是由大小寫英文字母組成的。對於程式語言是否將英文大小寫字母視為不同的字母，可分為兩類：一類是 case-insensitive（不區分大小寫），有 Assembly、BASIC 及 Fortran 等；另一種則是 case-sensitive（區分大小寫），有 C、C++、JavaScript、Java 及 Python 等。對於 Python 這類會區分大小寫的程式語言來說，name 與 Name 是不相同的兩個 identifier。也就是說，如果將兩個大小寫相同 identifier，改變了其中一個的大小寫，Python 會將它們認為是不同的 identifier，進而產生意外的程式錯誤！

Python 還設計了 soft keyword，它們與一般的 keyword 是有些不同的。所謂的 soft keyword 是指在特定環境或是語法中才會被視為 keyword，在其他語法中則可以自由使用。這種設計可以提高程式語言設計上的彈性。雖然如此，建議大家還是將 soft keyword 當成是一般的 keyword，儘量避免使用，以免造成無謂的困擾。

2.1.4 Variable（變數）

由於資料是存放在記憶體中，而記憶體中的每一個 byte（位元組）都有自己的位址 [1]。因此，位址就成了最簡單的 variable name（變數名稱）。位址的長度是由計算機硬體決定。它是以 2 進位數字表示。將兩筆資料相加時，首先要知道相加的資料及結果分別放在哪個位址。假設這兩筆資料分別存放於位址 **10010011** 及 **11100011**，相加的結果要儲存於位址 **11011111**，程式如以下所示 [2]，可說是毫無意義可言：

```
[10010011] = 1
[11100011] = 2
[11011111] = [10010011] + [11100011]
```

由於編譯技術的發展，我們不再需要寫這種無意義的程式碼。高階程式語言中的 identifier 或是 variable 所扮演的就是記憶體位址的角色。它提供了一種直覺的方式讓程式設計師使用有意義的字詞為記憶體位址取名字，使得程式碼有意義、可以被閱讀且易於了解。至於在執行時這些字詞所對應的位址為何，則是編譯器及作業系統的工作，我們不必擔心。

有了 identifier 或是 variable 後，就可以將以上的程式寫成：

```
data1 = 1
data2 = 2
result = data1 + data2
```

如此一來，程式就有了 readability（可讀性），日後的修改也十分方便。接下來，我們來談談可讀性這個課題。

---

[1] 每一個 byte 有自己的 address，稱為 byte addressable。

[2] [x]：讀取記憶體位址 x 中的內容，假指令。

● Identifier 的名稱與程式可讀性

在 1.3.3 程式設計的學習階段及目標中，我們談到了程式風格，可讀性也是其中的一個課題。所謂的程式可讀性，就是指程式內容是否容易被了解。許多初學者在開始學習程式設計時，由於是在學習階段，多是做一些簡單的練習，所以程式並不複雜，一般不超過百行，容易了解。因此初學者大都忽略了程式可讀性。可讀性的重要在於：程式不僅是自己了解，也要別人容易理解。更由於現代的軟體系統大多是由團隊開發，必須相互討論溝通了解，以掌握軟體品質。此外，團隊成員可能會有異動，新成員必須負責維護舊有系統。如果在系統開發時不注重程式可讀性，開發新系統或是維護舊系統必然會出現嚴重的問題：看不懂！大家如果已經有程式設計的經驗，可以將自己以前寫過的程式（最好有 50 行以上）再拿出來看看，就知道可讀性是什麼了。

合宜的 identifier 名稱是提高程式可讀性的一個關鍵因素。決策與迴圈等邏輯必須與 identifier 相互配合，才容易理解。如同一個語句必須同時具備主詞、動詞及受詞才會清晰易懂。如果單從程式邏輯去了解程式就像是一個沒有主詞的敘述，難以釐清脈絡。要提高程式的可讀性，首要在於 identifier 名稱的意義能否與程式邏輯的目的相一致。如果 identifier 的名稱沒有與程式邏輯相配合，或是根本毫無關聯，程式邏輯就如同有字天書，更不要說還要修改其中的程式碼了。當系統發生問題時，如果部分的程式碼難以理解，那就只有重寫；如果是整個系統的程式碼都難以理解，系統根本無法維護，過往的投資全部付諸東流。

那麼，identifier 要如何命名呢？ Identifier 可能用來表示 variable、parameter、function 等。因此必須因應不同的特性採取不同的命名方式。簡單來說，variable、class 等表示資料的個體，應以名詞為主，如：date、number、name 等；function 定義了動作及行為，則應以動詞為主，如：get、translate、put 及 count 等。

為了提高可讀性，也不一定是以單詞命名，有時也會用片語，或是由兩三個單詞組成的短句來表示，如：student_data、staff_salary、get_data 及 saveImage 等。當 identifier 只是在語法上有需要，使程式邏輯得以完整不會產生文法錯誤，如迴圈中用來計算次數的 variable，才會考慮使用一些無意義的詞彙來命名，如：a、x、i、dummy、moo 等。

當 identifier 的名稱是由一個以上的單詞所組成時，其組成方式有特別的稱呼：

Snake case	字詞均小寫，之間以底線 _ 連接，如：**student_data**，**connect_db**。
Camel case	首字詞以小寫開頭，後續字詞均以大寫開頭，也稱 **lower camel case**（小駝峰命名法）。如：**studentData**，**connectDb**。
Pascal case	每個字詞均以大寫開頭，也稱 **upper camel case**（大駝峰命名法）。如：**StudentData**，**ConnectDB**。

Python 官方在 PEP 8 中並沒有強制要求使用哪一種 Naming Convention（命名規範）。但它還是對各種 identifier 的命名方式做出了建議。這些建議也在 Python 程式設計師間形成了一種習慣。遵守這些規範，使得我們在閱讀他人的程式碼時，可以直接由命名方式了解這是一個 global variable（全域變數）還是一個 constant（常數），是 class（類別）還是 function（函數）。這種一致性，極大程度的提高了程式可讀性。

Python 有一個特殊的 identifier：_，它雖然是一個符號，在 Python 中像是一個萬用工具，常用來表示不重要的、臨時的變數或是其他的狀況。它可以表示一個匿名的變數；在 Python shell 中表示上一次的運算結果；在本書 3.8 Match Statement 中表示一種 pattern（模式）；在 3.4.2 的 for 迴圈中與 range() 搭配使用的計數器。有了這個符號，就不需要為一些臨時需要的變數取名字而傷腦筋，程式邏輯也可以變得更為清晰。

2.1.5 Value（值）與 Literal（定值）

綜上所述，Python 中的 identifier 是某一記憶體位址的代稱。記憶體中儲存的數值或是字串資料就是我們常說的 value（值）或是 value of a variable（變數值）。程式碼 x = 1 是將 1 的位址存入 x 中。x = "hi" 是將字串 "hi" 的位址存入 x 中，x 的內容隨著程式邏輯改變。一般我們不會說的這麼詳細複雜，而是直接說 x 存著一個 value。因此，當 x 中存著 value 時，這種 identifier 就被稱為 variable（變數）。

在這兩行 statement 中的 1 及 "hi"，在程式語言中稱其為 literal（定值，也有人稱為「字面常數」）。Literal 在程式語言中是固定的，不可被改變的資料，如同數學運算式中的 constant（常數）一樣。因資料型態的不同，literal 有以下的區分：

int literal	整數定值。如：**0**、**1**、**-1**、**10**。
float literal	浮點數定值。如：**.1**、**1.**、**1.1**、**-1.1**。
string literal	字串定值。如：**"hi"**、**"hello"**、**"Hello World!"**。
Boolean literal	布林定值。如：**True**、**False**。

其中的 int、float 及 str 都是不同的資料型態。Python 在資料型態的處理與其他程式語言有些許不同。Python 的變數沒有資料型態的限制，可是它所對應的值是有資料型態的。如：int、float、str 及 list 等。關於這些資料型態的概念，我們在下節中說明。

2.2 Python 的基本資料型態及操作

在現今常用的高階程式語言中，多有資料型態這個機制。要掌握程式設計的基礎能力，正確的了解資料型態與使用方式，是十分重要的。在本節中，我們將解釋什麼是資料型態及在 Python 中是如何使用的。

2.2.1 為什麼需要資料型態？

電腦於 1940 年代出現時都是用來做數字計算的。隨著技術的發展及需求的不斷增加，電腦的應用也逐漸地發展到商業資料處理。在電腦高度發展的今日，電腦處理的資料更是遍及我們生活的各個層面，網頁、語音、視訊、人事資料、會計報表及醫療紀錄等都是電腦可以處理的資料。為了要有效率且正確無誤地處理這些資料，許多的程式語言採用了資料型態來因應各種類型資料的特性。

舉例來說，數值資料，如：成績、氣象資料、年齡、身高及體重等。這些資料可以被加總、可以被平均，可以找最大或是最小值。文字資料，如：姓名、住址、新聞、文章、程式、網頁等。文字資料不能加總，不能平均，沒有最大或是最小值。可是文字資料可以被切割、擷取、重組。將這些處理方式運用在數值資料上是沒有意義的。同樣的，聲音及影像資料需要特殊的編碼處理，播放時也需要特殊的播放軟體，其他種類資料的運算也無法對其運作。

由於目前電腦系統處理的資料包羅萬象,各種資料又有著不同的特性及本質上的差異。如果不去區分處理,就可能會發生將姓名進行加總計算,將年齡當成語音播放等錯誤,對系統的正確性造成嚴重的危害。因此,在程式語言中為不同特性的資料設計了資料型態,如果將不相容的資料型態混合計算,如:將年齡(int,整數)與姓名(str,字串)相加,就會產生文法錯誤或是執行錯誤,警示程式設計師處理,以免發生錯誤。

那麼,這裡又衍伸出一些資料上的邏輯問題:如果將年齡與身高加總,將成績與氣象資料相加,由於都是數值資料,編譯器或是執行環境無法經由單純的檢查資料型態是否相符來發現問題!因為這不是資料型態的問題,而是資料的意義上出了問題。年齡與身高是屬於不同領域的資料。將兩個完全無關的數值資料相加,其結果只是垃圾而已。因此,想要只依靠基本的資料型態處理關於資料意義上的問題,是不可能的!

Object-oriented paradigm(*物件導向範型*)是用來釐清資料間的各種複雜關係而產生的一種程式範型。主要以定義及規範資料型態及相關處理的行為模式的一種邏輯架構。如:將年齡設計成一種資料型態並限定只能與同類型的資料進行運算,氣象資料也可以設計成一種資料型態,可以查詢最大、最小值及歷史趨勢,音樂播放器只能播放音訊型態的資料,不接受其他型態的資料。

資料間的關係則是物件與物件的關係,可以是 composition(組成)關係或是 inheritance(繼承)關係。舉例來說,就組成關係而言,大學是由學院組成,學院是由系所組成,系所是由師生組成。繼承關係則是指不同類型的物件,其資料特性的從屬關係。比如說,學校的老師除了具備學校職員的特性外,還有教學工作及研究成果。因此在設計學校資訊系統時,不需要將兩者分開設計。可以利用繼承的特性,老師的資料型態可以一部分繼承(擴充)職員的資料型態,再額外定義有關教學及研究的部分。此外,物件導向中物件的資料型態還可以因環境而改變,如老師去進修時,老師就成為學生;學生當家教時,學生則成為了老師。

物件導向相關技術及程式設計方式是十分重要的軟體專業能力,但由於篇幅所限,我們將在另書中講述。

2.2.2 Python 內建的資料型態

Python 內建的資料型態，除了一般的資料型態，如 bytes、bool、int、float 及 str 外，也提供一些具有 container（容器）功能的資料型態，可以儲存大量資料以便於資料處理。如：list（串列）、tuple（序組）、dict（字典）、set（集合）及 frozenset（固定集合）等，如表 2.2 所示。

表 2-2 Python 內建的基本資料型態

資料型態	意義
bytes[3]	Bytes（位元組）在 string literal 前加上 b，如：b"hello"、b"123" 等。其內容可被更改。
bytearray[3]	Bytes（位元組）以 bytearray(b'hi')、bytearray('hi'，'utf-16') 等方法產生。內容不可更改。
int	integer（整數）如：0、1、2 及 -1 等 integer literal。
float	floating point number（浮點數或稱小數）如：1.0、1.2、3. 等 float literal。
str	string（字串）如：""、"hello"、"1.1,2.0" 等 string literal。
bool	boolean（布林值）bool 中只有 **True** 及 **False** 兩個 literal。
NoneType	NoneType（虛無值）NoneType 中只有 **None** literal。
list	list（串列）以中括號包圍，資料間以逗號分隔。如：[ ]、[1]、[1,]、["1",2]。
tuple	tuple（序組、元組）以小括號包圍，資料間以逗號分隔。如：( )、(1,)、("1",2)。
dict	dictionary（字典）以大括號包圍，如有一組以上的資料須以逗號分隔，資料以 key:value（鍵值：資料）的型態表示。如：{ }、{1:1}、{1:"first", 2:"second"}。
set	set（集合）以大括號包圍，資料間以逗號分隔，其中的資料不可重複。如：{1,}、{1,2}、{1, "2"}。
frozenset	為內容不可變更的 set。以 frozenset({1,2,3})、frozenset({'1'}) 等方式產生。

接下來，我們先介紹一般資料型態 int、float、str、bool 及 NoneType 的特性及使用方式。關於 list、tuple、dict 及 set 等 container 資料型態則在 2.3 Container（容器）中說明。

---

3 以 byte 表示資料，多用於訊息交換及傳輸，屬於進階程式設計觀念。

2.2.3　數值資料型態：int、float

Python 中的 int literal 及 float literal 都屬於 numeric type（數值資料型態）。其中 int literal 包含了正整數及負整數。Float literal 中的 float 則是 float-point[4]（浮點）的簡稱。泛指一切包含小數部分的數字。不同與其他程式語言的 int 是使用 32 或是 64 位元設計有處理數字的上限，Python 3 所能處理的最大 int 是受限於電腦的記憶體的容量。

Python 的 int literal 如果是正整數且是兩位數以上，必須是以 1 到 9 的數字開頭，後面接著 0 到 9 的數字或是一個以 _ 作為位數分隔符號。如：10、123、1000000 等都是正確的正整數。1234 可以表示為 1_234 或是 1_2_3_4。如果是負整數，則必須以 – 號開頭，後面整數部分則使用正整數的組成規則。

```
>>> i = 0
>>> i = -0
>>> i = 012
        File "<stdin>", line 1
          i = 012
              ^
SyntaxError: leading zeros in decimal integer literals are not permitted;
use an 0o prefix for octal integers
```

十進位整數也可使用二、八及十六進位表示。在二進位數字前加上 `0b` 或 `0B`（binary，二進位）。八進位數字前加上 `0o` 或是 `0O`（octal，八進位）。十六進位數字前加上 `0x` 或是 `0X`（hexadecimal，十六進位）。如下所示：

```
>>> 0b10    # binary
2
>>> 0o10    # octal
8
>>> 0x10    # hexadeciaml
16
```

4　所謂的 float point，是因為電腦在表示 real number（實數）時，其數字與指數部分可依小數點位置而有不同的表示方式，即小數點位置是浮動的。如：1.234 可以表示為 $0.1234*10^1$ 或是 $1.234*10^0$。

　　Python 對於 float literal 的設計則遵循 IEEE 754 double-precision float-point representation 標準，採用 64 位元設計。數值範圍是 $1.7976931348623157 \times 10^{-308}$ 到 $1.7976931348623157 \times 10^{308}$。超過此範圍，就會產生執行錯誤 **OverflowError**（溢位錯誤）。**OverflowError** 是指程式語言中的資料型態無法處理該數字的大小。

　　在表示 float literal 時只要在 int literal 後加上一個小數點，或是科學符號 **e** 或是 **E** 後再接著使用 int literal 的規則表示後續的小數，就成為 Python 的 float literal。如：**1.**、**1.e1**、**1e1**、**1.12e100** 及 **1.12e-2** 都是正確的表示方式。如下所示：

```
>>> 1.2E2
120.0
>>> -1.2e2
-120.0
```

　　int（包含二、八、十六進位）及 float 都提供數學的基本運算：add（加）、subtract（減）、multiply（乘）、divide（除）、正負號，exponentiation（乘方）、modulo（餘數），如下所示：

```
>>> 1 + 2, 1.0 + 2.0, 1 + 2.0, 0b11 + 0b11  # 1 + 2.0是混合型態運算
(3, 3.0, 3.0, 6)
>>> 1 - 2, 1.0 - 2.0, 1 - 2.0, 0b11 - 0b11  # 1 - 2.0是混合型態運算
(-1, -1.0, -1.0, 0)
>>> 1 * 2, 1.0 * 2.0, 1 * 2.0, 0b11 * 0b11  # 1 * 2.0是混合型態運算
(2, 2.0, 2.0, 9)

>>> 1 / 2, 1.0 / 2.0, 2 / 1, 2.0 / 1.0, 0b11 / 0b11 # 1 / 2.0是混合型態運算
(0.5, 0.5, 2.0, 2.0, 1.0)
>>> 1 / 3, 1.0 / 3
(0.3333333333333333, 0.3333333333333333)
>>> 3, -3, -0x11, 3 + -2
(3, -3, -3, 1)

>>> 2 ** 3, 3 ** 3, 0b11 ** 3       # 乘方計算
(8, 9, 27)
>>> 8 % 3, 3 % 3, 0b11 % 2          # 餘數計算
(2, 0, 1)
```

在以上操作中大家首先要注意的是當混合 int 與 float 計算時，Python 會先將 int 數字轉換為 float，再將兩個 float 數字做數學運算。主要是因為 float 資料型態的精確度高於 int 所致。

其次是 division（除法）運算，當兩數相除無法除盡時，Python 會計算至小數點後 16 位數。如果不需要小數部分，Python 提供 floor division（整數除法），做法是將兩數相除後，保留整數，捨棄小數部分。簡單說就是取商（quotient）捨棄餘數（remainder）。運算結果如下：

```
>>> 1 // 3, 1.0 // 3.0, 7 // 2, 7.9 // 2      # 整數除法
(0, 0.0, 3, 3.0)
```

或是使用括號改變運算優先順序：

```
>>> 3 + 4 * 2, (3 + 4) * 2            # 使用括號
(11, 14)
```

在此，我們先說明 Python 如何計算 expression，使大家對程式運作有更進一步的了解。

2.2.4 Expression（運算式）的計算

上節中提到的數學運算式都屬於 expression。Expression 計算後的結果會得到一個 value（值），這個 value 的資料型態可以是 Python 中任何合法的資料型態。數學運算符號如：＋、－、＊、/ 等都是 operator（運算子）。Expression 中的 literal 或是變數都屬於 operand（運算元）。最簡單的 expression 是單純由一個 operand 組成。如 **1** 是一個 expression，計算後得到 int 1，**1 + 2** 是 expression，計算後得到 int 3，**(1 + 2) * 3** 也是 expression，計算後得到 int 9：

```
>>> 1
1
>>> 1 + 2
3
>>> (1 + 2) * 3
9
>>> 1 + '1'             # 不相容的資料型態
```

```
Traceback (most recent call last):
  File "<stdin>", line 1, in <module>
TypeError: unsupported operand type(s) for +: 'int' and 'str'
```

不相容（incompatible）的資料型態不可直接做計算，否則就會如以上的 **1 +
'1'** 產生 **TypeError**。

● Operator Precedence（運算子優先次序）

其次，是 operator precedence（運算子優先次序）問題。學過四則運算的人都
知道一個規則：先乘除後加減，使用括號可以改變運算次序。可是程式語言中除了
+、**-**、*****、**/**、**(**、**)** 等 operator（運算子）外，還有 **=**、**==**、**>** 等 operator。各種資
料型態也有各自的 operator。因此，Python 面對這些 operator，需要一套計算規則
才能計算出正確結果，這就是 operator precedence 的設計目的。我們先以介紹過的
operator，在表 2.3 中列出它們的 operator precedence：

表 2-3 數學 Operator Precedence 由高到低排列

Operator	意義	範例
(、)	括號	(1 + 2) * 3。
**	次方、乘方	2^3 表示為 2**3。次方為負時，先計算負號，如：2 **-3 = 0.125。
+、-	正負數計算	+3、-1。
*、/、//、%	乘、除、整數除法、餘數計算	2*3、3/2、3//2、3%2。
+、-	加、減法計算	3+2、3-2。

我們注意到在表 2-3 中同一列的 operator，如正、負號或是加、減號。它們有
著相同的優先次序，電腦會如何運算呢？這就要再談到 operator 的 unary（一元）及
binary（二元）等特性及 associativity（結合性）。

● N-ary Operator（N 元運算子）

Operator 基本上可以分為 **unary**（一元）及 **binary**（二元）兩種。這裡所說
的元，就是指 operand（運算元）。Unary operator 目前提及的有 **+**（正號）、**-**（負
號）及 ******（乘方）符號。Unary operator 在計算時，只需要一個 operand。比如在

43

expression −1 中，1 是 operand，− 是負號，也是一個 unary operator。負號 operator 只能與一個 operand 相結合進行計算，結果得到 −1。

Binary operator 需要兩個 operand 才能進行計算。1 + 2 計算結果為 3。Python 的計算過程為：看到了 +，經由判斷後了解到這是一個加法運算，+ 是一個 binary operator（二元運算子）。因此，將其左右兩個 operand 加總後得到 3。

● Operator Associativity（運算子結合性）

要了解 expression 如何計算，我們還需要了解 operator associativity（運算子結合性）。所謂的 associativity 就是指 operator 的運算方向，是由左向右或是由右向左。比如說：加、減號是由左向右計算。如：1 − 2 是由左向右計算，結果是 −1；如果是由右向左計算，結果則是 1。

將以上的觀念結合起來，就可以解釋如何計算 expression。在計算 1 + 2 − 3 時，由於 +、− 的優先次序一樣，都是由左向右計算。因此，先計算 +，後計算 −。其次，由於 +、− 是 binary operator，+、− 左右兩邊的 int 成為運算所需的 operand。1 + 2 先計算得到 3 後，再計算 3 − 3，最終得到結果 0。

再看一個例子：−−3。在這個 expression 中，有兩個負號，一個 operand 3。由於兩個負號的 operator precedence 相同，計算時就必須以 assotiativity 來決定計算方向。由於負號是由右向左運算，且負號是 unary operator。因此，3 必須與其左方緊鄰的負號先做計算，得到 −3 後，再與最左邊的負號進行 −−3 的計算，最終得到 3。

在說明了 expression 如何計算後，我們暫停 Python 資料型態的介紹，先了解一下它們是如何與變數配合運作，以便於後續資料型態的介紹。

2.2.5 Assignment Statement（指定敘述）

在所有的 statement 中，最常見的應該就是 assignment statement（指定敘述）。

Assignment statement 是由 =（等號）構成，右邊是 expression，左邊是變數。最簡單的 assignment 如下：

```
x = 1
```

初學者時常對 assignment 中的 = 與數學中恆等式中的 = 混淆。在程式語言的設計中，時常使用 = 作為 assignment operator，如 C、Java 及 Python 等。Pascal、Ada 及 Go 則使用 :=。在 R 及 Scala 使用 <-。這個符號在英文中是 assign 的意思，中文是指定、設定的意思。它的計算方式是將等號右邊的計算結果，複製到等號左邊的變數中，僅此而已，不是數學中左右相等的意思。

總結以上，可以歸結出以下概念：

- x 是一個變數，是一個記憶體位址。
- = 是一個 binary operator，其 associativity 是由右向左。
- 1 是一個 expression，也是一個 int literal。

之前我們曾經提過這兩個觀念：

- 1 是一個 int literal，是一個整數。
- 變數中存的是 value。

這些觀念需要進一步整合才能真正的了解 assignment statement 是如何運作的。

首先要了解的是：在 Python 中所有的個體都是 object（物件），連 int、float 及 str 等 literal 也不例外。變數中存放的是 object 的位址。使用 = 將 int literal 儲存於變數實際上是將 int literal 所在的記憶體位址儲存於變數，或是說變數儲存的是 int literal 的 address 也稱為 reference（參照）。這種以位址存取資料的方式稱為 indirect access（間接存取），而非 direct access（直接存取）。因此，x = 1 在 Python 中的計算過程如下：

= 是 assignment operator，也是 binary operator，需要左右兩個 operand 才能進行計算。它的 associativity 是右向左計算。因此，它先計算出右邊 operand（expression 1）的值，結果為 1。Python 此時需要在記憶體中找到一塊記憶體儲存 1 這個 int literal。儲存後取得右邊的 operand（int object 1 的位址）。再將右邊 operand 的值複製或是儲存到 = 左邊的 operand x。

為了深入學習 Python，我們必須要確實了解這個運算過程，才能避免一些不必要的文法及執行錯誤。由上面的討論，還可以延伸出另一個關於 assignment 的重要觀念：LHS 與 RHS。

● LHS（左手邊）RHS（右手邊）

初學者時常會將 assignment operator = 與數學的恆等符號搞混，因此常會出現將數學恆等式的觀念帶到程式語言，因此寫出這些程式碼：

```
1 = 1 或是 1 + 1 = 2
```

經過我們以上的討論，大家對於這類錯誤應該有一定程度的了解。現在我們可以詳細解釋程式是如何處理這個錯誤了。

由於 = operator 是將右邊 expression 的運算結果複製到左邊的變數。在 1 = 1 中，= 左邊的 1，是 int literal，不是變數（變數名稱需要以英文字母開頭）。1 + 1 是 expression，不是變數。在 Python shell 中執行這些程式會產生 **SyntaxError**（文法錯誤）：

```
>>> 1 = 1
File "<stdin>", line 1
  1 = 1
    ^
SyntaxError: cannot assign to literal here. ...
```

以上錯誤訊息：`cannot assign to literal here` 的意思是：不能將資料設定或是儲存於 literal。Literal 是資料不是變數，不是可儲存資料的位址。

```
>>> 1 + 1 = 2
File "<stdin>", line 1
  1 + 1 = 2
  ^^^^^
SyntaxError: cannot assign to expression here. ...
```

以上錯誤訊息 `cannot assign to expression here` 的意思是：不能將資料設定或是儲存於 expression。同樣的，expression 是用於計算，結果是一個 value，不是變數。

程式語言中還有一些特有的名詞來稱呼等號左右兩邊的 operand。左邊的變數稱為 LHS（Left-Hand Side，左手邊），右邊的 value 或 expression 則稱為 RHS（Right-Hand Side，右手邊）。也有人直接稱 LHS 為左值，RHS 為右值。因此，當有錯誤訊息提到：此處需要一個左值，程式中卻出現一個右值。大家現在應該知道這個錯誤的原因及處理方式了吧。

我們再看一個例子來了解左值與右值的差別：

```
x = x
```

當 x 同時出現在 = 左右兩邊的時候，要如何理解呢？依照之前說明的方式可以了解到：assign 運算會先計算右邊的值，也就是會先計算 x 的 value，得到結果後將值複製（寫入）到等號左邊的 x 儲存。在 Python 中的意義是：LHS 的 x 中是一個位址，是一個可以儲存位址資料的空間；RHS 的 x 是可經由間接存取得到的 value。在 Python 的整個執行過程就是：將 x 儲存的位址複製到 x 中儲存。執行前後 x 中經由 indirect access 的 value 都不會改變。

我們不厭其煩地解釋程式執行的過程，就是要提醒大家在學習程式邏輯時，當程式出錯時要知道是為什麼出錯；而程式正確執行時，也要知道程式為何沒有出錯。這是學習程式設計的基本原則！

● Mutability（可變性）

Python 資料型態中還有一個十分重要的特性：mutability（可變性）。我們曾經說過，Python 的一切都是 object。這些 object 因其特性可分為 mutable（可改變）及 immutable（不可改變）兩種。顧名思義，所謂的 mutable object 就是 object 產生後，其內容可以改變；而 immutable 就是 object 產生後，其內容無法被改變。舉例來說，int 是屬於 immutable 資料型態。當我們改變變數中的 int 時，Python 是如何處理的呢：

```
1.  x = 1
2.  x = 2
3.  print(x)
```

第一行程式，Python 先產生 1 這個 int object，並將其位址儲存在 LHS 的 x。在第二行，Python 並不會將 x 中 object 的內容改為 2。基於 immutability，它會另外產生一個 int object 2，再將其位址儲存在 x 中。此時 int object 1 還存在系統中，只是沒有被使用。因此，在第三行的 print(x) 中，我們會得到 2 這個結果。實際操作如下：

```
>>> x = 1
>>> x = 2
>>> print(x)
2
```

Mutability 關係著 Python 實際的運作方式，這些系統內部的運作無法經由程式字面了解。這也是許多非本科系同學在學習程式語言所面臨的障礙。

我們再看一個例子 `x = 1 + 3 + 5`，以更進一步的了解這個機制。

Python 會先產生 1、3、5 三個 int object。由於 **+** 是由左向右計算，因此，先計算 1 + 3 得到 4。此時 Python 會產生一個 int object 存放 4。再將 4 與 5 兩個 int 相加，得到結果 9。同樣的，Python 必須再產生一個 int object 儲存 9。最後再將 9 的位址儲存在 **x** 中。

以上的計算過程產生了一個中間結果 4，這個臨時產生的 object 也需要記憶體儲存，之後它們所佔用的記憶體會被 Python 回收再利用。這種將記憶體自動回收再利用的機制稱為 garbage collection（垃圾回收）。垃圾回收大幅減輕了程式設計師對記憶體管理的負擔。我們不用擔心 memory leaks（記憶體流失）的問題。雖然回收時機可以由 Python 或是由程式控制，但是如果不了解程式碼對系統所可能產生的影響，很可能會在瞬間產生臨時、巨量的 object 消耗大量的記憶體，對系統效能產生無法預期的後果。

2.2.6 String（字串）

許多介紹 Python 書籍開頭的程式就是印出 `"Hello World"`。本書也不例外。這個以雙引號包圍一串英文字的資料型態就是本節所要介紹的資料型態：**str**[5]。`"Hello World"` 的正式名稱是 string literal（字串定值）。

字串在程式中扮演極其重要的角色。初學者可能認為以中英文及標點符號組成的才是字串。其實在電腦中只要是連續的一段資料，不論其內容是什麼，都可以編碼成字串。因此，一段文字是字串，檔案內容是字串，圖片的內容也是字串，甚至於電腦全部記憶體中的內容也可看成是一個超大型的字串。

電腦的 input（輸入）及 output（輸出）都是以字串處理。當我們在鍵盤上輸入 1 時，實際上電腦收到的是 1 的編碼，並不是我們看到的數字 1。當使用 print()

---

[5] Python 中 string 的資料型態是 **str**。在本書中除了提到資料型態時是以 str 表示，其他狀況還是統稱為 string。

輸出結果時，程式必須將所有不是字串的資料轉換成字串後，`print()` 才能將結果輸出到畫面上。

　　String 資料型態及相關的處理在程式設計中相當重要。程式中時常需要將字串切割、重組、擷取，或是與轉換為其他的資料型態來完成複雜的運算。

● String Literal（字串定值）

　　Python 的 string literal（字串定值）是由 Unicode 字元組成的一組資料。它可以是：英文大小寫字母、數字 0 ～ 9、標點符號及中文字元等多國文字組成。String literal 前後需要以 `'`（單引號）、`"`（雙引號）或是連續三個單引號 `'''`，連續三個雙引號 `"""` 作為開始及結束。

　　String literal 前後的引號需一致，不可一單一雙。如：`'a"`（不一致），`"123`（結尾沒有引號）。如果 string 中的內容也使用了引號時，前後的引號不可與 literal 中的引號相同，否則會產生文法錯誤。如：`"I'm"`（正確），`'I"m'`（正確），`'I'm'`（錯誤）。

　　那麼有 str 資料型態，是不是就有 character（字元）資料型態呢？在許多的程式語言，包含 C、C++ 及 Java 等，都有字元資料型態。可是 Python 是沒有字元資料型態的。單一字元也是 string。Python string 的長度限制為 $2^{63}-1$ bytes。

■ String Literal 過長處理

　　String literal 如果過長，可以使用數行 string 表示。做法是在每一行的斷行處加上 `\`，最後在結尾加上相對應的引號。示範如下：

```
>>> "abc 123"
'abc 123'
>>> "abc \
... 123"
'abc 123'
>>> "1 2 3"
'1 2 3'
>>> "1 \
... 2 \
... 3"
'1 2 3'
```

● 字串內容

Python string 是由任意的 Unicode 字元所組成，大致可以分為以下幾類：

● 英文的大小寫字母，如：A~Z 及 a~z。

● 阿拉伯數字，0~9。

● 標點及特殊符號。如：,.+-*/(){}[]:%#!@=& 。

● 空白及 escape sequence（逃脫序列）。Escape sequence 是以 \ 開頭，後接一個字元的 string 。如：\'、\"、\n、\t、\b 及 \\ 等。

● 以 Unicode 定義的各國文字，如：中文、日文、韓文、法文、西班牙文等等。

前面三類，大家應該時常接觸。至於 escape sequence，可能覺得比較陌生。接下來，就開始說明其概念及使用方式。

● Escape Sequence（逃脫序列）及 Control Sequence（控制序列）

Escape Sequence 存在於許多的程式語言中。\ 字元被稱之為 escape character（逃脫字元）。所謂的 escape sequence 是指在 string 中出現在 \ 字元之後一個或數個字元的特定組合。這些組合有些是用來表示電腦的資料；如果是控制系統的行為，則稱其為 control sequence（控制序列）。常見的 control sequence 如表 2.4 所示。

表 2-4 Python Control Sequence

Control Sequence	名稱	意義
\n	New Line（跳行字元）	將 cursor（游標）移至下一行的起始位置。
\r	Carriage Return（歸位字元）	將 cursor 移至所在行的起始位置。
\t	Tab（Tab 字元）	將 cursor 右移固定格數。
\v	Vertical Tab（垂直 Tab 字元）	將 cursor 垂直移至下一行位置處。
\b	Backspace（後退字元）	將 cursor 向左移並刪除所在字元。
\a	Alert（警示字元）	電腦提示音。
\f	Form Feed（送頁字元）	控制印表機輸出至下一頁。

以下我們以實際操作來說明常用的 control sequence：

- **\n**，New Line（跳行字元）

  移動 cursor 至下一行的開頭位置，後續字元將由次行第一個位置繼續輸出：

```
>>> print("abc\ndef\ngh")
abc
def
gh
```

由以上操作可以了解：輸出時，print() 逐字輸出 **abc** 後，由於 **\n** 導致 print() 將 cursor 移動到下一行的開頭後，print() 繼續將 **def\ngh** 逐字輸出。同理，由於其中有 **\n**，因此，**gh** 被顯示在第三行。

- **\r**，Carriage Return（歸位字元）

  移動 cursor 至所在行的開頭位置，後續字元將由所在行第一個位置繼續輸出：

```
>>> print("hello\rabc")
abclo
```

由於 **\r**，print() 將 cursor 移動到所在行的開頭位置，繼續輸出位於 **\r** 後的 **abc**。因此原先的 **hello** 中的前三個字元 **hel** 被 **abc** 覆蓋，輸出結果成為了 **abclo**。

- **\t**，Tab（Tab 字元）

  向右移動 cursor 一段距離，以系統設定為準，一般是 3 或 4 個字元長度。後續字元將由新位置繼續輸出：

```
>>> print("hello\tworld")
hello   world
```

由於 **\t** 的作用，print() 在輸出了 **o** 後，將 cursor 右移 3 格，再輸出 **world**，得到以上結果。

- **\v**，Vertical Tab（垂直 Tab 字元）

  在 **\v** 所在處，垂直移動游標至下一行同位置處，由新位置繼續輸出後續字元：

```
>>> print("hello\vworld")
hello
     world
```

- **\b**，Backspace（後退字元）

  向左移動 cursor 並刪除該字元，後續字元將由新位置繼續輸出：

```
>>> print("hello\bworld")
hellworld
```

print() 在輸出了 `hello` 後，因為 `\b` 的作用，print() 向左刪除一個字元，即字元 `o`，cursor 也跟著向左移動後輸出後續的 `world`。

- **多行 string literal**

  如果 string literal 的前後以三個單引號或是三個雙引號包圍，Python 會自動將此字串的排版格式保留。也就是說 string literal 中如果有 `\t`、`\n`，Python 都會自動處理並保留。操作如下：

```
>>> '''aaa
... bbb
...       ccc dee
... '''
'aaa\nbbb\n\tccc dee\n'
>>> """a
... b
... c
... """
'a\nb\nc\n'
```

由以上操作結果可以了解：Python 會自動將 `\t`、`\n` 加在 string literal 中，不需要再使用 control sequence 特別處理這些格式問題。使用這種方式定義多行的 string literal 可以使程式內容更為清爽，提高了可讀性。多行的 string literal 特別適用於在程式中撰寫 comment（註解），或是在設計互動式程式時一次定義多行的操作提示訊息。

- **以 Escape Sequence 表示字元**

  Unicode 可以表示世界上絕大部分國家的文字，那麼在程式中要如何表示這數以萬計的各國文字呢？Python 提供了一種以 escape sequence 的方式在 string 中表示這些文字，如表 2.5 所示。

表 2-5 Python Escape Sequence 用於表示字元

Escape Sequence	意義
\0	null 字元。Unicode 編碼為 0x0000，也就是 0。
\uhhhh	以 16 進位表示 16-bit 的 Unicode 字元。
\Uhhhhhhhh	以 16 進位表示 32-bit 的 Unicode 字元。
\ooo	字元以八進位 ooo 表示（最多三位數）。
\xhh	字元以十六進位 hh 表示（最多兩位數）。

在 Python 中，\0 並不是 null 或是 None。而是一個編碼為 0 的字元：

```
>>> len('\0')
1
>>> print('\0')

>>>
```

以上 print('\0') 並無任何輸出，因為 '\0' 並無定義任何可印出的符號。就字元編碼而言，字元 a 的 16-bit 及 32-bit Unicode 的編碼分別是 \u0061 及 \U00000061，以八進位表示為 \141，十六進位表示為 \x61：

```
>>> print('\141')
a
>>> print('\x61')
a
>>> print('\u0061')
a
>>> print('\U00000061')
a
```

如果是中文的我則是 16 進位的 \u6211 或是 32 進位的 \U00006211：

```
>>> print('\u6211')
我
>>> print('\U00006211')
我
```

Python string 也可以直接以 byte 表示編碼，就是在字串前加上 b 或是 B，其中的內容則是以表 2.5 中以 \x 表示的一串將二進位資料以十六進位方式表示。

舉例來說，字元 a 的 utf-16 表示方式為 `b'\xff\xfea\x00'`，其 utf-32 的表示方式為 `b'\xff\xfe\x00\x00a\x00\x00\x00'`。在 2.2.7 中 encode() 及 decode() 一節中提供相關程式碼。

■ **控制字元處理**

定義 string literal 必須以一致且成對的單引號、雙引號或是三引號來表示其開始與結束。在 string literal 中如果出現 \，Python 就會認定後續的一個或多個字元組成一個 escape sequence，並執行對應的動作或是進行相關的處理。

因此，如果要將 \、' 或是 " 做為輸出資料的一部份，使 Python 將其視為一般的文字資料，而不是特殊字元，需要額外處理將其特殊意義去除。

首先，如果要在 string literal 中輸出 ' 或是 "，必須在 string 中須使用與定義 string literal 時不同的引號字元，使 Python 能夠區分其中的差異。或者使用 \ 字元以解除、跳脫控制字元的特殊意義，使 Python 認為這些字元是一般的字元，不具備特殊意義。也可以在 string literal 前加上特定字元 r，使得 Python 完全忽視控制字元的特殊性，成為一般的 string literal。以下對這些方法具體說明。

所謂不同的引號就是：如果使用 " 定義 string literal，那麼 literal 中的引號，就必須使用 '。反之，如果使用 ' 定義 str，str 中就只能出現 "，以此類推：

```
>>> print('"')
"
>>> print("'")
'
>>> print("""'""")
'
```

或者是在這些符號前加上 \，以去除它們的特殊意義。當 Python 讀到 \'、\" 或是 \\，就會認定 '、" 及 \ 不是 string literal 的開始、結束或是 escape character。Python 會將它們當成一般的 string literal 處理：

```
>>> print('\'')
'
>>> print("\"")
"
>>> print("\\")
\
```

　　也可以在 string literal 前加上 **r** 或是 **R** 使該 string 成為 raw string，就可以在 string literal 中直接使用 ****，不需要額外使用 **** 去除、跳脱它們的特殊意義。以下以 Windows 的檔案路徑[6] 進行示範：

```
>>> print("c:\newdir\newfile")
c:
ewdir
ewfile
>>> print("c:\\newdir\\newfile")
c:\newdir\newfile
>>> print(r"c:\newdir\newfile")
c:\newdir\newfile
```

　　由以上第一個示範操作中可以看到 `c:\newdir\newfile` 在印出結果時出現的跳行現象。原因就在於 `\newdir\newfile` 中以底線標示的部分，Python 將其視為 **\n**，因而產生了無預期的跳行。要解決這個問題，可以使用 **** 或是以 raw string 方式處理。

　　雖然 raw string 在表示檔案路徑之類的資料十分方便，可是還是有一些限制。比如說：raw string 的最後一個字元不可以是 ****：

```
>>> r'w\s'
'w\\s'
>>> r'w\s\'
  File "<stdin>", line 1
    r'w\s\'
          ^
SyntaxError: unterminated string literal (detected at line 1)
```

　　此外，raw string 中如果連續出現奇數個 ****，會導致 **SyntaxError**：

```
>>> r'\\'    # 偶數的 \
'\\\\'
>>> r'\\\'   # 奇數的 \
  File "<stdin>", line 1
    r'\\\'
```

6　在 4.8.1 File Path（檔案路徑）中說明。

```
                  ^
SyntaxError: unterminated string literal (detected at line 1)
```

了解以上規則，就可以知道，如果直接輸出 `'\'`，為什麼會得到 **SyntaxError**：

```
>>> print('\')
    File "<stdin>", line 1
      print('\')
             ^
SyntaxError: unterminated string literal (detected at line 1)
```

當 Python 讀到了第一個 `'` 後，立即認定這是一個 string literal 的開始。接著讀到 `\`，Python 認為這是一個 control sequence 或是 escape sequence 的開始。因此後續的字元將決定這個 sequence 的功能。接著是 `'`。依照規則，這兩個字元組合所成的 `\'` 是一個 `'` literal。接著在後續的字元中，看到了 `)` 而不是另一個 `'`，程式到此結束。Python 沒有發現結束 string 定義所需要的 `'`，因此產生了 `unterminated string literal` 的文法錯誤。

以下是使用三引號定義 string 時，所引發的 **SyntaxError**：

```
>>> print(""")
...
  File "<stdin>", line 1
    print(""")
           ^
SyntaxError: unterminated triple-quoted string literal (detected at line 1)
```

以上的錯誤訊息 `unterminated triple-quoted string literal`，也是由於 Python 判斷 string literal 中是一個定義多行 string literal 的開始符號 `"""`，而不是以兩個 `"` 定義的 string。Python 沒有看到終止定義 string 的 `"""`，因此產生了這個文法錯誤。

● print() 及 end 設定

在程式中經常需要使用 print() 將 string 輸出。在第 50 頁中說明了 control sequence 的用法後，我們可以說明 print() 的基本使用方式。

首先，`print()` 的預設運作方式是在輸出以 0 個以上以逗號分隔的數字、string 或是 object 後，再輸出一個 \n 作為結束：

```
>>> print(1,"hi",43)
1 hi 43
>>>
```

如果單純執行 `print()` 時會單獨輸出一個 \n，產生一個跳行：

```
>>> print()

>>>
```

如果不要 `print()` 產生 \n 的行為，就要在 `print()` 中設定 end[7]，將它由 \n 改為其他字元：

```
>>> print(end='\t')
    >>> print(123, end='$')
123$>>> print('abc', end='#\n')
abc#
>>>
```

由以上的結果可以了解 end 的作用就是：當 `print()` 輸出資料後，使用 end 中設定的 string 作為輸出的結尾。當 end 設為 \n 以外的 string 時，`>>>` 不會出現在下一行的起始位置，而是與 `print()` 的結果出現在同一行。這是因為 `print()` 在輸出資料後，不再輸出 \n 的結果。將 end 設為 #\n 時，# 出現在輸出結果的最後，接下來的 \n 產生了跳行，使得 `>>>` 出現在下一行的開頭。

2.2.7 String Expression 及相關運算

由於資料可以使用 string 表示，所以掌握 string 的觀念及相關運算是十分重要的。程式中經常需要將 string 切割、重組為所需的內容才能進行後續的處理。Python 中處理 string 的工具繁多，無法一一介紹。因此，我們將說明一些 string 相關的運算及觀念，以便於基礎練習及後續內容的介紹。

7　在 4.3.8 Parameter 及傳回值中說明 parameter 的定義及使用方式。

■ **String 長度計算**

String 的長度就是指 string 中字元的個數。在 Python 的 function 中，`len()` 可以用來計算 string 的長度。

```
>>> len("abc")
3
>>> len("abc 你我他 ")
6
```

在處理 string 長度時，要注意**空字串**及**空白字串**的分別。String 中的空白字元雖然看不見，但並不表示該處不存在字元。比如說 **a␣b** 中就存在一個空白字元。我們可以使用 `len()` 來測試空白是否是一個字元：

```
>>> print(len('ab'))
2
>>> print(len('a b'))
3
```

由以上測試，可以清楚看到 **"a␣b"** 的長度為 **3**，表示 **a** 與 **b** 之間的確有一個字元存在。而空字串則是在 string 中不存在任何字元，其長度為 **0**：

```
>>> len("")
0
>>> len(" ")
1
```

由以上的操作可以了解，空字串的長度為 **0**，因為在引號中不存在任何字元。**"␣"** 中只有一個空白字元，因此長度為 **1**。

如果 string 中有 escape sequence 或是 control sequence，那長度是如何被計算的呢？簡單說，每個 escape/control sequence 的長度都是 1。因為它們代表單一特殊字元：

```
>>> len("ab\n\t")
4
>>> len('\000\x00\u1000\0')
4
```

■ **chr() 及 ord()**

在處理字元編碼方面，Python 提供了兩個函數：**chr()** 及 **ord()**，幫助我們處理編碼方面的問題。**chr(i)** 是以 int **i** 作為編碼取得 Unicode 中以 string 表示的符號。**ord(s)** 是傳回 Unicode 字元 **s**[8] 的 int 編碼：

```
>>> ord('a')
97
>>> chr(97)
'a'
>>> ord('我')
25105
>>> chr(25105)
'我'
```

要注意的是 chr() 只能接受範圍是 0 到 1,114,111 的 int。因為這是 Unicode 編碼使用的範圍。ord() 則只能接受單一字元的 string。違反這些限制，就會產生如下 **ValueError**（數值錯誤）及 **TypeError**（型態錯誤）：

```
>>> chr(-1)              # 超出範圍
Traceback (most recent call last):
    File "<stdin>", line 1, in <module>
ValueError: chr() arg not in range(0x110000)

>>> chr(1200000)        # 超出範圍
Traceback (most recent call last):
    File "<stdin>", line 1, in <module>
ValueError: chr() arg not in range(0x110000)

>>> ord('ab')           # 'ab' 中有兩個字元
Traceback (most recent call last):
    File "<stdin>", line 1, in <module>
TypeError: ord() expected a character, but string of length 2 found
```

■ **encode() 及 decode()**

Python 提供了 **encode()** 及 **decode()** 兩個函數可以對 string 做多種格式的編碼及解碼。由於編碼及解碼的相關知識較為複雜，在此不多做解釋，僅提供基本操作示範，有興趣的讀者可以研讀相關領域的書籍。

8　單一字元的 string。

以下示範對 `'a'` 進行 utf-16 及 utf-32 的編碼及解碼：

```
>>> utf16_ch = 'a'.encode('utf-16')
>>> print(utf16_ch)
b'\xff\xfea\x00'

>>> decoded_ch = utf16_ch.decode('utf-16')
>>> print(decoded_ch)
a

>>> utf32_ch = 'a'.encode('utf-32')
>>> print(utf32_ch)
b'\xff\xfe\x00\x00a\x00\x00\x00'

>>> decoded_ch = utf32_ch.decode('utf-32')
>>> print(decoded_char)
'a'
```

當參與計算變數的資料型態是 string 時，可以使用 `int()` 及 `float()` 將其轉型為 int 或是 float。反之，Python 提供了 `str()` 將 int 及 float 等資料轉型為 str：

```
>>> int('1'), float('1.0')
(1, 1.0)
>>> int(1), float(1.)
(1, 1.0)
>>> str(1), str(1.0)
('1', '1.0')
```

在以上的操作中，可以看到 `int(1)` 及 `int('1')` 都得到了正確的答案。如果給的資料不符該 function 的設計，就會產生 **ValueError**：

```
>>> int('1e1')
Traceback (most recent call last):
  File "<stdin>", line 1, in <module>
ValueError: invalid literal for int() with base 10: '1e1'

>>> int('abc')
Traceback (most recent call last):
  File "<stdin>", line 1, in <module>
ValueError: invalid literal for int() with base 10: 'abc'
```

也可以使用 str() 將 Python 其他型態的 object 轉成 str：

```
>>> str(True), str([1,2]), str({1:1}), str({1}), str(frozenset())
('True', '[1, 2]', '{1: 1}', '{1}', 'frozenset()')
```

int()、float() 及 str() 的功能是將 str 中的 int 或是 float 的資料轉成對應的資料型態，或是說使用它們產生相對應的基本資料值。如果 int() 及 float() 單獨使用時，可以直接產生 0 及 0.0，str() 則會產生一個空字串：

```
>>> int(), float(), str()
(0, 0.0, '')
```

■ **eval(s)**

Python 提供了 eval() 可以計算以 str 表示的 expression s：

```
>>> eval('1_2')
12
>>> eval('1+(2*3)/2')
4.0
>>> eval('[x for x in "123"]')
['1', '2', '3']
```

如果 expression 中有多餘的空白字元也會被移除：

```
>>> eval(' 1 +  2 ')
3
```

它也可以使用 Python shell 中已存在的變數：

```
>>> x = 1
>>> eval('x+1')
2
```

或是使用 dictionary 定義所需的變數及其 value：

```
>>> vars = {'a':'hello', 'b':'world'}
>>> eval('a, b', vars)
('hello', 'world')
```

```
>>> eval('a+b', vars)
'helloworld'
```

雖然 eval() 可以直接執行 expression。可是它的執行效能不如一般的程式碼。其次,由於 eval() 可以直接執行程式碼,比之 f-string[9] 等格式字串,更有系統安全上的顧慮,在正式運作的系統中應避免使用。

● String Operators

String 定義了一些 operator 以簡潔的方式進行計算。常見的有 +、*、[x] 及 [x:y],如表 2.6 所示。

表 2-6 String 相關操作

String Operation	操作名稱	說明	範例
s[i]	index	取 s 中 index 為 i 的字元。	x[0]、x[2]
s[i:j]	slice	取 s 中 index 由 i 到 j 中的所有字元。	x[0:2]、x[2:]
s[x:y:z]	extended slice	取 index 由 x 到 y 遞增 z 中的所有字元。	x[1:10:2]、x[::-1]
s*n	repetition(重複串接)	將 s 重複串接 n 次為一個 string。	"12" * 3
s₁+s₂	concatenation(串接)	串接 s₁、s₂ 為一個 string。	"12" + "ab"

operator precedence 由高到低。index 與 slice 的 precedence 相同。

接下來我們就為大家說明 string 的相關基本操作。

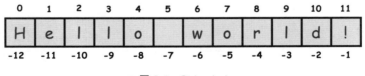

■ 圖 2-1　String Index

9　請見第 96 頁 f-string literal 的說明。

首先是 string index。在 string 中每一個字元按照順序依次存放。圖 **2.1** 中標示每個字元的 index。要取得特定位置的字元，必須給予正確的 index。要特別注意的是：String 開始的第一個位置是 **0**，而不是 **1**。String 最後的一個字元，位置是 **–1**。換句話說：由左向右，index 由 **0** 開始遞增；由右向左，index 由 **–1** 開始遞減：

```
>>> x = "Hello world!"
>>> x
'Hello world!'

>>> x[0], x[1]        # x[0] 取得 x 的第一個字元，x[1] 取得 x 的第二個字元
('H', 'e')
>>> x[-1], x[-2]      # x[-1] 取得 x 的最後一個字元，x[-2] 取得 x 倒數第二個字元
('!', 'd')
>>> "Hello world!"[0], "Hello world!"[1]
('H', 'e')
>>> "Hello world!"[-1], "Hello world!"[-2]
('!', 'd')
```

以上範例中，由於 string literal 是一個 object，因此可以在其 literal 之後直接使用 **[ ]**（index operator）取得字元。當然，也可以將 **[ ]** 使用於 string 變數。由於變數存放的是該 object 的位址，Python 會以此位址取得 string 後再對其執行 index 相關運算。使用 index 時要特別注意：index 不能超過 string 長度。如果超過會造成 **IndexError**（索引錯誤），因為該 index 的位置不存在資料：

```
>>> x="1"
>>> x[0]
'1'
>>> x[1]
Traceback (most recent call last):
  File "<stdin>", line 1, in <module>
IndexError: string index out of range
```

s[start:stop] 是 Python 的 **slice** 運算。Slice 是一個十分強大的字串擷取工具，它不僅可以用來擷取 string，也可配合 2.3.5 中談到的 sequence 資料型態進行相關處理。配合圖 **2.1** 中各字元的 index，我們可以輕易地取得 string 其中的一部份或是全部。

slice 是由 `start:stop` 所設定的一個範圍，其大小關係為 start < stop。要注意的是 start 與 stop 並不是單純的數字大小，而是位置之間相對的關係。由圖 **2.1** 可知

每一個位置的字元都可以表示為正負兩種 index。一個有效的範圍是取決於由 start 至 stop–1 這個範圍中是否能夠涵蓋部分或是全部的字元。如果無法涵蓋任何部分則是一個無效的範圍。無效範圍並不會產生錯誤，結果只會得到一個空字串：

```
>>> s = "hello"
>>> s[0:3]
'hel'
>>> s[2:3]
'l'
>>> s[1:-1]    # 除去頭尾
'ell'
>>> s[2:2]
''
>>> s[3:2]     # 3 > 2，無效範圍
''
```

start:stop 中的 start 或 stop 可以部分或是全部不寫。如果略去 start，代表由 index 0 開始（string 前端）。如果略去 stop，表示到 string 尾端。如果兩者都不寫則會複製整個 string：

```
>>> s = "hello,world!"
>>> s[0:2]       # 取前 2 個字元
'he'
>>> s[:2]        # 取前 2 個字元
'he'
>>> s[1:]        # 移除第一個字元
'ello,world!'
>>> s[1:-1]      # 移除第一個及最後一個字元
'ello,world'
>>> s[:]         # 複製整個字串
'hello,world!'
```

s[start:stop:step]，稱為 extended slice。由以上的說明可以了解只要在 slice 中設定一個有效的範圍，就可以取得部分或是整個 string。在 slice 中還可以使用第三個參數：step（間隔）。Step 設定 extended slice 在擷取字元時是採取逐個（step 為 1）擷取，還是間隔（|step| > 1）擷取；是以順向（step > 0）方式，還是反向（step < 0）。Step 不可為 0。如果沒有設定 step，其預設值為 1，成為一般的 slice 運算：

```
>>> s = "hello"
>>> s[::-1]       # 字串反轉
'olleh'
>>> s[::-2]       # 字串反轉後以間隔 2 位取字元
'olh'
>>> s[-2::-2]     # 由倒數第 2 個字元，反向間隔 2 位取字元
'le'
>>> s[::1]
'hello'
>>> s[::2]
'hlo'
>>> s[::0]        # step 不可為 0
Traceback (most recent call last):
  File "<stdin>", line 1, in <module>
ValueError: slice step cannot be zero
```

● String Immutability（不可變性）

由以上的說明可以知道 string 的內容可以使用 index、slice 或是 extended slice 的方式取得。那麼，也可以使用同樣的方式來改變嗎？我們可以嘗試一下：

```
>>> "hello"[0] = 'w'
Traceback (most recent call last):
  File "<stdin>", line 1, in <module>
TypeError: 'str' object does not support item assignment
```

上述錯誤訊息 TypeError: 'str' object does not support item assignment 的意思是 str object 不支援 assignment 運算，也就是說 Python 的 string 是 immutable，是無法被更改的。所有會造成內容變化的字串操作，其實是以更新的內容產生了新的 string。原有的 string 在系統中如果沒有被使用就會自動被 Python 回收。

2.2.8 Boolean（布林）資料型態

如果 expression 是關於 boolean logic（布林邏輯），那麼運算結果就只有兩個，不是 True（真）就是 False（假）。我們稱它是一個 boolean expression（布林運算式）。Boolean 資料型態在 Python 中以 **bool** 表示。Boolean 資料型態中只定義了

兩個 literal：True 及 False[10]。相關的 logic operator（邏輯運算子）有 **and**、**or** 及 **not**，comparison operator（比較運算子）則有 `==`、`!=`、`>`、`>=`、`<` 及 `<=`。

● Comparison Operator（比較運算子）

比較運算相信大家都很熟悉了，兩個數字是否相等、不相等、是否是大於或是大於等於、小於或是小於等於關係。初學者要比較注意的是：要使用 `==` 比較兩個 object 是否相等，不是一個等號！

表 2-7 Comparison Operator

Operator	意義	N-ary	範例
>	大於	binary	x > y
>=	大於等於	binary	x >= y
<	小於	binary	x < y
<=	小於等於	binary	x <= y
==	相等	binary	x != y
!=	不等於	binary	x != y

示範操作如下：

```
>>> 1 > 0
True
>>> "a" == "a"
True
>>> "a" >= "a"
True
>>> "a" > "a"
False
>>> "a" != "a"
False
```

Comparison expression 中，如果是 `==` 或是 `!=` 的運算，operand 可以是不同的資料型態，不同資料型態進行 `==` 比較，結果一定是 False。如果是 `>`、`>=`、`<` 及 `<=`，參與 operand 的資料型態必須是相同的。否則就會產生 **TypeError**：

---

10 True、False 的前後不能加引號！加上引號後就成為 string literal。

```
>>> 1 == 'a'   # 不同的資料型態進行 == 比較
False
>>> 1 != 'a'
True

>>> 1 > "a"    # 不同資料型態
Traceback (most recent call last):
    File "<stdin>", line 1, in <module>
TypeError: '>' not supported between instances of 'int' and 'str'

>>> 1 < "a"    # 不同資料型態
Traceback (most recent call last):
    File "<stdin>", line 1, in <module>
TypeError: '<' not supported between instances of 'int' and 'str'
```

● Membership Test Operator（成員測試運算子）

在 comparison operator 中有一組是屬於 membership（成員）test，有 **in** 及 **not in**。可以測試某 object 是否為另一 object（一般為 container[11]）的子集合，如表 2-8 所示。它們都是 binary operator，有著相同的 operator precedence 及由左往右運算的 associativity。

表 2-8 Membership Test Operator

Operator	意義	範例
in	屬於	x in y
not in	不屬於	x not in y

它們主要是用來測試 object 與 container 之間的從屬關係，不過，截至目前為止我們只說明了 string 一種 container 可供示範。操作如下：

```
>>> 'a' in 'abc'
True
>>> 'a' not in 'abc'
False
```

---

11 在 2.3 Container（容器）中說明。

● **Identity Test Operator**（個體測試運算子）

Python 中所見都是 object。每個 object 都是一個 identity（個體），可以使用 `is` 及 `is not` 測試兩個 object 是否為同一個個體，如表 2-9 所示。它們都是 binary operator，有著相同的 operator precedence 及由左往右運算的 associativity。

表 2-9 Identity Test Operator

Operator	意義	範例
is	是同一個 object	x is y
is not	不是同一個 object	x is not y

操作如下：

```
>>> a = 1; b = 1
>>> a is b
True

>>> 1 is 1
<stdin>:1: SyntaxWarning: "is" with a literal. Did you mean "=="?
True
>>> 'a' is not 'abc'
<stdin>:1: SyntaxWarning: "is not" with a literal. Did you mean "!="?
True
```

以上測試，沒有接觸過 Python 的讀者可能會覺得很奇怪！兩個 int literal 應該使用 `==` 比較，為何使用 `is`？我們之前說過在 Python 中都是 object，object 儲存在記憶體的某一個位址中。如果是同一個 object，它們所存在的位址必定是相同的。因此，Python 中各種 object 都可以使用 `is` 來比較它們是否為同一個 object。

判斷兩個 object 是否為同一個體，不能單純以內容判斷，應以 `is` 的結果為準：

```
>>> a = "123"
>>> b = "123"

>>> a == b
True
>>> a is b
True
```

```
>>> a = "123"
>>> b = "321"[::-1]    # 將 "321" 反轉
>>> b
'123'

>>> a == b
True
>>> a is b
False
```

● Logic Operator（邏輯運算子）

至於邏輯運算方面，Python 有 **and**、**or** 及 **not** 等 operator，如表 **2-10** 所示。其 operator precedence 為由高至低排列。

表 2-10 Logical Operator

Operator	意義	Associativity	N-ary	範例
not	logical not	由右至左	unary	not x、not (x and y)
and	logical and	由左至右	binary	x and y、x and (x and y)
or	logical or	由左至右	binary	x or y、x or y or z

邏輯運算的 logic truth table（真假值表）則如表 **2-11** 所示。

表 2-11 Logic Truth Table

X	Y	X and Y	X or Y	not X
True	True	True	True	False
True	False	False	True	False
False	True	False	True	True
False	False	False	False	True

邏輯運算的相關操作如下：

```
>>> a = 10
>>> a > 10 and a < 10
False
>>> a > 10 or a < 10
False
```

```
>>> a >= 10 and a < 10
False
>>> a >= 10 and not a < 10
True
>>> a >= 10 and not (a < 10)
True
```

由於 logical operator 中 **not** 的運算優先次序最高，**or** 最低。Expression 中如果混合了這些邏輯運算，就要注意 operator precedence 所造成的影響。運算過程可能與自己原來的設想不同，產生意外的錯誤。表 **2-12** 中示範了一些這類型的錯誤。如果不能確定運算順序時，建議大家使用**括號**以確保運算順序與自己設想的相同。

表 2-12 Logical Expression 的可能錯誤

Logical Expression	預期運算方式	實際運算方式
a or b and c	(a or b) and c	a or (b and c)
a or b and b or c	(a or b) and (b or c)	a or (b and b) or c
not a and b	not (a and b)	(not a) and b

● Chained Comparison（鏈結比較）

在測試 value 是否介於特定範圍時，許多的程式語言需要以 **and** 判斷兩個 comparison expression 是否同時成立。比如說判斷 x 是否介於 0 到 10 之間，邏輯式為 `x >= 0 and x <= 10`。在 Python 中除了這種傳統方式外，也可以直接表示為 `0 <= x <= 10`[12]。在實際運作時，Python 還是會將它以 `x >= 0 and x <= 10` 進行計算。這種 boolean 邏輯的表示方式在 Python 中被稱為 **chained comparison**（鏈結比較）。

● Object 本身的真假值

Python 中有一個觀念十分重要，那就是 object 本身都具備真假值。由於目前我們只談到了數值（int 及 float）、str 及 bool 三種資料型態。除 bool 外，我們就數值及 str 進行說明。

---

12 這種作法在程式語言中稱為 syntactic sugar（語法糖）。

就數值資料而言，0 就代表 False，非 0 就是 True。就字串資料來說，空字串就代表 False，非空字串就是 True。這種設計也是延續 C 語言對真假值的判斷：

```
>>> bool(0), bool(0.), bool("")
(False, False, False)
>>> bool(" "), bool("1"), bool('\0')
(True, True, True)
```

Object 自帶真假值的特性再配合第三章中的決策邏輯，可以幫助我們寫出簡潔且可讀性高的程式。在接下來的章節中會看到許多相關的應用。

● Short-Circuit Evaluation（快捷計算）

在計算 boolean expression 時，Python 採用了一種稱為 **short-circuit evaluation**（快捷計算）的計算方式。在正常狀況下，原本應該要先計算出所有 operand 的真假值後，再依 operator precedence 計算得到最終的結果。舉例來說，當 a 為 False，b、c 及 d 均為 True 時的計算過程應該以如下方式進行：

```
(a and b and c and d)  → (False and True and True and True) → False
```

然而，我們可以利用一些邏輯運算的特性以加速得到運算結果。由於 and 邏輯需要所有的 operand 都為 True，結果才會是 True，如果其中有任何一個是 False，就會導致 expression 的結果為 False。

同樣的邏輯也適用在由 or 組成的 expression。計算一個只由 or 所組成的 boolean expression 時，其中的 operand 只要有一個是 True，整個 expression 的計算結果就會是 True。這就產生了所謂的 short-circuit。

簡單來說所謂的 short-circuit 的計算方式就是：一旦可以決定該 boolean expression 的最終結果時，立即中止計算，不再計算剩餘的 operand 的真假值。

在範例 a and b and c and d 中，由於 a 已經是 False。因此，在 short-circuit 的計算方式運作下，Python 不需要也不會再計算 b、c、d 的值。直接得到最終的結果 False。也就是說，Python 是在 b、c、d 未知的情況下得到結果 False：

```
False and ? and ? and ? → False
```

同樣的，如果將 and 改為 or，而 a 為 True 的狀況下，short-circuit 的運算方式是：

```
True or ? or ? or ? → True
```

在 short-circuit 的運作下，如果想要計算出所有 operand 的真假值，必須是最後一個 operand 才能決定該 expression 的結果。只有如此，short-circuit 就無法在未完成所有 operand 的計算下得到 expression 的結果。

舉例來說，如果 and expression 中有 n 個 operand，假設前面 n-1 個 operand 都是 True，則最後一個 operand 的結果將決定該 expression 的真假值。反之，如果是一個 or expression，如果前面 n-1 個 operand 都是 False，則最後一個 operand 的結果決定該 expression 的真假值。

2.2.9 NoneType（虛無資料型態）

在 Python 中有一個特別的資料型態叫做 NoneType。其中只定義了一個 **None** literal。None 本身所代表的 boolean 值是 False。可是我們要特別注意的是：None 本身不是 0，不是空字串，它是一個特殊值。表示該變數中不存在任何的資料。當定義新的變數時可以使用 None 作為初始值。PEP 8 [13] 中有特別說明在測試時應該要以 is 或是 is not 檢查其值是否為 None 以判斷其中是否有儲存資料而不應該用 ==。雖然使用 == 也可以得到正確結果。示範如下：

```
>>> x = None
>>> x is None, x == None
(True, True)
```

2.2.10 再談 String

String 本身可以直接比較大小，也提供了許多的 method [14]（方法）可供使用。其次，由於 Python 支援 Unicode，所以可以處理世界各國絕大部分的文字、符號及數

---

[13] https://peps.python.org/pep-0008/#programming-recommendations

[14] Str 是一個 object，object 的行為稱為 method。可以簡單理解為 object 中的 function。

字系統 [15]。至於空白字元是泛指使用在格式化輸出相關的空白字元，如：` `、`\n`、
`\r`、`\t`、`\v` 及 `\f`，還有一些在 Unicode 中所定義的空白字元，此處不一一列出。

我們首先說明 Python 如何比較 string 的大小，再將 string 所提供的 method 分為
大小寫轉換、測試及其他處理三大類，以下分別進行說明。

● String 的比較大小

Python 在比較 sting 大小關係時，不論 string 長短，從頭開始逐個比較相對應字
元的 Unicode 編碼值，直到最後一個字元。當比較出大小時，就停止比較並傳回結
果。如果全都一樣，那麼兩個 string 就是相等：

```
>>> "a" > ""
True
>>> "1" < "2"         # ord("1") → 49, ord("2") → 50
True
>>> "111" < "2"       # ord("1") → 49, ord("2") → 50
True
>>> "a" > "1"         # ord("1") → 49, ord("a") → 97
True
>>> "abc" > "1"
True
>>> "abc" == "abc"
True
>>> "我" > "123"      # ord("我") → 25105
True
>>> "我" > "me"       # ord('m') → 109
True
```

● 大小寫轉換

由於 str 具有 immutable 的特性，因此這些大小寫轉換的方法都不會改變原本的
string，而是將運算所得到的一個新的 string object 傳回給使用者。

---

15 在此節所提到的字母或是數字都是指在 Unicode 中被定義的符號。如：Latin（拉丁字母）、
Greek（希臘）字母、Hebrew（希伯來）字母及 Cyrillic（西里爾）字母等。

■ s.capitalize()

將 s 的第一個字元改成大寫後傳回：

```
>>> "hello, world".capitalize()
Hello, world'
>>> s = 'hello world'
>>> t = s.capitalize()
>>> t
'Hello world'
>>> s
'hello world'          # s 本身沒有改變
```

■ s.lower()

將 s 所有的字元改成小寫後傳回：

```
>>> "hello, world".lower()
'hello, world'
>>> s = 'Hello world'
>>> s.lower()
'hello world'
```

■ s.upper()

將 s 所有的字元改成大寫後傳回：

```
>>> "Hello, world".upper()
'HELLO, WORLD'
>>> s = 'Hello world'
>>> s.upper()
'HELLO WORLD'
```

■ s.title()

將 s 中所有的 word 的首字改為大寫後傳回：

```
>>> "abc".title()
'Abc'
>>> "abc def".title()
'Abc Def'
```

- **`s.swapcase()`**

    將 s 中所有的大小寫字元反轉後傳回：

```
>>> "aBc".swapcase()
'AbC'
>>> "aB c".swapcase()
'Ab C'
>>> "aB c!".swapcase()
'Ab C!'
>>> '\u03b3'.swapcase()  # γ → Γ
'Γ'
```

● String 測試

我們無法預知所處理的 string 資料是否符合程式需要。因此時常需要對 string 中的組成內容進行測試，了解內容的性質後，再擷取符合條件的部分，剔除不符條件的資料；或是將其分類後再予以適當的型態轉換。Python 提供以下的測試方法，幫助我們了解 string 的組成：

- **`s.isalnum()`**

    如果 s 的長度大於 0 且所有的字元都是數字或字母[16]，傳回 **True**。否則傳回 **False**：

```
>>> "12bc".isalnum()
True
>>> "\u03B1".isalnum()      # "α" 是 alnum
True
>>> " 我 12".isalnum()       # 中文是 alphabetic
True
>>> "12bc$".isalnum()       # "$" 不是 alphabetic 或數字字元
False
```

---

16 字元 c 如果符合以下四項測試中任何一項，就被視為是 alphanumeric 字元：`c.isalpha()`、`c.isdecimal()`、`c.isdigit()` 及 `c.isnumeric()`。

■ `s.isalpha()`

如果 s 的長度大於 0，其中沒有空白字元且所有字元在 Unicode 中都屬於 letter（字母）時，傳回 True。否則傳回 False：

```
>>> "abc".isalpha()
True
>>> "a b".isalpha()      # " " 不是 alpha
False
>>> "a\nb".isalpha()     # "\n" 不是 alpha
False
>>> "\u03B1".isalpha()   # "α" 是 Letter
True
>>> "ab我".isplnum()
True
>>> "12bc".isalpha()     # "1", "2" 不是 alpha
False
```

接下來是測試 string 中是否為數字 [17] 的方法，分別是：isdigit()、isdecimal() 及 isnumeric()。

■ `s.isdigit()`

如果 s 的長度大於 0，且其中所有字元都是 0 到 9 的數字，傳回 True。否則傳回 False：

```
>>> print('\\u00B2=\u00B2, \\u2082=\u2082')
\00B2=², \u2082=₂
>>> "\u2082".isdigit()   # 上標 2 是 digit
True
>>> "\u00B2".isdigit()   # 下標 2 是 digit
True
>>> "\u00BD".isdigit()   # ½ 不是 digit
False

>>> "1/2".isdigit()      # "/" 不是 digit
False
```

---

[17] 也包含其他定義於 Unicode 的數字系統，如：上下標的數字、泰文、阿拉伯 - 印度文中的數字等。

```
>>> "10".isdigit()
True
>>> "10a".isdigit()          # 'a' 不是 digit
False
>>> "10,".isdigit()          # ',' 不是 digit
False
```

■ s.isdecimal()

如果 s 的長度大於 0，且所有字元都是由 10 進位數字 0~9 組成，傳回 True。否則傳回 False：

```
>>> "10".isdecimal()
True
>>> "".isdecimal()           # 不能是空字串
False
>>> "10a".isdecimal()        # 'a' 不是 decimal
False
>>> "10,".isdecimal()        # ',' 不是 decimal
False
>>> "10.".isdecimal()        # '.' 不是 decimal
False
>>> "\u00B2".isdecimal()     # 下標 2 不是 decimal
False
>>> '1 2'.isdecimal()        # 空白字元不是 decimal
False
```

■ s.isnumeric()

如果 s 的長度大於 0，且其中的字元都是數字字元，傳回 True。否則傳回 False。實際上，isnumeric() 整合了 isdecimal() 及 isdigit() 的判斷條件：

```
>>> "\u00B2".isnumeric()     # 上標 2 是 numeric
True
>>> '\u00BD'.isnumeric()     # ½ 是 numeric
True
>>> '1/2'.isnumeric()        # '/' 不是 numeric
False
>>> "1 2".isnumeric()        # ' ' 不是 numeric
False
>>> "0.5".isnumeric()        # '.' 不是 numeric
False
```

```
>>> "05".isnumeric()
True
>>> '-5'.isnumeric()           # '-' 不是 numeric
False
>>> '12'.isnumeric()
True
>>> '12,'.isnumeric()          # ',' 不是 numeric
False
>>> '12 '.isnumeric()          # ' ' 不是 numeric
False
>>> print('\u2163')            # 羅馬數字 4 Unicode 的編碼
IV
>>> '\u2163'.isnumeric()       # 'IV' is numeric
True
>>> '\u2163'.isdigit()         # 'IV' 不是 digit
False
>>> '\u2163'.isdecimal()       # 'IV' 不是 decimal
False
```

接下來的方法是測試字串內容是否符合某一種字元特性：isidentifier()、islower()、isupper()、istitle()、isspace() 及 isprintable()。

■ s.isidentifier()

如果 s 的長度大於 0，且是符合 Python 定義的 identifier，傳回 True。否則傳回 False：

```
>>> "ifa".isidentifier()
True
>>> "1".isidentifier()         # identifier 數字不能為首字
False
>>> " 我 ".isidentifier()
True
>>> "a@".isidentifier()        # '@' is not valid
False
>>> "".isidentifier()          # 空字串 is not valid
False
```

■ `s.islower()`

如果 s 的長度大於 0，其中有大小寫字母 [18] 存在且均為小寫，傳回 True。否則傳回 False：

```
>>> "abc".islower()
True
>>> " 我 ".islower()              # 中文不是大小寫字元，不予處理
False
>>> " 我 a".islower()             # 僅處理 'a'
True
>>> "ab! ".islower()             # 僅處理 'ab'
True
>>> "a1 ".islower()              # 僅處理 'a'
True
>>> "ab C".islower()             # 'C' 為大寫，' ' 不是大小寫字元。
False
>>> "abC".islower()              # 'C' 不是小寫字元
False
>>> "!".islower()                # '!' 不予處理
False
```

■ `s.isupper()`

如果 s 的長度大於 0，其中有大小寫字母存在且該字母均為大寫，傳回 True。否則傳回 False：

```
>>> "ABC".isupper()
True
>>> "ABc".isupper()              # 'c' 不是大寫字母
False
>>> "AB!".isupper()              # 存在的大小寫字母均為大寫
True
>>> "!".isupper()                # '!' 不為大小寫字母
False
>>> " 我 ".isupper()             # 中文沒有大小寫字母
False
>>> " 我 aA".isupper()           # 存在的大小寫字母不全為大寫
```

---

18 所謂大小寫字母為該字母有大寫及小寫兩種字母存在，如英文、法文及德文。中日韓文字則無大小寫。

```
False
>>> " 我 A".isupper()        # 存在的大小寫字母均為大寫
True
>>> "".isupper()             # 空字串為 False
False
```

■ `s.istitle()`

如果 s 的長度大於 0，且其中所有 word 的第一個字元為大寫，傳回 True。否則傳回 False：

```
>>> "Abc Bcd".istitle()
True
>>> "Abc abc".istitle()
False
>>> "abc bcd".istitle()
False
>>> "!Abc!!De".istitle()   # '!' 不予處理
True
```

■ `s.isspace()`

如果 s 的長度大於 0，且其中只存在空白字元（包含 \n 及 \t），傳回 True。否則傳回 False：

```
>>> " \n\t".isspace()
True
>>> "a \n".isspace()        # 'a' 不為空白字元
False
>>> "".isspace()            # 空字串不存在空白字元
False
```

■ `s.isprintable()`

如果 s 中所有字元均為可印出的符號也就是有具體符號 [19]，傳回 True。否則傳回 False：

---

[19] control sequence 為不可見的字元。

```
>>> "ab ".isprintable()
True
>>> "ab \t".isprintable()
False
>>> "ab !\#".isprintable()
True
>>> "ab ![]".isprintable()
True
>>> "ab ![]\n".isprintable()
False
```

要注意空字串是可以印出的：

```
>>> ''.isprintable()
True
```

以下是測試一個 string 的開頭或是結尾的是否符合特定的內容。有 startswith()
及 endswith() 兩個方法。以下方法中出現在 [] 中為選擇性的設定，可依需要使用。

■ s.startswith(prefix[, start[, end]])

測試 s 起始的部分是否與指定的 prefix（字串開頭）相同。預設的測試範圍為
整個 s。如果相同傳回 True。否則傳回 False：

```
>>> "Abc".startswith('')      # 'Abc' 以空字串開頭
True
>>> "Abc".startswith('Ab')    # 'Abc' 以 'Ab' 開頭
True
>>> "Abc".startswith('a')     # 'Abc' 不以 'a' 開頭
False
```

測試範圍在括號中以：start，end 方式設定。如果只設定 start，則範圍是 start
起始至結尾：

```
>>> "Abc".startswith('A',1)    # 子字串 'bc' 不以 'a' 開頭
False
>>> "Abc".startswith('b',1)    # 子字串 'bc' 以 'b' 開頭
True
>>> "Abc".startswith('bc',1,2) # 子字串 'b' 不以 'bc' 開頭
False
>>> "Abc".startswith('bc',1,3) # 子字串 'bc' 以 'bc' 開頭
True
```

可以將多個可能出現的 prefix 置於以小括號表示的 tuple[20] 中進行 startswith() 測試：

```
>>> "Abc".startswith(('a','A'))    # 'Abc' 以 'a' 或 'A' 開頭
True
>>> "Abc".startswith(('a','b'))    # 'Abc' 不以 'a' 或 'b' 開頭
False
```

■ s.endswith(suffix[, start[, end]])

測試 s 結尾的部分是否與指定的 suffix（字串結尾）相同，預設範圍為 s 全部。如果相同傳回 True。否則傳回 False：

```
>>> "Abc".endswith('')        # 'Abc' 以空字串結尾
True
>>> "Abc".endswith('c')       # 'Abc' 以 'c' 結尾
True
>>> "Abc".endswith('a')       # 'Abc' 不以 'a' 結尾
False
```

測試範圍以 start，end 方式設定。如果只設定 start，範圍是由 start 起始至結尾：

```
>>> "Abc".endswith('c',1)     # 子字串 "bc" 以 'c' 結尾
True
>>> "Abc".endswith('a',1)     # 子字串 "bc" 不以 'a' 結尾
False
>>> "Abc".endswith('bc',1,2)  # 子字串 "b" 不以 'bc' 結尾
False
>>> "Abc".endswith('bc',1,3)  # 子字串 "bc" 以 'bc' 結尾
True
```

也可以將多個可能的 suffix 存放於以小括號表示的 tuple[16] 中進行 endswith() 測試：

```
>>> "Abc".endswith(('c','C'))       # "Abc" 以 'c' 或 'C' 結尾
True
```

---

20 請見 2.3.1 List（串列）及 Tuple（序組）的說明。

```
>>> "Abc".endswith(('A','bc'))     # "Abc" 以 'A' 或 'bc' 結尾
True
>>> "Abc".endswith(('A','b'))      # "Abc" 不以 'A' 或 'b' 結尾
False
```

● 其他處理

Python string 中還有許多好用的 method，配合以上搜尋及測試的功能可以完成幫助我們完成更複雜的工作。方法中出現在 [ ] 中的是選擇性的設定。

■ s.center(width[, fillchar])

產生一個將 s 置中，長度為 width 的字串。如果未指定 fillchar（填充字元，以一個字元為限），則以空白字元填充。如 width 大於 s 的長度，結果為 s：

```
>>> 'a'.center(10)
'    a     '
>>> 'abc'.center(10)
'   abc    '
>>> 'abc'.center(10,'-')
'---abc----'
>>> 'abcde'.center(2,'*')     # len('abcde') > 2
'abcde'
>>> 'abc'.center(10,'*-')
Traceback (most recent call last):
  File "<stdin>", line 1, in <module>
TypeError: The fill character must be exactly one character long
```

■ s.count(sub[, start[, end]])

計算並傳回 sub 出現在 s 範圍內的次數。預設範圍為 s 全部。範圍以 start，end 方式設定。如果只設定 start，範圍是由 start 起始至結束：

```
>>> 'abca'.count('A')        # 'A' 不存在於 'abca'
0
>>> 'abca'.count('a')        # 'a' 在 'abca' 出現 2 次
2
>>> 'abca'.count('ab')       # 'ab' 在 'abca' 出現 1 次
1
>>> 'abca'.count('')         # 空白字元在 'abca' 出現 5 次
5
```

```
>>> 'abca'.count('ab',0)      # 'ab' 在 'abca' 出現 1 次
1
>>> 'abca'.count('a',1)       # 'a' 在 'bca' 出現 1 次
1
```

■ s.find(sub[, start[, end]])

傳回 s 範圍中 sub 第一次出現的 index（相對於 s 開頭），找不到則傳回 −1。預設範圍為 s 全部。範圍以 start，end 方式設定。如果設定 start，範圍是由 start 起始至結束。s.find() 主要用於計算 sub 位於 s 中的 index：

```
>>> 'abca'.find('a')          # 'a' in 'abca'
0
>>> 'abca'.find('a',1)        # 'a' in 'bca'
3
>>> 'abca'.find('a',5)        # 5 > len('abca')
-1
>>> 'abca'.find('a',1,5)      # 'a' in 'bca'
3
```

■ s.rfind(sub[, start[, end]])

功能如同 s.find()。不同在於 s.rfind() 是尋找範圍中最後出現的 index，而非最早出現的 index。找不到則傳回 −1：

```
>>> 'abc'.rfind('a')
0
>>> 'abc'.rfind('ab')         # 由字串尾端開始尋找 'ab'
0
>>> 'abcb'.rfind('b')         # 由字串尾端開始尋找 'b'
3
>>> 'abc 我 '.rfind(' 我 ')
3
>>> 'abc 我 d'.rfind('d')
4
>>> 'abc'.rfind(' 我 ')
-1
>>> 'abc'.rfind('a',1)        # 'a' 不存在於 'bc'
-1
>>> 'abc 我 '.rfind(' 我 ',1,3) # ' 我 ' 不存在於 'bc'
-1
```

- **s.index(sub[, start[, end]])**

　　功能如同 **s.find()**。差別在於如果 sub 不存在指定範圍時，會產生 **ValueError** 而不是傳回 **-1**：

```
>>> 'abc'.index('a')
0
>>> 'abc'.index('ab')
0
>>> 'abc 我 '.index(' 我 ')
3
>>> 'abc'.index(' 我 ')    # 觸發 ValueError
Traceback (most recent call last):
  File "<stdin>", line 1, in <module>
ValueError: substring not found
```

- **s.rindex(sub[, start[, end]])**

　　功能如同 **s.rfind()**。差別在於如果 sub 不存在指定範圍時，會產生 **ValueError** 而不是傳回 **-1**：

```
>>> 'abc'.rindex('a')
0
>>> 'abc'.rindex('ab')
0
>>> 'abc 我 '.index(' 我 ')
3
>>> 'abc'.rindex(' 我 ')    # 觸發 ValueError
Traceback (most recent call last):
  File "<stdin>", line 1, in <module>
ValueError: substring not found
```

- **s.ljust(width[, fillchar])**

　　產生並傳回一長度為 width，開頭為 s 的 string。如 width 大於 **len(s)** 則多餘部分以 fillchar 填滿：

```
>>> 'abc'.ljust(3)
'abc'
>>> 'abc'.ljust(5)
'abc  '
>>> 'abc'.ljust(5,'+')
'abc++'
```

■ **s.rjust(width[, fillchar])**

產生並傳回一長度為 width，結尾為 s 的 string。如 width 大於 len(s) 則多餘部分以 fillchar 填滿：

```
>>> 'abc'.rjust(3)
'abc'
>>> 'abc'.rjust(5)
'  abc'
>>> 'abc'.rjust(5,'+')
'++abc'
```

■ **s.join(iterable)**

將 iterable[21] 中的 string 與 s 交叉串接所得到的 string 傳回：

```
>>> '+'.join(("1","2","3"))
'1+2+3'
>>> ','.join("abc")
'a,b,c'
>>> ','.join(["11","22","33"])
'11,22,33'
>>> ','.join("112233")
'1,1,2,2,3,3'
```

■ **s.strip([chars])**

將 s 前後的可能出現的字元（以 chars 表示）組合清除後，傳回剩餘的字串。chars 預設為空白字元：

```
>>> ' 12'.strip()            # 只移除空白字元
'12'
>>> ' 12,'.strip()
'12,'
>>> '<head>'.strip('<>')     # '<', '>' 被移除
'head'
>>> ' <head> '.strip('< >')  # '<', '>' 及空白字元均被移除
'head'
```

---

21 在第 110 頁 Iterable Object（迭代物件）中說明。

```
>>> ' <h ead> '.strip('< >')        # '<', '>' 及空白字元均被移除
'h ead'
>>> ' hello! '.strip('ol! ')
'he'
>>> ' hello!'.strip('ol!')          # 'o', 'l', '!' 均被移除
' he'
>>> ' hello!'.strip('olh!')         # 移除對象不包含空白字元
' he'
```

■ s.lstrip([chars])

　　功能基本與 s.strip() 相同。由 s 的前端開始，將 chars 產生的所有組合清除後，傳回剩餘的字串。chars 預設為空白字元：

```
>>> ' ab '.lstrip()
'ab '
>>> ' ab '.lstrip('a')
' ab '
>>> ' ab '.lstrip('a ')             # 可移除部分為 ' a'
'b '
>>> ' ab b'.lstrip('ab ')           # string 內容可由 'ab ' 的組合產生
''
```

■ s.rstrip([chars])

　　功能基本與 s.lstrip() 相同。是由 s 的結尾開始，將 chars 產生的所有組合清除後，傳回剩餘的字串。chars 預設為空白字元：

```
>>> ' ab '.rstrip('a')              # 在後端沒有 'a' 的存在
' ab '
>>> ' ab '.rstrip('a ')             # 將後端的空白移除
' ab'
>>> ' ab '.rstrip('b ')
' a'
>>> ' ab b'.rstrip('ab ')           # string 內容可由 'ab ' 的組合產生
''
```

■ `s.split(sep[, maxsplit])`

以 sep 作為 delimiter（分隔字元），將 s 切割為最多 maxsplit 個 string，儲存在 list[22]（串列）後傳回。如果沒有設定 maxsplit 或是將其設定為 **-1**，則分割數目沒有上限。分隔符號 sep 預設為空白字元。如果 s 是空白字元或只是空字串將會得到一個空的 list[18]：

```
>>> '1 2 3'.split()          # 使用空白字元作為分隔字元
['1', '2', '3']
>>> '1,2,3'.split()
['1,2,3']
>>> '1,,3'.split(',')
['1', '', '3']
>>> '1,2,3'.split(',')
['1', '2', '3']
>>> '1+2+3'.split('+')
['1', '2', '3']

>>> "".split()
[]
>>> ' 1 , 2 , 3 '.split(',')    # 空白字元沒有移除
[' 1 ', ' 2 ', ' 3 ']
>>> ' 1    2    3 '.split()      # 空白字元已移除
['1', '2', '3']
```

■ `s.rsplit(sep[, maxsplit])`

功能基本同 `s.split()`。與 `s.split()` 的不同在於 `rsplit()` 是由 s 的**尾端**開始切割：

```
>>> 'a b c '.split(sep=' ', maxsplit=1)
['a', 'b c ']
>>> 'a b c '.rsplit(sep=' ', maxsplit=1)
['a b c', '']
```

■ `s.splitlines()`

將 s 以換行符號 `\n` 為分隔符號進行分割，分割後存於 list 後傳回：

---

[22] 在 2.3.1 List（串列）及 Tuple（序組）中說明。

```
>>> 'a\nbc \n  \n'.splitlines()
['a', 'bc ', '  ']
>>> ' \n\n '.splitlines()      # 注意結果中的空白字元
[' ', '', ' ']
```

■ **s.replace(old, new[, count])**

將 s 中 old string 以 new string 取代。count 表示最多的取代次數。如果沒有設定 count，則所有的 old 將被取代為 new：

```
>>> 'a,b,c'.replace(',','+')
'a+b+c'
>>> 'a,a,a'.replace('a','b')
'b,b,b'
>>> 'a,a,a'.replace('a','b',5)
'b,b,b'
>>> 'a,a,a'.replace('a','b',2)
'b,b,a'
```

2.2.11 Format String（格式字串）

到目前為止，我們已經介紹了 Python 的基本資料型態，如：int、str 及 bool。在第 56 頁 print() 及 end 設定中，我們介紹了 print() 的基本工作方式。只要在 print() 中將要輸出的變數以逗點分開，就可以輸出變數的內容，操作如下：

```
>>> x = 1, y = 2
>>> print(x, '+', y, '=', x + y)
1 + 2 = 3
>>> print('x =',x, 'y =',y, ', x + y =>', x, '+', y, '=', x + y)
x = 1 y = 2 , x + y => 1 + 2 = 3
```

由以上的程式可以發現：如果要輸出的資料中夾雜著 string literal、variable 或 expression 時，print() 開始變得複雜，難以了解，不小心也很容易出錯。因此，同其他的程式語言一樣，Python 也提供了 format string 將輸出格式化，解決上述的問題。

Format string 是一個 string literal，其中包含著變數的位置及相關的格式設定，輸出時 Python 會將其中指定位置的內容以變數的內容或是 expression 的計算結果取代，得到一個新的 string literal 後輸出。

目前 Python 提供了四種 format string 供我們使用，分別是：%-format string、str.format()、f-string 及 template string。接下來，我們就對四種 format string 分別進行說明。

● %-Format String（格式字串）

%-format string（%-格式字串）的主要形式是

```
"format string" % (values)
```

這是 Python 最早提供的 format string。主要是借鏡 C 語言 format string 的設計，以 **%** 及 type conversion（型態轉換）標示 format string 中變數出現的位置及表現型式。如果數字以十進位數字出現則是使用 **%d**，如果要以十六進位方式出現則是使用 **%x**。**%** 也是 format string 與 values（可以是變數或是 expression）之間的分隔字元。如果有一個以上的 value 需要輸出，這些 value 必須寫成一個 tuple[23]，其中的資料將以一對一方式對應 format string 中以 **%** 所標示的位置：

```
>>> "int: %d" % 1
'int: 1'
>>> "(x:%d, y:%d)" % (1,2)
'(x:1, y:2)'
```

如果我們需要表示一個十進位數字的八進位與十六進位，可以寫成：

```
>>> "dec:%d, oct:%o, hex:%x" % (10,10,10)    # o:octal, x:hexadeciaml
'dec:10, oct:12, hex:a'
>>> n = 10
>>> "dec:%d, oct:%o, hex:%x" % (n,n,n)
'dec:10, oct:12, hex:a'
```

另外一種方式則是以 dictionary[24] 方式處理，以上的 format string 可以寫成：

```
>>> "dec:%(n)d, oct:%(n)o, hex:%(n)x" % {'n':10}
'dec:10, oct:12, hex:a'
```

---

23 詳見 2.3.1 List（串列）及 Tuple（序組）。

24 詳見 2.3.2 Dictionary（字典）、Set（集合）與 Frozenset（固定集合）。

Python 常見的 conversion type 如表 2-13 所示。

表 2-13　% -Format String 轉換符號及意義

轉換符號	意義
d、i	有號十進位數字。
o	有號八進位數字。
x、X	有號十六進位數字。
e、E	有號浮點指數數字。
f、F	有號浮點十進位數字。
c	單一字元（可以是 int 或是單一字元的 string）。
s	string 資料型態。
%	產生 %。

此外，**%** 轉換也提供更多的格式化功能，如：指定寬度、限制小數點位數及在數字前的正負號。由於這些功能是可以依需要選用的（標示於 [] 中），其格式如下：

```
%[flag][width][.precision]conversion_type
```

各欄位解釋如下：

- **flag** 輸出的形式：可以是 **+**，**-**（正 , 負號）、**0**（前方補 0）及 **-**（向左對齊，預設為向右對齊）。

- **width** 資料顯示的寬度，如果有小數位數等精確度的需求，則需要在 .precision 小數點後以數字表示，如精確度為小數點後兩位則是 .2，小數點後 3 位則是 .3，以此類推。

- **precision** 指定小數點後位數並進行四捨五入計算。

- **conversion type** 如表 2-13 所示。

示範操作如下：

```
>>> "%s's age is %d" % ("Bob", 20)
"Bob's age is 20"

>>> "%5.2f"%(2/3)
' 0.67'
```

```
>>> "**%3d**%3.1f**%+3d**%-3.1f" % (1/3,1/3,1/3,1/3)
'**  0**0.3** +0**0.3'

>>> "**%5d**%5.2f**%+5d**%-5.1f" % (10/3,10/3,10/3,10/3)
'**    3** 3.33**   +3**3.3 '

>>> "**%5d**%5.2f**%+5d**%-5.1f" % (-10/3,-10/3,-10/3,-10/3)
'**   -3**-3.33**   -3**-3.3 '

>>> "%-+10.2f, %+10.2f" % (-1/3, -1/3)        # 有正負號，向左或右對齊
'-0.33     ,      -0.33'

>>> "%-010.2f, %+010.2f" % (-1/3, -1/3)       # 左右對齊，前方補 0
'-0.33     , -000000.33'
```

如果 width 的設定小於 precision，則整數部分的長度以實際資料為準，不受 width 設定的影響：

```
>>> "1/3=%+06.2f" % (-1000/3)
'1/3=-333.33'

>>> "1/3=%+01.2f" % (-1000/3)
'1/3=-333.33'
```

使用 f 及 F 分別表示 inf（infinite）及 nan（not a number）：

```
>>> t = float("inf")
>>> v = float("nan")
>>> t, v
(inf, nan)
>>> "%f, %F"%(t,t)
'inf, INF'
>>> "%f, %F"%(v,v)
'nan, NAN'
```

● str.format()

str.format() 由 Python 3 開始提供。它將格式化處理設計為 string 的一個 method。str 中不再使用 % 標示 value 位置，改以 {} 標示。在 {} 中也可以不用轉換符號，Python 會以預設方式處理。每一個 {} 都代表一個特定的位置供 str.format() 中的 value 顯示。

特別的是：如果是空的 {}，Python 會將 str.format() 中的 value 以一對一方式依序放入 {} 所標示的位置。我們也可以選擇直接在 {} 中直接標示要顯示 value 的 index：

```
>>> "{}'s age is {}".format("Bob",20)
"Bob's age is 20"
>>> "{0}'s age is {1}".format("Bob",20)        # {0}:"Bob", {1}:20
"Bob's age is 20"
>>> "{}+{}={}".format(1,1,1+1)
'1+1=2'
>>> "{0}+{0}={1}".format(1,1+1)
'1+1=2'
```

如果在 format string 中要顯示出 {}，則需要重複 {、} 字元，也就是 {{}}：

```
>>> "{{{0}}}".format(100)
'{100}'
```

要注意的是，如果是使用一對一方式，那麼 {} 的個數必須與 s.format() 中資料的個數相符，不然就會產生錯誤。示範如下：

```
>>> "{}+{}={}".format(1,1+1)        # {} 個數與 format() 中資料個數不符
Traceback (most recent call last):
  File "<stdin>", line 1, in <module>
IndexError: Replacement index 2 out of range for positional args tuple
```

此外，混用循序與 index 方式也會造成錯誤：

```
>>> "{}+{}={2}".format(1,1,1+1)      # 不可混用
Traceback (most recent call last):
  File "<stdin>", line 1, in <module>
ValueError: cannot switch from automatic field numbering to manual field specification
```

由上述示範可以看到在 str.format() 中，可以是 int 或是 string literal，也可以是一個 expression。因為 format() 是一個方法，其中以逗點分格的資料都是 parameter[25]（參數）。

---

[25] parameter 是函數或是方法中傳遞的資料，可以是任意 object 或是 expression。在第 4 章模組化程式設計再詳細說明其相關概念及使用方式。

str.format() 還提供了許多強大的排版功能，也支援 Python 中各種內建的資料型態，我們先就 str 及數值型態做說明，其他的資料型態在 1.3 說明。想要了解完整功能的讀者可以參考 Python 的官方文件 [26]。

每一個需要顯示 value 的輸出格式都需要在 str 中以 {} 設定。在 {} 中格式的設定方式分為兩部分：

```
[field_name or index][:format]27
```

第一個是 field_name（欄位名稱）。這主要是指 Python dictionary 中 key[28] 的名稱或是要顯示的 value 在 format() 中的序位。舉例來說，在 str.format(x_0、x_1、...) 中：{0} 代表 x_0、{1} 代表 x_1，以此類推。實際上，當 {} 為空時，Python 會自動幫我們填入 0、1、2、... 等序位，這也是為何當 {} 中沒有設定 index 時，str.format() 中 str 中的 {} 與 format() 中的 object 個數不符會引發錯誤的原因。

其次是 [:format]（格式設定）部分。如果要設定 format，需要以 : 作為開頭。format 設定的方式有些複雜，格式如下：

```
[[fill]align] [sign]["#"][width][grouping_char]["."precision][type]
```

各部分常見設定的說明如表 2-14 所示。

表 2-14　str.format() 及 f-string literal 的設定

設定項目	說明
[[fill] align]	fill 為填充字元，可為任意字元。預設為空白字元。align 為對齊方式：>、< 及 ^ 分別代表向左（預設方式）、向右對齊及置中。= 僅適用於數值資料，使填充字元出現在正負號與數字之間。 注意：使用填充字元時必須指定對齊方式！
sign	正負號，僅適用於數值資料。

---

[26] https://docs.python.org/3/library/string.html#formatstrings

[27] [] 的設定是選擇性的。因此，空的 {} 是被允許的。

[28] 在 2.3.2 Dictionary（字典），Set（集合）與 Frozenset（固定集合）中說明 key 的意義。

設定項目	說明		
#	僅適用於數值資料。配合不同的 type 設定，自動在數值前加上 **0b**（binary）、**0o**（octal）、**0X**（hexadeciaml，如果 type 設定為 x）或是 **0X**（hexadeciaml，如果 type 設定為 **X**）。		
width	資料寬度，此寬度計算包含格式字元及資料長度。		
grouping_char	數值資料分隔字元，每三位以 grouping_char 隔開，以增加辨識度。如：**1,000**、**1_000**。		
"."precision	精確位數，如 type 為 **d**，則不允許設定此項。		
type	s	string 的預設表示方式。	
	b	binary，二進位數字。	
	c	character，轉換為 Unicode 輸出。	
	d	binary，十進位數字。int 的預設表示方式。	
	o	octal，八進位數字。	
	x	hexadeciaml，十六進位數字，a-f 為小寫。	
	X	hexadeciaml，十六進位數字，A-F 為大寫。	
	e，E	scientific notation，科學記號，e、E 分別表示小寫與大寫的指數記號。	
	f，F	fixed-point notation，固定點記號。如果沒有指定 precision，預設四捨五入至小數點後 6 位。f、F 分別表示小寫與大寫的 nan（not a number）與 INF（infinite）。	
	%	percetage，百分比符號。將數字乘以 100 後，其後加上％。	

　　因應不同的需求，配合不同的資料型態，使用這些設定可以產生多樣化的格式。因為數值與 str 的設定不能混用，為了有效說明，我們將 str 與數值資料分開說明。首先說明 str 的格式化方式。

　　String 的設定主要在於對齊方式、寬度及填充字元。如果要使用 str 格式處理數值資料，必須先以 `str()` 轉換才可以使用 str 格式處理。操作如下：

```
>>> "{}, {:s}, {:s}".format("hi",str(1),str(1.1))
'hi, 1, 1.1'
>>> "|{}|..|{:s}|..|{:3s}|..|{:>3s}|..|{:^3s}|".
...        format("1","1","1","1","1")                    # 不同的對齊方式
'|1|..|1|..|1  |..|  1|..| 1 |'
>>> "|{0}|..|{0:s}|..|{0:3s}|..|{0:>3s}|..|{0:^3s}|".format("1")   #使用 index 標示
```

```
'|1|..|1|..|1  |..|  1|..| 1 |'
>>> "|{0}|..|{0:s}|..|{0:$<3s}|..|{0:$>3s}|..|{0:$^3s}|".format("1")    #使用 $ 填充
'|1|..|1|..|1$$|..|$$1|..|$1$|'
```

數值資料又可分為 int 及 float。首先我們先看 int 的基本處理方式：

```
>>> "{},{:d},{:3d}".format(1,1,1)
'1,1,  1'
>>> "|{0}|..|{0:3d}|..|{0:>3d}|..|{0:<3d}|..|{0:^3d}|".format(1)
'|1|..|  1|..|  1|..|1  |..| 1 |'
```

接下來再看 float：

```
>>> "{:10b}".format(4)
'       100'
>>> "{:010b}".format(4)
'0000000100'
>>> "{:10}".format("{:04b}".format(4))
'0100      '
>>> "{:>10}".format("{:04b}".format(4))
'      0100'
```

數值過大則會顯示 inf 或是 INF：

```
>>> "{:2f}".format(1e1000), "{:2F}".format(1e1000)
('inf', 'INF')
```

● f-string literal

Python 3.6 提出了 f-string literal[29] 處理格式化輸出的工作。進一步地將輸出格式及欲顯示的內容整合，不再需要分別寫在 string literal 及 `format()`，使用起來更為直覺，程式更為精簡。

使用 f-string 時，需要在 string literal 前加上 **f** 或是 **F** 以標示該 string literal 是一個 f-string。我們使用介紹過的兩種格式化的方式及 f-string 分別輸出 x，y 及 x + y 的內容做一比較。

---

[29] Python 3.5 或更早版本不能使用 f-string literal。為了節省篇幅，其後我們稱它為 f-string。

首先是 **%-format** 的方式：

```
"x=%d, y=%d, x+y=%d"%(x, y, x + y)
```

接著是 **str.format()** 的方式：

```
"x={}, y={}, x+y={}".format(x, y, x + y)
```

最後是 **f-string** 的方式：

```
f"{x=}, {y=}, {x+y=}"
```

f-string 功能十分強大，在此我們只介紹基本功能，對其完整功能有興趣的讀者，可參閱官方文件[30]。其基本格式為：

```
{ expression[=] [:format] }
```

首先是 expression 部分。在 f-string 中，我們可以直接將 literal、variable 或是 expression 寫在 {} 之中，不需要像 %-format string 或是 str.format() 那樣分開處理，使得在格式處理上可以更為直覺，避免不必要的錯誤。

在 expression 後可以選擇使用 =[31]，它可以自動地將 {} 中的 expression 及運算結果輸出唯一計算式並輸出，這個功能使我們在 debug 時，想要了解各個 variable 或是 expression 的結果特別方便。如之前所示範的例子。以下的一些操作，大家可以更了解這個功能：

```
>>> x = y = 1
>>> f"{x+2+3=}, {x+(y*3)/4=}"
'x+2+3=6, x+(y*3)/4=1.75'
```

---

30 https://docs.python.org/3/reference/lexical_analysis.html#grammar-token-python-grammar-format_spec

31 Python 3.8 新增功能。

其次就是 format 部分。f-string 使用了與 `str.format` 的 format 相同的設定方式，如表 2-14 所示。因此，簡單來說 f-string 可以說是 `str.format()` 的進化版，幾乎可以做到無痛轉換。示範操作如下：

```
>>> f"{1}, {str(1):s}, {str(1.1)}"
'1, 1, 1.1'
>>> f"|{1}|..|{"1":s}|..|{"1":3s}|..|{"1":>3s}|..|{"1":^3s}|"
'|1|..|1|..|1  |..|  1|..| 1 |'
>>> s = "hello"
>>> f"length of '{s}' is {len(s)}"
"length of 'hello' is 5"
```

● Template String（模式字串）

Template string 是 Python 提供的第四種 format string。它提供了一種簡單，以代換方式為主的 format string。

Template string 存在於 string module[32] 中，使用前必須先執行：

```
from string import Template
```

使用 **$** 標注資料出現的位置及 identifier 的名稱，在 identifier 左右可以選擇性的加上 **{}**。代換的方式則是使用 template string 所提供的兩個 method：`substitute()` 及 `safe_substitute()` 進行資料代換，將 identifier 取代成所要顯示的 value。操作如下：

```
>>> from string import Template
>>> Template("Today is $day.").substitute(day="sunday")
'Today is sunday.'

>>> Template("I have $n ${t}s.").substitute(n=2, t="book")
'I have 2 books.'
```

---

[32] 4.7 Module（模組）及 Package（包裹）中說明。

由以上的示範可以了解 template string 並不複雜，就是將 identifier 的資料取代而已。要注意的是：如果 template string 中有任何 identifier 沒有在 substutite() 中被設定，或是遺漏會導致 template string 產生錯誤，中斷程式的執行。如以下操作：

```
>>> Template("I have $n ${t}s.").substitute(n=2)
Traceback (most recent call last):
  File "<stdin>", line 1, in <module>
  File "/Users/Max/.pyenv/versions/3.12.1/lib/python3.12/string.py", ...
    return self.pattern.sub(convert, self.template)
           ^^^^^^^^^^^^^^^^^^^^^^^^^^^^^^^^^^^^^^^^^^^
  File "/Users/Max/.pyenv/versions/3.12.1/lib/python3.12/string.py", ...
    return str(mapping[named])
               ~~~~~~~^^^^^^^
KeyError: 't'
```

為了避免這種問題，template string 提供了 safe_substitute()。如果發生這類狀況，template string 只會將該 identifier 印出，不會產生錯誤，中斷程式執行：

```
>>> Template("I have $n ${t}s.").safe_substitute(n=2)
'I have 2 ${t}s.'
```

介紹完 template string 的基本功能後，我們再來說明 template string 與其他三種 format string 不同之處。首先，template string 提供了簡單的資料代換功能。所謂的簡單，就是在 template string 中不提供任何的計算功能，Template string 只能以 $ 標示資料的位置，無法在 template string 中對資料進行任何計算。

舉例來說，在 f-string 中，可以將 expression 寫在 {} 中，如

```
>>> f"{1+2*3/4:3.1f}"
'2.5'
```

可是在 template string 中，這些計算必須在代換前完成，無法寫在 $ 中：

```
>>> from string import Template
>>> Template("$s").substitute(s=1+2*3/4)
'2.5'
```

不論如何處理，Template 都不會計算其中的 expression，只會觸發 **ValueError**：

```
>>> Template("$x*2").substitute(x=3)
'3*2'
>>> Template("$(x*2)").substitute(x=3)
Traceback (most recent call last):
  File "<stdin>", line 1, in <module>
  File "/Users/Max/.pyenv/versions/3.12.4/lib/python3.12/string.py", line 121,
in substitute
    return self.pattern.sub(convert, self.template)
           ^^^^^^^^^^^^^^^^^^^^^^^^^^^^^^^^^^^^^^^^^
  File "/Users/Max/.pyenv/versions/3.12.4/lib/python3.12/string.py", line 118,
in convert
    self._invalid(mo)
  File "/Users/Max/.pyenv/versions/3.12.4/lib/python3.12/string.py", line 101,
in _invalid
    raise ValueError('Invalid placeholder in string: line %d, col %d' %
ValueError: Invalid placeholder in string: line 1, col 1
```

主要是因為如果在 format string 中進行計算有可能會導致資訊外洩，特別是當 format string 是由外部而非系統本身提供。

舉例來說，如果在程式中設定了 SECRET_KEY（密碼）。有心人士可以利用 f-string 的特性得到這些敏感資訊：

```
>>> SECRET_KEY = "123!*32"
>>> f"{[eval(x) for x in globals() if x.lower().find("secret")>=0]}"
"['123!*32']"
```

2.3 Container（容器）

Python 程式在運作時與許多的 container（容器）資料型態是無法分割的。作為一個通用型的程式語言，Python 的設計是著重在整體的功能上，而非循序漸進地學習。因此在教授及學習上時常有些困擾。大家在之前的章節中應該已經發現這些 container 的資料型態是許多基本操作的一部份。如：string 中的 `split()` 是將 string 切割後存在 list 中；如果將數個 expression 寫在同一行中，計算結果也會自動被 Python 存在一個 tuple 裡。因此，要熟悉 Python，我們必須熟悉並活用這些資料型態，才能夠為下一階段的學習做好準備。

前面提到 Python 內建的資料型態有 mutable（可改變）及 immutable（不可改變）的特性，這些儲存資料的 container 資料型態也不例外。這些資料型態中，除 tuple 及 frozenset 是 immutable 外，其他三種（list、dict 及 set）都是屬於 mutable 型態。它們的設計目的都是用來儲存大量的 object。儲存的數量，主要受限於系統記憶體，並沒有上限。此外，有其他程式語言經驗的讀者可能會有興趣的是 Python 並不提供 array（陣列）這種常見的資料型態[33]，有許多人將 Python 的 list 誤以為是 array，因為它們使用了相同的符號表示。

由於 Python 中都是 object，因此 container 也是一個 object，所儲存的也都是其中各個 object 的位址，而非 object 本身。請大家熟記這個觀念，這在了解 container 的各項操作時是十分重要的。

在 list、tuple 及 dict[34] 中儲存的 object 是依存放先後決定其位置[35]。但是就存取方式而言，list 及 tuple 與 string 基本是相同的。Dict、set 及 frozenset 則需要使用 key 來存取資料。它們是對 key 做 hash[36]（雜湊）處理所得的結果存放，以提供快速的資料存取。此外，dictionary 額外保留了資料存放時的順序，使得在走訪時提供可預期的行為。首先，我們就從 list 及 tuple 開始說明。

2.3.1 List（串列）及 Tuple（序組）

List（串列）在 Python 的 container 資料型態中的使用率應該是最高的。因為 list 可存放任意資料型態的 object，容量也沒有限制。再加上 Python 為它設計了許多

---

[33] Python 的第三方套件 numpy 有提供 array，有興趣的讀者可參閱 https://numpy.org/doc/stable/reference/generated/numpy.array.html。

[34] 由 Python 3.7 開始，dictionary 中 key 存放的順序被保留。這個特性只影響存取順序，dictionary 不可以使用 index 等與順序相關的方式進行存取。

[35] 這些位置是邏輯位置，不是實際存放的位置。

[36] hash 的目的在於：以對 key 做 hashing 產生的 index 存取 table 中的資料，使其能夠達到如同是以 index 存取 array 一般的效能。

好用的工具，讓它能夠被廣泛使用。Tuple（序組）的基本特性如同 list，可是其內容是不可改變的。因此，tuple 可以視為是 immutable list，由於其不可改變的特性，tuple 時常被用來儲存一些重要的資料以避免被意外的更動。

　　List 與 tuple 在表示上最明顯的不同在於：list 是以一對中括號表示；tuple 則是以一對小括號表示。

● 存取方式

　　在使用 list 與 tuple 前首先要了解的是要如何存取其中的 object。在 list 與 tuple 中 object 存放的位置如同先前介紹的 string 一樣，index 是由 **0** 開始，最後一個則是 **-1**。存取時都是使用中括號進行存取，兩者並無區別。

　　假設有一個 list 內容為 **[1,2,3,3,2]**，其存放的 index 如圖 **2-2** 所示。

■ 圖 2-2　List 及 Tuple 的 Index

　　List 與 tuple 的存取操作與 string 並無二致，如表 **2-15** 所示。

表 2-15　List 與 Tuple 的 Operator

list	tuple	操作名稱	說明
l[x]	t[x]	index	指定 l 或 t 中 index x 的 object（索引位置）。
l[x:y]	t[x:y]	slice	指定 l 或 t 的片段位置 x:y，得到一個新的 list 或是 tuple。
l[x:y:z]	t[x:y:z]	extended slice	指定 l 或 t 的片段位置 x:y，間隔為 z 的 object，得到一個新的 list 或是 tuple。
l[x][y]	t[x][y]	indexes on nested list/tuple	l 或 t 位置為 x 的 list 或是 tuple 中，位置為 y 的 object。
l * n	t * n	repetition	將 list 或是 tuple 重複串接 n 次後儲存到一個新的 list 或是 tuple。
$l_1 + l_2$	$t_1 + t_2$	concatenation	將 list 或 tuple 串接產生一個新的 list 或 tuple。
l_1 += l_2	t_1 += t_2	augmented assignment	將 list l_1、l_2 或 tuple t_1、t_2 串接後儲存到 l_1 或是 t_1。

表 2-15 相關的操作示範如下：

```
>>> x = [1,2,3]; y = (1,2,3)
>>> x, y
([1, 2, 3], (1, 2, 3))

>>> x[0], y[0]
(1, 1)
>>> x[-1], y[-1]
(3, 3)
>>> x[1:], y[1:]
([2, 3], (2, 3))

>>> x[:-2], y[:-2]
([1], (1,))
>>> x[:-2], y[:-2]
([1], (1,))

>>> x = [1,2,3,4,5]; y = (1,2,3,4,5)

>>> x[::2], y[::2]
([1, 3, 5], (1, 3, 5))
>>> x[::-1], y[::-1]
([5, 4, 3, 2, 1], (5, 4, 3, 2, 1))
```

在以上操作中要特別注意的是：如果在 tuple 中只有一個 object 時，在後方一定要加上一個逗號，避免 Python 將它視為是一般的 object，而非 tuple。示範如下：

```
>>> (1), type((1))
(1, <class 'int'>)

>>> (1,), type((1,))
((1,), <class 'tuple'>)
```

如果 tuple 中的 object 有兩個以上，就不需要這個額外的逗號了：

```
>>> type((1,2))
<class 'tuple'>
```

關於 list 及 tuple 新增內容的操作，將於第 113 頁討論 list 新增內容中說明。

● 記憶體中的 List 與 Tuple

接下來談到 list 與 tuple 在記憶體是如何運作的。之前曾經提到 Python 中的一個重要觀念：Python 中所有的個體都是 object，每個 object 都有其位址。使用基本資料型態如：int、float 時，這個觀念還不十分重要，因為它還不會影響程式的正確性。但是在學習 container 時，這個觀念就必須徹底釐清。

由於 Python 中所有的個體都是 object。程式執行時，object 必須要存在於記憶體佔用一段位址空間。當變數被設定為某一個 object 時，變數中存放的就是這段位址空間起始的位址。比如說將變數 x 設定為 1：

```
x = 1
```

Int 1 是一個 literal，也是一個 object，所以 x 存的是 1 這個 object 的位址。此關係如圖 2-3 所示。

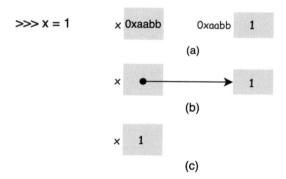

■ **圖 2-3** 變數與 int object 關係。(a)int object 的位址為 0xaabb，變數 x 儲存的位址為 0xaabb。
(b) 以箭頭表示變數中儲存 object 的位址。(c) 基本資料型態的簡化表示方式

執行 `x = 1` 後，Python 將 1 的位址 `0xaabb` 儲存在 x，如圖 2-3(a) 所示。這種關係稱為 x reference（參照）一個 int object、x 指向一個 int object 或是 x 是一個 pointer variable（指標變數）指向一個 int object，以圖 2-3(b) 的箭頭表示。不過可能是受到 C、C++ 影響，大家不會特別強調這些 numeric 或是 string 的指標操作，還是以 x 存著一個 int、s 是一個 string 為常見的表達方式。為了說明方便，對於這些基本資料型態，我們也採用一般的說法。基本資料型態的圖示因而簡化為圖 2-3(c)。

Python 萬物皆 object 的觀念貫穿了整個語言的設計。這個觀念在了解 container 的操作上特別重要。現在假設將一個空的 list 設定給 x，那麼在記憶體中會是怎樣的情況呢？請看圖 2-4 的說明。

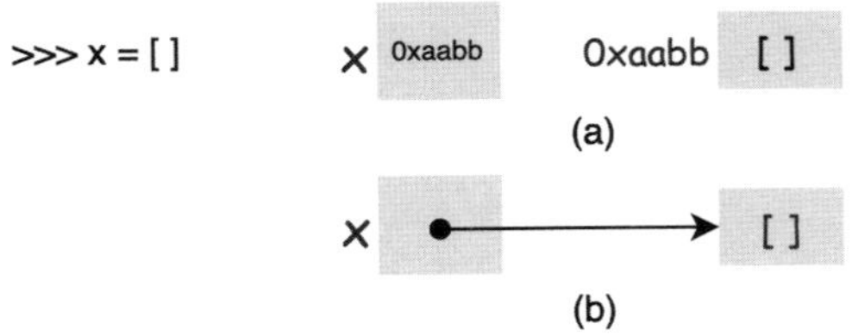

■ 圖 2-4　變數與 List Object 的關係。(a) List Object 的位址為 0xaabb，x 儲存的位址為 0xaabb。
(b) 以箭頭表示 x 中儲存著 List Object 的位址

要特別注意的是，在圖 2-4 中 x 與 list 的關係不能將 x 看成是一個 list 變數。這種說法會僵化 x 與 object 的關係。也容易造成誤解。因為 Python 中的變數隨時可以設定為其他資料型態的 object，如：str、tuple、dict 或是 function 及 module 等等。

接著將 x 設定為一個存有 1、2、3 的 list，此時記憶體中的狀態為圖 2-5 所示。

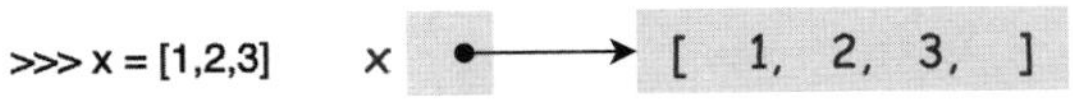

■ 圖 2-5　x = [1,2,3] 執行後，x 在記憶體的狀況

由於 list 中可以存放任何資料型態的 object，如果在 x[0] 中存放 [4,5]，那麼結果會是如何呢？操作如下：

```
>>> x = [1,2,3]
>>> x[0] = [4,5]
>>> x
[[4, 5], 2, 3]
```

由於 [4,5] 是 list object，可以存到 list 的任何一個位置中。圖 2-6 表示執行 x[0]=[4,5] 後在記憶體的狀況。

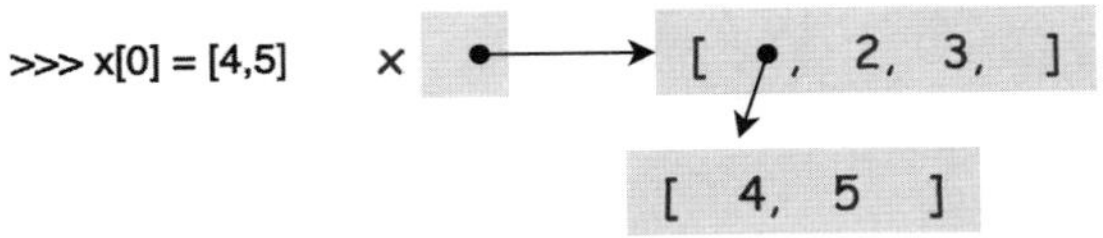

■ 圖 2-6　執行 x[0] = [4,5] 後，記憶體中 x 的變化

現在可以說明在表 2-15 中，存取 nested list（巢狀串列）的過程了。延續圖 2-6 中的程式及狀態，繼續以下的操作：

```
>>> x[0]
[4, 5]
>>> x[1]
2
>>> x[0][1]
5
```

由於 `[]` 的 operator associativity 是由左向右計算。因此在計算 x[0][1] 時，x 會先與左方的 [0] 結合後，計算 x[0] 得到 [4,5]，再以 [4,5] 計算位於右方的 [1]，也就是說 x[0][1] 此時已轉化爲 [4,5][1]，計算後得到 5。以同樣的計算方式，我們嘗試一些較為複雜的操作：

```
>>> x = [1,2,3]
>>> x[0] = [4,5]
>>> x
[[4, 5], 2, 3]
>>> x[0][0] = ['a']
>>> x
[[['a'], 5], 2, 3]
>>> x[0][0][0]
'a'
```

以上操作建立了一個三層的 list。第一層 list 是 [1,2,3]，第 2 層 list 在 x[0] 中，指向 [4,5]。第 3 層 list 在 x[0][0] 中，指向 ['a']。因此，x[0][0][0] 的結果是 `'a'`。

圖 2-7(a)-(e) 示範一段程式的運算過程對各自的 list 所造成的影響：x 與 y 一開始分別指向兩個 list。在計算過程中，x 與 y 之間先產生關係，後又各自獨立。由以下示範可以驗證 x 及 y 的內容與圖 2-7(e) 的結果是一致的。

```
>>> x = [1,2,3]
>>> y = ['a','b']
>>>
>>> x[1] = y
>>> x[1][0] = 'ab'
>>> y[1] = 2
>>> y = [1]
```

```
>>> x
[1, ['ab', 2], 3]
>>> y
[1]
```

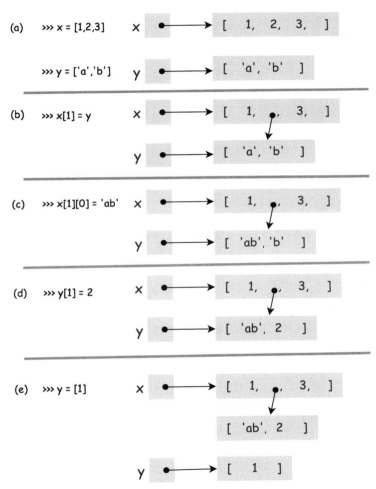

(a) >>> x = [1,2,3]   x [1, 2, 3,]

>>> y = ['a','b']   y ['a', 'b']

(b) >>> x[1] = y   x [1, , 3,]

y ['a', 'b']

(c) >>> x[1][0] = 'ab' x [1, , 3,]

y ['ab', 'b']

(d) >>> y[1] = 2   x [1, , 3,]

y ['ab', 2]

(e) >>> y = [1]   x [1, , 3,]

['ab', 2]

y [1]

■ **圖 2-7** 當 List 使用另一個 List，(a)-(e) 顯示每行程式對 List 產生的影響

在圖 2-7(b)，將 y 設定在 x[1] 的意義是將 y 存放的位址儲存在 x[1]。因此，對 x[1] 進行的改變都會影響到 y；而對 y 的任何改變，也會影響到 x。因為此時的 x[1] 與 y 都指向同一個 list。如果將 y 再設定到另外一個 list，如圖 2-7(e) 所示。那麼 x 與 y 就分別指向不同的 list，沒有任何關係了。

此外，Python 還提供了一個好用的工具 **id(x)**，使我們了解 object x 在記憶體中的位址[37]。我們可以藉由 **id()** 的傳回值來判斷是否為同一個 object。示範如下：

```
>>> x = y = [1]
>>> id(x), id(y)
(4310503552, 4310503552)
>>> id(x) == id(y)
True

>>> x = [1]
>>> id(x), id(y)
(4313159360, 4310503552)
>>> id(x) == id(y)
False
```

一開始時 x 與 y 指向同一個 list，因此它們有相同的位址。當我們將 x 指向另一個 list 後，x 與 y 就分別指向了不同的位址。

更為直覺的方式是使用表 2-9 中的 **is** operator 直接測試兩個變數是否指向同一個物件：

```
>>> x = y = [1]
>>> x is y
True
>>> id(x), id(y)
(4316043840, 4316043840)

>>> x[0] = y
>>> id(x[0]), id(y)
(4316043840, 4316043840)

>>> x[0] is y
True
>>> x is y
True
```

---

[37] 此處的位址是邏輯位址，是 object 在 Python 執行環境中的位址，並非電腦記憶體中的位址。

Object 同時在多處被參照是較為進階的程式觀念，尤其是在學習 Data Structures（資料結構）、Algorithms（演算法）等專業課程中是十分重要的基礎觀念。如果不能清楚了解 object 與位址之間的關係，對 Python 及專業學習上會造成很大的障礙。

由於 Python 中都是 object，因此，所有的 object 都有位址，不論是 mutable 還是 immutable，都可以使用 `id()` 取得位址：

```
>>> id(1)
4380451792
>>> id("")
4380473112
>>> id("hi")
4380495312
>>> id(1.1)
4370180848
```

相對於 mutable list，tuple 屬於 immutable 的資料型態，它的內容是無法更改的。不過，tuple 的 immutability 只限制了第一層內容的更改。如果 tuple 中有其他的 mutable container object，那麼它們就不受 tuple 唯讀的限制。示範如下：

```
>>> x = (1,2,3)

>>> x[0] = 'a'
Traceback (most recent call last):
  File "<stdin>", line 1, in <module>
TypeError: 'tuple' object does not support item assignment
```

以上的操作會產生 **TypeError** 是因為它試圖修改 tuple 第一層的內容。再看下一個操作：

```
>>> x = (1,2,[3,4],)

>>> x[2] = 'a'
Traceback (most recent call last):
  File "<stdin>", line 1, in <module>
TypeError: 'tuple' object does not support item assignment

>>> x[2][0] = 'a'
>>> x
(1, 2, ['a', 4])
```

這時在 x[2] 中存放的是 [3,4]，由於 tuple 的 immutability，我們無法對第一層的 x[2] 做出任何改變。當 x[2] 指向一個 list，這個 list 就位於 tuple 的第二層，因此 x[2][0]='a' 可以正常執行。

● In-Place Change（原地修改）

以上所闡述的觀念，就是所謂的 in-place change（原地修改）。In-place change 就是在變更 container 時，所改變的是其中特定位置的內容。如果在多處使用了該 container，該變更就會影響到所有參照它的變數，圖 2-7 說明了這一點。如果該呼叫不會造成 in-place change，那麼運算結果是儲存在新產生的 object，原本 object 的內容不會改變，所有相關的變數所參照的內容也都不受影響，如同對 int、float 及 str 等資料型態的操作。請看以下示範：

```
>>> x = y = 'hi'        # x 與 y 參照同一個 object
>>> x, y
('hi', 'hi')
>>> x = 1               # x 指向 object 1
>>> x, y                # x 與 y 參照不同的 object
(1, 'hi')

>>> x = y = [1,2]
>>> x[0] = 3            # in-place change
>>> x, y               # x, y 同時受影響
([3, 2], [3, 2])
```

● Iterable Object（迭代物件）

Iterable 是 container 的一種特性也是一種擁有特別行為的 object。凡是 iterable object 中都存在著一個 iterator（迭代器），我們可以使用 iterator 提供的 next() 對其依次走訪（讀取）container 中第一層的每一個 object。當走訪完該層所有的 object，Python 會產生一個 **StopIteration** 表示走訪完畢。Python 中凡是提供這種行為模式的 container，就稱之為 iterable object 或簡稱為 iterable。

由以上的說明可以知道，iterator 會依次走訪所屬 container 中第一層所儲存的 object。目前 Python 內建 container 的資料型態都是 iterable。如果要走訪 container c 時，Python 提供了兩種方式：

1. 先使用 `iter(c)` 取得 container `c` 的 iterator `it`。此時，`it` 會指向 `c` 的第一個位置。再執行 `next(it)` 取得並傳回 `it` 所在位置的 object，再移動 `it` 至 `c` 的下一個位置，直到走訪結束時產生 **StopIteration**。

2. 使用 iterator tool（如：`for` 迴圈及 comprehension 等，將在第三章說明）自動走訪 container 及處理 **StopIteration**。

請看以下示範：

```
>>> c = [1,2,3]              # 手動執行走訪
>>>
>>> it = iter(c)
>>> next(it)
1
>>> next(it)
2
>>> next(it)
3
>>> next(it)
Traceback (most recent call last):
  File "<stdin>", line 1, in <module>
StopIteration

>>> for x in [1,2,3]:        # 自動執行走訪
...     print(x, end=' ')
...
1 2 3
```

要特別說明的是：Python 中的 string 也是屬於 iterable，可使用上述的方式來走訪一個 string object：

```
>>> s = "123"
>>> it = iter(s)
>>> next(it)
'1'
>>> next(it)
'2'
>>> next(it)
'3'
>>> next(it)
Traceback (most recent call last):
  File "<stdin>", line 1, in <module>
```

```
StopIteration
>>>
>>> for x in "123":
...     print(x, end=' ')
...
1 2 3
```

以上的示範説明了 iterable 的特性及工作方式。由於 iterable 在 Python 中隨處可見，是極其重要的觀念，我們在其後還會陸續介紹其相關運作方式。

在釐清了這些基本概念後，我們就可以開始説明 list 與 tuple 的產生及 index 等基本操作了。

● 產生及初始化

產生一個 list 或是 tuple 十分簡單，本書在之前也已多次示範，如果想要產生一個空的 list，就直接使用 **[]** 產生 list literal；如果需要的是 tuple，就使用 **()** 產生 tuple literal。請看以下示範：

```
>>> x = []; y = ()
>>> x,y
([], ())
>>> x = [(),[]]
>>> x
[(), []]
```

在 initialization（初始化）時，可以在產生 list 或是 tuple 時加入變數或是各種資料型態的 object，或是使用 **list()** 或是 **tuple()** 將一個 iterable 拆解並轉換資料型態為 **list** 或是 **tuple**：

```
>>> list(), tuple()
([], ())
>>> list(('a','b'))
['a', 'b']

>>> tuple("ab")
('a', 'b')
>>> tuple([1,2])
(1, 2)

>>> x = [1]; y = ("hi")
```

```
>>> z = [x,y]
>>> z
[[1], 'hi']

>>> k = tuple(z)
>>> k
([1], 'hi')

>>> list("abc")
['a', 'b', 'c']
>>> tuple("def")
('d', 'e', 'f')
```

● 長度計算

　　長度指的是 list 或 tuple 第一層中 object 的個數。可以使用 `len()` 計算：

```
>>> len([ ]), len([[ ],[ ]]), len([1])
(0, 2, 1)
>>> len(()), len(((),())), len((1,))
(0, 2, 1)

>>> x = [1,2,3]
>>> len(x)
3
>>> x = (1,2,3,)
>>> len(x)
3
>>> x = (1, (1,), [1,2,3,4])
>>> len(x)
3
```

● 新增 List/Tuple 內容

　　在表 2-16 中列出 list/tuple 新增內容時所使用的方法。雖然 list 是 mutable，但它異動時不全是 in-place change。比如說使用 **+** 結合兩個 list 時，Python 是將結果存在一個新產生的 list，原來的 list 不受影響。如果使用 **+=**[38] 時，則是 in-place change。在瞬間大量執行不屬於 in-place change 的操作，可能會消耗可觀的記憶體，對系統的穩定性產生不利的影響。

---

38 **+=** 稱為 Augmented Assignment Operator，在 3.1.2 做進一步說明。

表 2-16　list/tuple 新增內容的相關操作

操作	x	y	意義	in-place change
x + y	list	list	將 x 及 y 的內容依序複製於一個新的 list。	no
x += y	list	**iterable**	將 y 的 object 依次取出再儲存至 x 後端。	yes
x + y	tuple	tuple	將 x 及 y 的內容依序複製於一個新的 tuple 中。	no
x += y	tuple	tuple	將 y 的內容依次儲存至 x（新的 tuple）後端。	no
l.append(y)	list	object	將 y 儲存至 l 的後端。	yes
l.extend(y)	list	**iterable**	將 y 的 object 依次取出再儲存至 l 的後端。	yes
l.insert(i,y)	list	object	將 y 插入 l 所指定的位置 i。	yes

　　要注意的是 **extend()** 及 **+=**，它們雖然與 append() 一樣是將 object 新增到 list 之後，可是與 append() 不同在於：extend() 與 += 中處理的對象是 iterable，而非單純的 value：

```
>>> x = [1]; y = [2,3]
>>> x += y                # 將 [2,3] 中的 int, 逐個加入
>>> x
[1, 2, 3]


>>> x = [1]
>>> x += "ab"             # "ab" 是一個 iterable
>>> x
[1, 'a', 'b']


>>> x = [1]
>>> x.extend("ab")
>>> x
[1, 'a', 'b']


>>> x = [1]
>>> x.extend((2,3,))      # 將 (2,3) 中的 int, 逐個加入
>>> x
[1, 2, 3]


>>> x = [1]; y = [2,3]
>>> x.append(y)           # 直接將 [2,3] 加入
>>> x
[1, [2, 3]]
```

```
>>> x.append("12")
>>> x
[1, [2, 3], '12']

>>> [1].extend(1)          # extend() 中必須是 iterable
Traceback (most recent call last):
  File "<stdin>", line 1, in <module>
TypeError: 'int' object is not iterable

>>> x = [1]
>>> x += 2                 # int 不是 iterable
Traceback (most recent call last):
  File "<stdin>", line 1, in <module>
TypeError: 'int' object is not iterable
```

由以上操作可以了解，append() 是將新增的 object 視為一個個體，將其直接新增在 list 的後端；而 += 及 append() 則會將新增的 iterable 當中的物件逐個新增到 list 的後方，省去了以迴圈逐個處理的麻煩。

至於 insert() 則是將 object 直接插入特定的位置中，如果設定的 index 超過了 list 長度，insert() 不會產生錯誤，會直接將 object 新增至 list 尾端：

```
>>> x = [1]; y = [2]
>>> x.insert(0,y)
>>> x
[[2], 1]

>>> x = [[2],1]
>>> x.insert(0,3)
>>> x
[3, [2], 1]
>>> x.insert(99,"hi")    # 99 超過 x 長度，新增 "hi" 至 x 尾端
[3, [2], 1, 'hi']
```

● 移除 List 內容

由於 tuple 內容無法改變，因此此處只討論 list。移除 list 中個別的 object 可以使用三種方式。remove() 使用類似資料搜尋的方式，將第一個符合的 object 刪除。另一個則是 pop()，可以直接刪除指定位置的內容，如果沒有指定則是刪除最後一個 object。也可以直接使用 del 配合 slice 或是 extended slice 將指定位置或是範

圍內的一個或是多個 object 刪除。如果要直接將 list 清空,則是使用 **clear()**。在此要特別說明的是:在移除內容時,所移除的並非是 object 本身,而是 container 中被指定的儲存位置。Python 中所有 object 的新增、移除都是由 Python 負責,程式設計師無法介入!這些移除方式整理在表 2-17 中。關於 slice 與 extended slice 的處理則在第 **118** 頁 List Slice 與更新中說明。

表 2-17　移除 list 內容的相關操作

操作	說明
l.remove(x)	將 l 中出現的第一個 x 移除;如果 x 不存在,則產生 **ValueError**。
l.pop(i)	移除並傳回 l 中 index 為 i 的 object;如果沒有指定 i,則移除並傳回 l 的最後一個 object。
del l[i]	移除 l 中 index 為 i 的 object。
del l[start:stop]	移除 l 中 slice 範圍中的內容。
del l[start:stop:step]	移除 l 中 extended slice 範圍中所選擇的內容。
l[start:stop]=[]	移除 l 中 slice 範圍中的內容。
l[start:stop:step]=[]	移除 l 中 extended slice 範圍中所選擇的內容。
l.clear()	清除 l 中所有的 object。

示範操作如下:

```
>>> x = [1,2,3,1]

>>> x.remove(1)       # 移除第一個 1
>>> x
[2, 3, 1]
>>> x.remove(1)       # 移除第二個 1
>>> x
[2, 3]
>>> del x[0]          # 移除第一個 object
>>> x
[3]

>>> x = [1,2,3]
>>> x.pop(1)          # 移除並傳回 x 中第 2 個 object
2
>>> x
[1, 3]
```

```
>>> x.pop()          # 移除 x 最後一個 object
3
>>> x
[1]
>>> x.clear()        # 清除 x 中的所有 object
>>> x
[]
```

　　要注意的是將 list 清空時，如果將 list 直接設定為空的 list 其效果與 clear() 是不同的。直接設定為空的 list，並不會清除原來的 list，Python 會產生一個新的空 list 而不是將原來的 list 清空；clear() 才會將原有 list 的內容清除。以下使用 id() 進行說明：

```
>>> x = [1]
>>> id(x)
4315548160
>>> x.clear()   # x 指向的 list 被清空
>>> x
[]
>>> id(x)
4315548160
>>> x = []      # x 指向一新的 list
>>> id(x)
4311083392
```

　　由 id() 傳回的位址可以了解：執行 clear() 後，x 的位址並沒有改變，如果指定一個空的 list，就會得到不同的位址。

　　也可以使用 **is** operator 了解 x 在使用 clear() 之後是否會產生一個新的 list，為了達到這個目的，需要先將 list 的位址存在 x 與 y 中，接下來才能確定這些操作是否會造成 in-place 的影響。

```
>>> x = y = [1]
>>> x.clear()
>>> x is y
True
>>> x = []
>>> x is y
False
```

● List Slice 與更新

在 list 中有一個比較特別的操作是與 slice 有關。與 string 中的 slice 運作一樣，Python 也可以將 slice 用於 list 做局部設定，依據 slice 的範圍，可以是新增資料，也可以是刪除或是更新資料。重點是在 list 中使用 slice 時，RHS 必須是一個 iterable，否則就會產生 **TypeError**：

```
>>> x = [1,2]

>>> x[0:0] = 1          # 1不是 iterable
Traceback (most recent call last):
  File "<stdin>", line 1, in <module>
TypeError: can only assign an iterable

>>> x[0:0] = (1,)       # tuple 是 iterable
>>> x[0:1] = "a"        # "a" 是 iterable
```

其次，依照 slice 中 start 與 stop 所涵蓋的範圍及 RHS 中的 iterable，slice assignment 可以有以下三種功能：

一、新增資料

當 start 等於 stop 時，如 [0:0] 及 [1:1]，Python 會將 iterable 插入 start 或是 stop 所指定的位置：

```
>>> s = [1,2,3]
>>> s[0:0] = 'a'
>>> s
['a', 1, 2, 3]
>>> s[1:1] = [['b']]
>>> s
['a', ['b'], 1, 2, 3]
```

二、刪除資料

當所設定的 slice 是一個有效的範圍，如：[1:3] 及 [-3:-1]，且 RHS 為一空的 list，slice 涵蓋的資料將被刪除：

```
>>> s
['a', ['b'], 1, 2, 3]
>>> s[0:1] = []         # 刪除第一筆資料
```

```
>>> s
[['b'], 1, 2, 3]
>>> s[0:-1] = []      # 保留最後一筆資料
>>> s
[3]
```

但如果所指定的範圍無效，如：[-1:1] 及 [3:2]，則不會刪除任何資料：

```
>>> s = [1,2,3]
>>> s[-1:1] = []      # [-1:1] 為無效範圍
>>> s
[1, 2, 3]
```

三、更新資料

當 slice 的範圍是有效的，如 [:-1] 及 [1:-1]，同時 RHS 也不是空的 list，那麼 Python 會依序執行以下兩個步驟更新 list 中的內容：

- 先刪除 slice 指定範圍的內容。

- 再依序插入 iterable 中的內容。

如果所指定的範圍無效，如：[-1:1] 及 [3:2]，則直接將 list 的內容由其 start index 插入：

```
>>> s = [1,2,3]
>>> s[0:1] = ['a']        # 刪除 [0:1]，再加入 ['a']
>>> s
['a', 2, 3]
>>> s[0:2] = ['b']        # 刪除 [0:2]，再加入 ['a']
>>> s
['b', 3]
>>> s[0:4] = ['c']        # 全部刪除，再加入 ['a']
>>> s
['c']
>>> s[10:1] = [1]         # [10:1] 無效，插入最後的 index
>>> s
['c', 1]
>>> s[1:0] = [2]          # [1:0] 無效，插入 index 1
>>> s
['c', 2, 1]
```

● Extended Slice 與更新

另外一種更新方式是使用 extended slice 同時更新 list 中多個 index 中的 object。使用此種方式更新 list 時，RHS 中的 iterable 的長度必須與 extened slice 的長度相同，否則就會產生 **ValueError**：

```
>>> s = [1,2,3,4,5]
>>> s[1:-1:2] = "ab"
>>> s
[1, 'a', 3, 'b', 5]
>>> s[1:-1:2] = [10,20]
>>> s
[1, 10, 3, 20, 5]
>>> s[1:-1:2] = [5,6,7]
Traceback (most recent call last):
  File "<stdin>", line 1, in <module>
ValueError: attempt to assign sequence of size 3 to extended slice of size 2

>>> s[1:-1:2] = [5,6]
>>> s
[1, 5, 3, 6, 5]
```

● Membership Test（成員測試）

在第 67 頁中我們介紹了 **in** 及 **not in** 在 string 的工作方式。同樣的，這兩個 operator 也可以對 container 進行成員測試：

```
>>> 1 in [1,2,3]
True
>>> 1 not in [1,2,3]
False
>>> 1 in (1,2,3)
True
>>> 10 in (1,2,3)
False
>>> [1] in [12,[1]]
True
>>> [1] in [12,1]
False
```

● List/Tuple 其他基本操作

■ count（計數）

count() 方法可以用來計算 list/tuple 中特定資料（object）出現的次數：

```
>>> [1,2,3,1].count(1)
2
>>> (1,2,3,1).count(2)
1
>>> [1,2,3,1].count('a')
0
>>> [[1],2,3,[1]].count([1])
2
>>> [[1],2,3,[1]].count(1)
0
```

■ sort（排序）

list 提供 sort() 方法可以對 list 本身進行排序，但此方法並不會將排序完成的 list 傳回。預設為遞增排序。設定 reverse 為 True 可進行遞減排序：

```
>>> x = [2,3,1,5,4]
>>> x.sort()            # 遞增排序
>>> x
[1, 2, 3, 4, 5]
>>> x.sort(reverse=True)    # 遞減排序
>>> x
[5, 4, 3, 2, 1]
```

Tuple 是 immutable container，並不支援 sort() 方法，但是可以使用 sorted()。要注意的是 sorted() 的處理對象為所有的 iterable，它會將 iterable 排序的結果存在一個新的 list 後傳回：

```
>>> y = x = [3,2,1]
>>> x = sorted(x)            # sorted() 將結果存在一新的 list 後傳回
>>> x is y
False
>>> y
[3, 2, 1]

>>> y = x = (3,2,1)
```

```
>>> x = sorted(x)          # sorted 傳回的是一個 list, 不是 tuple
>>> x is y
False
>>> x
[1, 2, 3]
>>> y
(3, 2, 1)

>>> sorted([[3],[1],[2]])     # 可以直接對 list 排序
[[1], [2], [3]]
```

如果要以遞減方式排序，需要設定 reverse 為 True：

```
>>> sorted([1,2,5,4])
[1, 2, 4, 5]
>>> sorted([1,2,5,4], reverse=True)
[5, 4, 2, 1]
```

■ reverse（反轉）

reverse() 可以直接將 list 的內容反轉，但是不可使用於 tuple：

```
>>> x = [1,2,3,4,5]
>>> x.reverse()
>>> x
[5, 4, 3, 2, 1]

>>> (1,2,3).reverse()     # tuple 不提供 reverse()
Traceback (most recent call last):
  File "<stdin>", line 1, in <module>
AttributeError: 'tuple' object has no attribute 'reverse'
```

2.3.2 Dictionary（字典）、Set（集合）與 Frozenset（固定集合）

Dictionary[39]（字典）、set（集合）及 frozenset（固定集合）是 Python 中十分強大的 container 資料型態。如同 tuple 是唯讀版的 list 一樣，set 也可看作是簡化版的 dictionary，而 frozenset 則是 set 的 immutable 版本。

Dictionary 與 set 都是以一對大括號表示。Dictionary 中的每一筆資料需以 `key:value` 的方式表示；set 則可以說是只有 key 沒有 value。其中的 key 在這三種 container 中須有 uniqueness（唯一性），且必須是 immutable 及 hashable（可雜湊的）。因為 Python 需要對這些 container 中的 key 做 hash（雜湊）處理以達到快速存取的目的，Immutable 的限制則是因為 hash 必須要有一致性，允許變動會嚴重影響存取效能。至於 value 則沒有任何限制，可以是任何型態的 object。Frozenset 在 Python 中並沒有特定的表示符號。

由於 dictionary、set 及 frozenset 的 key 是以 hash 的方式處理。因此，key 的儲存是沒有順序的。因為沒有順序，所以存取資料時，它們不能使用 list 及 tuple 中的 index、slice 等存取方式，必須直接使用 key 存取資料。

自 Python 3.7 開始，dictionary 額外保留了資料存放時的順序，使得在瀏覽 dictionary 時會得到與資料加入時一樣的結果。雖然如此，dictionary 仍然需要使用 key 的方式對其內容進行存取。

Dictionary 資料型態的設計如同日常生活中使用的字典，每一個單字都是 key，單字的解釋則是 value。字典中每一個單字都是唯一的。因為是唯一的，才可以有效查詢。Set 及 frozenset 的設計如同數學中的集合，集合中的每一個元素都必須是唯一，不可重複（重複的元素也無法儲存）。我們可以在 set 及 frozenset 的運作中看到許多數學集合的影子。接下來就開始說明它們的基本運作方式。

---

[39] Python 中 dictionary 的資料型態為 dict。

● 產生及初始化

如同 list 可以使用 literal 方式產生，dictionary、set 及 frozenset 也都可以 literal 的方式直接產生。要注意的是：如果其中有重複的 key，Python 不會產生錯誤，而是由後面的 key 取代前面的 key。由於 frozenset 並沒有特定的符號表示，因此需要使用 **frozenset(iterable)** 的方式產生：

```
>>> d = {1:'a',2:'b'}          # dictionary literal
>>> s = {1,2,3}                # set literal
>>> d
{1: 'a', 2: 'b'}
>>> s
{1, 2, 3}
>>> fs = frozenset("123")      # 產生 frozenset
>>> fs
frozenset({'2', '1', '3'})
>>> d = {1:"a", 1:"b"}         # 重複的 key，只儲存最後的 key:value
>>> d
{1: 'b'}
>>> s = {1,1}                  # 重複的 key
>>> s
{1}
>>> d = {[1]:'a'}              # key 不能是 mutable object
Traceback (most recent call last):
  File "<stdin>", line 1, in <module>
TypeError: unhashable type: 'list'
```

由於 frozenset 是 immutable object，如果需要將 set 的內容凍結成為 hashable object 就需要轉型為 frozenset。也因為其 immutable 的特性，dictionary 的 key 及 set 的內容都可以是 frozenset object：

```
>>> fs = frozenset({1,2})      # 將 set 轉型為 frozenset
>>> fs
frozenset({1,2})

>>> d = {frozenset("1"):1}     # 以 frozenset 為 key
>>> d
{frozenset({'1'}): 1}
```

請大家注意產生空的 dictionary 需要使用 {}；空的 set 必須要以 **set()** 方式
產生：

```
>>> d = {}          # 產生空的 dictionary
>>> d
{}
>>> type(d)
<class 'dict'>
>>> s = set()       # 產生空的 set
>>> s
set()
>>> type(s)
<class 'set'>
```

前面提到，dictionary 中的 value 可以是任何型態的 object。我們可以使用此特
性建構一巢狀的 dictionary，也就是 value 中有 dictionary，或是 value 中有 list：

```
>>> d = {1:{'a':"hello"}, 2:{'b':"world"}}
>>>
>>> d[1]
{'a': 'hello'}
>>> d[1]['a']
'hello'

>>> e = {1:{1:["hello"]}, 2:["world"]}
>>>
>>> e[1][1][0]
'hello'
```

● 共通操作

在共通運作上，由於 frozenset 是 immutable，會更動內容的操作都不能使用於
frozenset，只能用於 set。

■ 個數計算

使用 **len(x)** 計算 dictionary、set 或是 frozenset 第一層元素的個數：

```
>>> len({1:1, 2:'a'})
2
>>> len({1:1, 2:{'a':1, 'b':{'a','b'}}})
```

```
2
>>> len(set()), len({1,2}), len({(1,2,),2})
(0, 2, 2)
>>> len(frozenset("123"))
3
```

■ 清空內容

使用 `x.clear()` 清空 dictionary x 或是 set x 中所有的資料：

```
>>> d = {1:1}
>>> s = {1}
>>> d.clear()
>>> s.clear()
>>> d, s
({}, set())
```

■ 更新內容

Dictionary 及 set 都提供 `update()` 更新本身的內容。對 dictionary 執行 `update()` 時，如果 key 已經存在，則更新相對應的 value。對 set 執行 `update()` 時，則會將 set 本身及 `update()` 中設定的內容做 union（聯集）運算：

```
>>> d = {1:1}
>>> d.update({1:'hi'})
>>> d
{1: 'hi'}
>>> d.update({2:(10,)})
>>> d
{1: 'hi', 2: (10,)}

>>> s = {1}
>>> s.update({2,3})
>>> s
{1, 2, 3}
>>> s.update("a")
>>> s
{'a', 1, 2, 3}
```

■ 成員測試

dictionary、set 及 frozenset 都提供 in 及 not in 做 membership test（成員測試）。要注意的是 dictionary 所測試的對象是 key 而不是 value：

```
>>> d = {1:3, 2:4}; s = {1,2}
>>> 1 in d, 1 in s
(True, True)
>>> 3 in d, 3 in s
(False, False)
>>> 1 in frozenset({1,2})
True
```

● **Dictionary 相關操作**

■ 取得資料

要取得 dictionary 中某一個 key 的 value 必須以 key 當作 index，使用 [key] 取得該 key 的 value：

```
>>> d = {1:"hello", 2:"world"}
>>> d[1]
'hello'
>>> d = {"hello":1, "world":2}
>>> d["world"]
2
```

如果該筆資料不存在會產生錯誤：

```
>>> d = {1:1, 2:2}
>>> d[3]
Traceback (most recent call last):
  File "<stdin>", line 1, in <module>
KeyError: 3
```

Dictionary 還提供了另外一種取得資料的方式 get()。以 get() 擷取資料時，如果 key 不存在，不會產生 **KeyError** 而是得到 get() 中所設定的預設值，這種方式可以避免因觸發 **KeyError** 導致程式不正常中斷：

```
>>> d = {1:1, 2:2}
>>> d.get(3,-1)          # -1 為 key 不存在時的傳回值
-1
>>> d.get(3,"Error")     # "Error" 為 key 不存在時的傳回值
'Error'
```

■ 刪除資料

使用 `del x[k]` 刪除 dictionary x 中 key 為 k 的資料：

```
>>> d = {1:1, 2:2}
>>> del d[1]            # 刪除 key 為 1 的資料
>>> d
{2: 2}
```

■ 新增及更新資料

dictionary 中資料的新增與更新的做法是一樣的。直接以新增或欲更新資料的
key 做 index，將 value 置於 RHS。如果該 key 已存在於 dictionary 中，則該筆資料
的 value 被更新；如果該 key 不存在，則新增該筆 key:value：

```
>>> d = {1:1}
>>> d[1] = 'hi'         # 更新 d 中 key 為 1 的 value 為 'hi'
>>> d
{1: 'hi'}
>>> d[2] = 'hello'     # 新增 2:'hello' 至 d
>>> d
{1: 'hi', 2: 'hello'}
```

■ 取得內容

在取得 dictionary 的內容時，可使用 `keys()` 取得所有的 key；或是 `values()`
取得所有的 value；或是 `items()` 將所有的 key:value 轉換成 `(key,value)` 後，以
list 的形式傳回：

```
>>> d = {1:'a', 2:'b'}
>>>
>>> d.keys()
dict_keys([1, 2])
>>> d.values()
dict_values(['a', 'b'])
```

```
>>> d.items()
dict_items([(1, 'a'), (2, 'b')])
```

　　以上的示範出現的 **dict_keys**、**dict_values** 及 **dict_items** 都是 Python 為
了 dictionary 定義的一些資料型態。大家現在只需要了解：這些資料型態都是
iterable，可以使用 **list()** 將它們轉換為 list 或是使用 **tuple()** 將其轉換為 tuple，以方
便後續工作：

```
>>> d = {1:'a', 2:'b'}
>>>
>>> list(d.keys())
[1, 2]
>>> list(d.values())
['a', 'b']
>>> list(d.items())
[(1, 'a'), (2, 'b')]

>>> tuple(d.keys())
(1, 2)
>>> tuple(d.values())
('a', 'b')
>>> tuple(d.items())
((1, 'a'), (2, 'b'))
```

● Set 相關操作

　　Python 中 set 的操作如同數學中的集合，集合以零個或多個的 object 組成。要
注意的是：元素的資料型態必須是 hashable。因此，list、dictionary 及 set 都不能成
為 set 中的 object，示範如下：

```
>>> s = {(1,), "1", 1}
>>> s
{(1,), '1', 1}

>>> {{1}}        # set 中不可有 set
Traceback (most recent call last):
  File "<stdin>", line 1, in <module>
TypeError: unhashable type: 'set'
```

■ 新增元素

s.add(x) 新增元素 x 至集合 s。如果 x 已存在，set 內容不受影響。要注意的是 x 必須是 hashable：

```
>>> s = {1,2}
>>> s.add(3)
>>> s
{1, 2, 3}

>>> s.add((3,4))          # 新增 (3,4)
>>> s
{1, 2, 3, (3, 4)}
>>> s.add(1)              # 1 已經存在
>>> s
{1, 2, 3}
>>> s.add([3,4])          # [3,4] 不是 hashable
Traceback (most recent call last):
  File "<stdin>", line 1, in <module>
TypeError: unhashable type: 'list'

>>> s.add(3,4)            # 多於一筆資料
Traceback (most recent call last):
File "<stdin>", line 1, in <module>
TypeError: set.add() takes exactly one argument (2 given)
```

■ 移除元素

set 提供多種方式移除元素。可以使用 `s.remove(x)` 或是 `s.discard(x)` 移除元素 x。使用 remove() 時，如果 x 不存在，會觸發 **KeyError**；使用 discard() 移除不存在的元素則不會觸發錯誤：

```
>>> s = {1,2,3}
>>> s.remove(1); s
{2, 3}
>>> s.remove(4)                # 移除不存在的元素
Traceback (most recent call last):
  File "<stdin>", line 1, in <module>
KeyError: 4
>>> s.discard(2); s            # 移除不存在的元素
{3}
>>> s.discard(5); s            # 移除不存在的元素
{3}
```

　　s.pop() 可以隨機方式移除元素並傳回，如果 set 已經清空，則會產生 **KeyError**：

```
>>> s = set("hello"); s
{'h', 'e', 'o', 'l'}
>>> s.pop()
'h'
>>> s.pop()
'e'
>>> s.pop()
'o'
>>> s.pop()
'l'
>>> s.pop()          # s 已是空集合
Traceback (most recent call last):
  File "<stdin>", line 1, in <module>
KeyError: 'pop from an empty set'
```

　　其次，set 與 frozenset 均支援許多數學中屬於集合的基本運算，使得 set 的使用與數學中集合的概念一致，要注意的是如果該運算是以方法的方式提供，傳入的是一個 iterable object。分別介紹如下 [40]：

■ **集合相等 / 相異測試**

　　使用 **X==Y** 測試兩集合 X、Y 是否相等，即 X⊂Y and Y⊂X。如果無法滿足此條件，X 與 Y 則為不相等，可使用 **X!=Y** 測試 X、Y 是否相異：

```
>>> {1} == {1}
True
>>> {1} == {1,2}
False
>>> set() == {}
False
>>> set(1) == {1}               # 1 不是 iterable
Traceback (most recent call last):
     File "<stdin >", line 1, in <module>
TypeError: 'int' object is not iterable
```

---

40 操作中以 set 為主，frozenset 操作與 set 相同。

```
>>> set([1]) == {1}              # [1] 是 iterable
True
>>> {1} != {1,2}
True
```

■ 集合互斥測試

使用 `X.isdisjoint(Y)` 測試兩集合 X、Y 是否為 disjoint（互斥關係），即 X ≠ Y 且 X ∩ Y=∅：

```
>>> {1}.isdisjoint({2})
True
>>> {1} == {2}
False
>>> {1}.isdisjoint({1,2})
False
```

■ 成員測試

使用 `x in X` 測試元素 x 是否為集合 X 的成員，即 x∈X 關係，或使用 `x not in X` 測試是否之間是否是不屬於的關係，即 x∉X：

```
>>> 1 in {1}, 1 in {2,3}
(True, False)
>>> "hello" in {"hi"}, "hi" in {"hi"}
(False, True)
>>> (1,) in { (1,), (2,3) }
True
```

■ 子集測試

使用 `X.issubset(Y)` 測試集合 X 是否另一集合 Y 的子集合，即 X⊆Y 關係，也可計算是否為 proper subset（子集合或是真子集），即 X⊆Y，X≠Y：

```
>>> {1}.issubset({1,2})
True
>>> {1}.issubset({2,3})
False
```

■ 母集測試

使用 X.issuperset(Y) 測試集合 X 是否另一集合 Y 的母集合，即 Y⊆X 關係，也可以使用 X ≥ Y 計算是否為 proper superset（母集合或是真母集），即 Y⊆X，X≠Y：

```
>>> {1}.issuperset({1})
True
>>> {1}.issuperset({1,2})
False
>>> {1} >= {1}
True
>>> {1} > {1}
False
```

■ 交集計算

使用 X.intersection(Y) 計算集合 X 與 Y 的交集，即 X∩Y={x|x∈X ∧ x∈Y}，也可以使用 X&Y 計算交集或使用 X&=Y 更新 X 為 X∩Y：

```
>>> {1,2} & {2,3}
{2}
>>> {1,2}.intersection({2,3})
{2}
>>> {1,2}.intersection({2,3}).intersection({3,4})
set()
>>> {1,2}.intersection({2,3}).intersection({2,4})
{2}
>>> s = set([1,2])
>>> s &= {1,2}
>>> s
{1, 2}
```

■ 聯集計算

使用 X.union(Y) 計算集合 X 與 Y 的聯集，即 X∪Y={x|x∈X or x∈Y}，也可以使用 X|Y 計算聯集或使用 X|=Y 更新 X 為 X∪Y：

```
>>> {1,2} | {2,3}
{1, 2, 3}
>>> {1,2}.union({2,3})
{1, 2, 3}
>>> {1,2} | {3} | {4}
{1, 2, 3, 4}
>>> {1,2} | {"3"} | {(4,)}
```

```
{1, 2, (4,), '3'}
>>> s = {1,2}
>>> s |= {2,3}
>>> s
{1, 2, 3}
```

■ 差集計算

使用 `X.difference(Y)` 計算集合 X 與 Y 的差集，即 X\Y={x∈X, x∉Y}，也可以使用 `X-Y` 計算差集或使用 `X-=Y` 更新 X 為 X\Y：

```
>>> {1,2} - {2}
{1}
>>> {1,2} - {2,3}
{1}
>>> s = {1,2}
>>> s -= {2}
>>> s
{1}
```

要注意的是差集計算是將集合元素屬於 X 可是不屬於 Y 的移除，因此當 X⊆Y 時，差集計算的結果是空集合：

```
>>> {1,2} - {1,2,3}
set()      # empty set
>>> {1,2}.difference([1,2,3])
set()      # empty set
```

■ 對稱差集計算

使用 `X.symmetric_difference(Y)` 計算集合 X 與 Y 的 symmetric difference（對稱差集），即 X△Y=(X \ Y)∪(Y \ X)，也可以使用 `X^Y` 計算對稱差集或使用 `X^=Y` 更新 X 為 X^Y：

```
>>> {1,2} ^ {2,3}
{1, 3}
>>> {1,2}.symmetric_difference({2,3})
{1, 3}
>>> s = {1,2}
```

```
>>> s ^= {2,3}
>>> s
{1, 3}
```

2.3.3 Shallow Copy 與 Deep Copy

在複製 list、dict 及 set 等 mutable container 時，Python 提供兩種複製方式：shallow copy（淺層複製）及 deep copy（深度、全部複製）。以 shallow copy 方式複製 container x 時，使用 `x.copy()` 進行；deep copy 則需要先使用 `import`[41] `copy` 將 copy module 導入，再使用 `copy.deepcopy(x)` 進行完整複製。

Shallow copy 是對 container 的第一層 object 進行複製，也就是依據原有的內容產生新的 object。第一層以下則不予處理。因此稱為淺層複製。

對於一個簡單的 list 做 shallow copy，如圖 2-8 所示。其結果是很直接的，因為 x 與 y 是完全獨立，之間沒有交集，因此對 x 或對 y 做任何修改都不會影響另外一方。

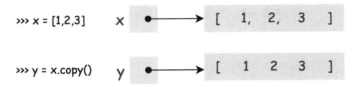

■ 圖 2-8　對 list 做 shallow copy 時所造成的影響

示範操作如下，x 與 y 不會互相影響：

```
>>> x = [1,2,3]
>>> y = x.copy()    # shallow copy
>>> x[1] = 'a'
>>> x
[1, 'a', 3]
>>> y
[1, 2, 3]
```

---

41 import 在第 313 頁中介紹說明。

　　對 nested list 做 shallow copy，時常造成一些意外的結果。在圖 2-9 中，x[1] 所儲存的是 [2] 的位址，因此在 shallow copy 後，x[1] 的位址被複製到 y[1]，造成 x[1] 中儲存的 [2] 也可以由 y[1] 存取。

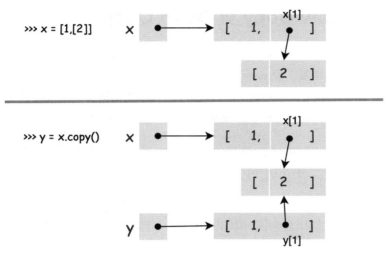

>>> x = [1,[2]]

>>> y = x.copy()

■ 圖 2-9　對 nested list 進行 shallow copy

　　在圖 2-9 中，由於 x 與 y 共享 [2]，因此，由 x 或 y 改變 [1][0] 的內容都會影響到另外一方：

```
>>> x = [1,[2]]
>>> y = x.copy()    # shallow copy
>>> y
[1, [2]]
>>> x[1][0] = 'a'
>>> x
[1, ['a']]
>>> y                    # y 受到 x 的影響
[1, ['a']]

>>> y[1][0] = 'b'
>>> y
[1, ['b']]
>>> x                    # x 受到 y 的影響
[1, ['b']]
```

如果要避免在複製 nested container 時產生共享的狀況，就需要使用 deep copy 的方式複製 nested container 以產生一個完整且獨立的 container，如圖 2-10 所示。

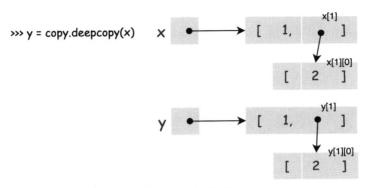

>>> y = copy.deepcopy(x)

■ 圖 2-10　對 nested list 進行 deep copy

由以下的示範操作可以看到，deep copy 後的 x、y 互不影響：

```
>>> x = [1,[2]]
>>> import copy
>>> y = copy.deepcopy(x)
>>> y
[1, [2]]
>>> x[1][0] = 'a'
>>> x, y                    # x 與 y 互不影響
([1, ['a']], [1, [2]])
>>> y[1][0] = 'b'
>>> x, y                    # x 與 y 互不影響
([1, ['a']], [1, ['b']])
```

2.3.4　再談 iterable 資料型態

Python 中除了已經介紹的 list、tuple、dictionary、set 及 frozenset 這些基本的 container 資料型態後，還有許多其他的 container 資料型態。我們也看到了有許多的方法是需要與 iterable 配合使用的。那麼，iterator 與 container 是什麼關係？它的功能為何？如何了解一個資料型態也是 iterable 呢？接下來我們就來說明這些問題。

在第 110 頁 Iterable Object（迭代物件）中我們曾經提過 iterable object 必定存在一個 iterator（迭代器）。Iterator 是一個走訪工具，可用於以不同資料結構設計的

container[42]。執行 next() 會取得所在位置中的 object 後,再指向到下一個 object。當走訪完所有的 object 後,**next()** 會觸發一個 **StopIteration**,表示已無 object 可走訪。

如何判斷 container 具有 iterable 的特性呢?如果 container 是一個 iterable,其中必定有兩個 method[43](方法),一是 **__iter__()**,另一個則是 **__next__()**。我們可以使用 Python 提供的 **dir(x)**,這個工具可以列出 object x 中所有定義的變數及 method:

```
>>> dir("")     # 列出 string 中的變數及 method
['__add__', '__class__', '__contains__', '__delattr__', '__dir__', \dots,
'__iter__', '__le__', '__len__', …]
```

由以上的結果可以看到:dir() 的結果是存在 list 回傳的。因此可以使用 list 的運算來測試 object 中是否存在 __iter__():

```
>>> "__iter__" in dir("")           # 使用 in 進行測試
True
>>> dir("").index("__iter__")       # 使用 index() 測試
17
>>> dir("")[17]                     # 使用 17 確認該位置的方法名稱
'__iter__'
```

接下來必須了解的是 Python 中許多的 container 也是 iterable。比如說一個 dictionary d 中可以使用 keys() 及 values() 分別取得 d 中所有的 key 或是 value:

```
>>> {1:1,2:2}.keys()
dict_keys([1, 2])
>>> {1:1,2:2}.values()
dict_values([1, 2])
>>> type({1:1,2:2}.keys())
<class 'dict_keys'>
>>> type({1:1,2:2}.values())
<class 'dict_values'>
```

---

[42] 由於各種資料結構組織資料的方式不一,如果沒有 iterator,程式需要對每一種資料結構設計專用的 iterator!

[43] function 依附於 object 時稱為 method,單獨存在則稱為 function。

　　就傳回值的內容，它們看來像是 list，其實並不是！它們有自己的資料型態，分別是 `dict_keys` 及 `dict_values`。同時，這兩個資料型態也是 iterable。因此可以將它們用在所有可以使用 iterable 的 function 或是 method 中：

```
>>> "__iter__" in dir({}.keys())
True
>>> "__iter__" in dir({}.values())
True
>>> list({'a':1, 'b':2}.keys())
['a', 'b']
>>> list({'a':1, 'b':2}.values())
[1, 2]
```

　　前面提過 `list()`、`tuple()` 及 `set()` 可以做 container 的初始化或是型態轉換，實際上它們是將以 iterable 的內容轉化為各自的 container 資料型態，只是沒有指定 iterable 時，它們就直接初始化一個空的 container 作為回應。我們以 `tuple()` 示範說明：

```
>>> tuple()                        # 初始化 tuple
()
>>> tuple([1,2])                   # 將 list 轉為 tuple
(1, 2)
>>> tuple("ab")                    # 將 string 轉為 tuple
('a', 'b')
>>> tuple({1:'a',2:'b'})           # 將 dictionary 轉為 tuple
(1, 2)

>>> tuple({1:'a',2:'b'}.keys())    # 將 dictionary 的 key 轉為 tuple
(1, 2)
>>> tuple({1:'a',2:'b'}.values())  # 將 dictionary 的 value 轉為 tuple
('a', 'b')

>>> tuple(range(3))                # 將 range object 轉為 tuple
(0, 1, 2)
>>> tuple([1,2,3][::-1])           # 將反轉後的 list 轉為 tuple
(3, 2, 1)
>>> tuple([1,2,3,4,5][::2])        # 將選擇性切割後的 list 轉為 tuple
(1, 3, 5)
>>> tuple(frozenset("123"))        # 將 frozenset 轉為 tuple
('1', '3', '2')
```

由以上的結果可以了解，只要在 `tuple()` 中是一個 iterable，或是運算的結果是一個 iterable。`tuple()` 就可以將它們轉換成 tuple，同樣的邏輯可用在所有接受 iterable 為參數的工具中。

2.3.5 Sequence（序列）資料型態

在以上的章節中可以看到有一些資料型態有著相同的儲存、表示及處理方式，如 string 及 list。它們都以先後順序儲存 object，也都提供了同樣的存取方式。比如說在存取 string、list 及 tuple 時都可以使用 index 及 slice，它們都可以使用 `in` 及 `not in` 做成員測試等等。因為，它們都屬於 Python 中的 sequence（序列）資料型態。只要是屬於 sequence 就有相同的使用介面及功能，只是對象及結果不同而已。表 2-18 說明它們共同的功能 [44]。

表 2-18　Sequence 資料型態的運作

操作	說明
x in s	如果 x 是 s 的成員，傳回 True；如果不是，傳回 False。
x not in s	如果 x 不是 s 的成員，傳回 True；如果是，傳回 False。
s[x]	指定 s 中 index 為 x 的 object（索引位置）。
s[x:y]	指定 s 的 slice 範圍 x:y 以此取得一個新的 sequence。
s[x:y:z]	指定 s 的 slice 範圍 x:y，以間隔 z 取得一個新的 sequence。
s*n, n*s	將 s 重複串接 n 次後儲存到一個新的 sequence。
s₁ + s₂	將 s_1 及 s_2 串接至一個新的 sequence。s_1 及 s_2 的資料型態必須相同，否則會產生 **TypeError**。
len(s)	計算 s 中 object 的個數。
max(s)	取得 s 中最大的 object。
min(s)	取得 s 中最小的 object。
s.count(x)	計算 s 中 x 出現的次數。

---

[44] https://docs.python.org/3/library/stdtypes.html#sequence-types-list-tuple-range

Sequence 資料型態又可分為 mutable 及 immutable 兩種。由於 immutable sequence 的內容無法改變，如 string 及 tuple。因此在説明共同的運作時，主要是以 mutable sequence 為主。

● Mutable Sequence 的操作

Mutable sequence 中大部分的運作都會對本身造成 in-place change。在表 2-19[45] 中，只有 `s.copy()` 會產生一個全新的 sequence，其它的運作都會改變 sequence 本身。

表 2-19 Mutable Sequence 的運作

操作	說明	In-Place Change
x[i]=x	將 s 中 index 為 i 的 object 以 x 取代。	yes
s[i:j]=t	將 s 中 slice 為 i:j 的 object 以 iterable t 取代。	yes
del s[i:j]	將 s 中 slice 為 i:j 的 object 移除。	yes
del s[i:j:k]	將 s 中 slice 為 i:j 間隔為 k 的 object 移除。	yes
s.append(x)	將 x 新增於 s 之後。	yes
s.extend(t) 或 s+=t	將 iterable t 的內容新增於 s 之後。	yes
s.clear()	將 s 的內容清除。	yes
s.copy()	產生 s 的 shallow copy。	no
s *= n	將 s 重複產生 n 次後更新 s 的內容。	yes
s.insert(i,x)	將 x 插入 s 中 index 為 i 的位置。	yes
s.pop()	將 s 尾端的 object 傳回並移除。	yes
s.pop(i)	將 s 中 index 為 i 的 object 傳回並移除。	yes
s.remove(x)	將 s 中第一個 object 為 x 移除。如果 x 不存在，產生 **ValueError**。	yes
s.reverse()	將 s 中的所有 object 反轉。	yes

---

[45] https://docs.python.org/3/library/stdtypes.html#iterator-types

其次，要特別注意的是：在表 **2-19** 中，iterable 可以直接使用於 **s[i:j]=t** 及 **s.extend(t)**。這造成了一些有趣，或是出人意外的結果。在處理 iterable 時，Python 會自動將 iterable 中的 object 逐個取出，而非視為一個整體直接處理：

```
>>> s = [1,2,3]
>>> s[0:1] = "ab"
>>> s
['a', 'b', 2, 3]
>>> s.extend(('c','d',))
>>> s
['a', 'b', 2, 3, 'c', 'd']
```

由於 **"ab"** 是一個 iterable，因此 iterator 走訪 **"ab"** 時，會將其中的字元個別取出。如果要將 **"ab"** 視為一個單獨的 object，而不是一個 iterable，就需要將 **"ab"** 存放在一個 iterable 中，使得 iterator 在走訪時看到的 **"ab"** 是 iterable 中的一個 object，而不是一個 iterable：

```
>>> s = [1]
>>> s.extend(["ab"])
>>> s
[1, 'ab']
>>> s.extend(("def",))
>>> s
[1, 'abc', 'def']
```

● Range Object

在說明了 iterable 及 sequence 資料型態後，還有一個時常見到的 object 也是具備 iterable 及 sequence 這兩種特性，那就是 range object。程式中時常使用 **range()** 產生一串有規律的數字，尤其是在 for loop 中時常使用 **range()** 控制 loop 的執行次數。關於這個觀念我們將在下一章說明。

Range container 是以 **range()** 產生，其資料型態就是 range。它是一個 iterable，也是一個 sequence。由於 **range()** 產生的是一個 range object，如果要了解其內容，必須使用 **list()** 或是 **tuple()** 以取出其中的內容：

```
>>> type(range(1))
<class 'range'>
```

```
>>> "__iter__" in dir(range(1))        # 確認 range(1) 為 iterable
True
>>> 1 in range(10)
True
>>> range(10)[2:5]                      # 取得 range[2:5] 範圍中的資料
range(2, 5)
>>> list(range(10)[2:5])                # 取得 range[2:5] 範圍中的資料後，轉為 list
[2, 3, 4]
```

Range container 有兩種產生方式，一種是給定一個數字作為數列的上限，另一種則是以 extended slice 方式產生數列。這兩種方式分述如下：

- `range(stop)`：產生一個 range container，其中有一由 int 組成的數列，規律為由 0 開始，小於且不等於 stop。

- `range(start, stop [, step])`：產生一個 range container，其中有一由 int 組成的數列，規律為由 start 開始，小於且不等於 stop，間隔為 step，step 的預設值為 1。

示範如下：

```
>>> list(range(3))
[0, 1, 2]
>>> list(range(0,3))
[0, 1, 2]
>>> list(range(1,5))
[1, 2, 3, 4]
>>> list(range(1,5,2))
[1, 3]
```

2.4 再談 Assignment Statement

說明了 Python container 資料型態的特性後，我們有必要再回頭來說明 container 在 assignment 時可能的工作方式。

在 2.2.5 中曾經說明了 assignment 的工作方式：LHS 是一個記憶體位址，RHS 是一個運算式。這個規則在引入了 Python 的 iterable 及 sequence 後，又有了一些變化，使得 Python 的程式設計更為有趣，程式也能更為簡潔。

2.4.1 Sequence Assignment（序列設定）

如果 LHS 中變數的個數多於一個且變數的個數與存在於 RHS 中 sequence 的第一層 object 的數目相同時，sequence 中的每個 object 會以一對一的方式由左至右依序儲存到 LHS 中的各個變數：

```
>>> a,b = [1,2]
>>> a,b
(1, 2)
>>> a,b = (1,2)
>>> a,b
(1, 2)
>>> a,b = {1,2}
>>> a,b
(1, 2)
>>> a,b = "ab"
>>> a,b
('a', 'b')

>>> a,b = {1:'a', 2:'b'}
>>> a,b
(1, 2)
>>> a,b = {1:'a', 2:'b'}.values()
>>> a,b
('a', 'b')

>>> s = "hello"
>>> a,b,c = s[0],s[-1],s[1:-1]
>>> a,b,c
('h', 'o', 'ell')
```

如果 LHS 中變數的數目多於一個，可是與 sequence 中 object 的個數不符，會產生 **ValueError**：

```
>>> a,b = "abc"      # LHS 與 RHS 的個數不符
  Traceback (most recent call last):
    File "<stdin>", line 1, in <module>
  ValueError: too many values to unpack (expected 2)
```

2.4.2 Extended Sequence Unpacking

如同 sequence assignment 的做法，extended sequence unpacking 會將 RHS 的 sequence 逐個的存放入 LHS 中的變數中，但是 Extended sequence unpacking 提供了更有彈性的作法。

當 LHS 中變數的個數多於一個，但是不等於 RHS sequence 中 object 的個數時，Python 會將 sequence 中所有額外的 object 以 list 的方式存放在 LHS 中一個有標註 * 的變數中。LHS 中所有其他無星號的變數與 RHS sequence 的 object 均維持以一對一的關係存放：

```
>>> a,*b = [1,2,3]
>>> a,b
(1, [2, 3])
>>> *a,b = {1,2,3}
>>> a,b
([1, 2], 3)
>>> *a,b = {1:'a', 2:'b', 3:'c'}     # 只有 key 存入 LHS
>>> a,b
([1, 2], 3)
>>> *a,b = [1]
>>> a,b
([], 1)
>>> *a,b,c = "12345"
>>> a,b,c
(['1', '2', '3'], '4', '5')
>>> a,*b,c = "12345"
>>> a,b,c
('1', ['2', '3', '4'], '5')
>>> a,b,*c = "12345"
>>> a,b,c
('1', '2', ['3', '4', '5'])
```

在 LHS 中只能有一個變數前面加註星號，如果多於一個就會產生 **SyntaxError**：

```
>>> *a,b,*c = "abcded"
  File "<stdin>", line 1
SyntaxError: multiple starred expressions in assignment
```

如果 RHS 是一個空的 container，則會引發 **ValueError**：

```
>>> *a,b = []
Traceback (most recent call last):
  File "<stdin>", line 1, in <module>
ValueError: not enough values to unpack (expected at least 1, got 0)
```

由以上的示範可以了解 Python 的做法就是先滿足 LHS 中所有的無星號變數，再將 RHS 中所有剩餘的 object 存放在星號的變數：

```
>>> a,b,*c,d = "abcdef"
>>> a,b,c,d
('a', 'b', ['c', 'd', 'e'], 'f')
>>> a,b,c,*d = "abcdef"
>>> a,b,c,d
('a', 'b', 'c', ['d', 'e', 'f'])
```

LHS 與 RHS 間數量的關係，總結來説就是：LHS 中變數的個數必須大於 **1**，並且小於或等於 RHS iterable 中所有 object 的個數加 **1**。以數學式表示如下：

- len(LHS) ≤ len(RHS)+**1**，
- len(LHS) > **1**

當 RHS iterable 中 object 的數量未知時，可以使用 extended sequence unpacking 將 iterable 的前後端拆分出來。可以拆成第一個 object 與其它部分的組合，或是最後一個 object 與其它內容的組合。

2.4.3　Unpacking Operator

Python 中還有一個特殊的 operator，就是用於拆分 iterable 的 unpacking operator（拆分運算子）。** 用於拆分 dictionary，* 用於拆分其它的 iterable：

```
>>> a = (*"ab",)
>>> a
('a', 'b')
>>> a = [*"ab"]
>>> a
['a', 'b']
```

```
>>> a = {*[1,2]}
>>> a
{1, 2}

>>> a = {1:[*"ab"]}
>>> a
{1: ['a', 'b']}
>>> a = {*"ab"}
>>> a
{'a', 'b'}
```

　　** 提供了一種將數個 dictionary 快速合併的方式。拆分 dictionary 時，必須要在 dictionary 中進行。在其他的 container 中均會造成 **SyntaxError**：

```
>>> {**{1:1}, **{'1':1, '2':2}}
{1: 1, '1': 1, '2': 2}

>>> **{1:1}
File "<stdin>", line 1
    **{1:1}
    ^^
SyntaxError: invalid syntax
>>> [**{1:1}]
File "<stdin>", line 1
    [**{1:1}]
    ^^
SyntaxError: invalid syntax
```

　　實際上，** 多是使用在 function call 時拆分 dictionary 成為 function 的 parameter。我們在第四章再介紹其用法。這裡先做一個簡單的示範：

```
>>> def f(x,y):
...     print(x,y)
...
>>> f(**{'x':1, 'y':2})
1 2
```

2.4.4 再談 Short-Circuit Evaluation

由於 Python 萬物皆是 object 及 object 皆有真假值的特性。因此，container 也都自帶真假值。Container 只要不是空的，也就是其長度大於 0，其 boolean value 即為 True；如果其中不存在任何 object，也就是其長度為 0，則為 False：

```
>>> print(bool([]), bool(()), bool({}), bool(set()))
False False False False
>>> print(bool([1]), bool((1,)), bool({1:'1'}), bool({1,}))
True True True True
```

將第 71 頁中談及的 short-circuit evaluation 運用在 container 時，整個 boolean expression 的計算結果是由第一個或是最後一個決定該 expression 計算結果的 object 或是 container。先看一些簡單的例子：

```
>>> [] and ()
[]
>>> [1] and ()
()
>>> [1] or ()
[1]
>>> [] or ()
()
```

再看一些較為複雜的例子（and 比 or 有較高的 operator precedence）：

```
>>> [] and {'a', 'b'} or {1}    # [] or {1} -> {1}
{1}
>>> [] or {'a', 'b'} and {1}    # [] or {1} -> {1}
{1}
>>> [] or {'a', 'b'} and {1} or [2]  # [] or {1} or [2] -> {1}
{1}
```

基於這些觀念，Python 提供了兩個好用的工具：all() 及 any() 可以使用 short-curcuit 的計算方式評估多個 iterable 的內容。

當 iterable 中所有的 object 均為 True 時，all() 的計算結果為 True；當有任何一個 object 為 False，其結果即為 False。至於 any() 則是當 iterable 中有一個 object 為 True，any() 即為 True；如全部都為 False，其結果才是 False。

因此，需要確定 iterable 中不存在空的 container 時，可以使用 `all()` 進行判斷：

```
>>> all(['hello', '', 123])
False
>>> all(['hello', 'world', 123])
True
```

或是使用 `any()` 確定 iterable 中存在有非空的 container：

```
>>> any(["", 0, None, {1}])
True
>>> any(["", 0, None, {}])
False
```

這些觀念在第三章中 if、while、comprehension 及 match 等會使用到 boolean 邏輯的文法架構時有著十分重要的作用，可以使程式邏輯更加的簡潔易讀。

2.5 結論

在本章中說明了組成 Python 程式的基本元素：identifier、變數及它們在程式中所扮演的角色。說明 value 及 literal 的概念及之間的差異。講述了 lexical analysis 的基本概念，了解 compiler 是如何認定程式中每一個文法單元，了解這個過程有助於瞭解一些奇怪的文法錯誤是如何形成。說明了程式語言中為什麼會有資料型態及其重要性。介紹 Python 的基本資料型態 int、float、bool、str 及 container 資料型態 list、tuple、dict、set 及 frozenset 等，還有它們的基本觀念、使用及運作方式。

其中 expression 的概念及計算方式尤為重要。Program 是由 statement 組成，而 statement 主要是由 operator 及 operand 組成。因為 expression 的最簡型態為 operand。因此，expression 相關的使用及計算方式在程式開發過程中是十分重要的概念。其中包含了 operator precedence、n-ary operator 及 associativity，如果不能掌握這些觀念就無法寫出正確的程式。

在 assignment statement 的計算方式是另一個重要的觀念，本章中也詳細說明了 assignment 的詳細運算過程，LHS 及 RHS 的意義。這些觀念對於初學程式設計的同學是十分重要的。它是數學與程式之間的一個重要的分水嶺,由 assignment 開始,程式與電腦系統之間產生了關聯,程式不再只是數學運算式而已。

在 container 資料型態中要特別注意的是其在記憶體中的儲存方式,如果不了解其原理,很難進一步的了解多層次的存取及 in-place change 的作法及概念。其次是 iterable,Python 中許多重要的機制都圍繞著 iterable 設計。下一章中提到的 for loop 也與 iterable 有著密不可分的關係。Container 還有另一種 sequence 的特性。屬於 sequence 的 container 可以使用以位置先後的方式存取資料。此外,mutable 與 immutable 也是 Python 資料型態的重要觀念,牽涉到可使用的工具及程式設計方式甚至影響到程式的可靠性及安全性。

Bool 資料型態是邏輯運算中的重要觀念,在 short-circuit 中配合 Python 萬物皆為 object 的概念可以使程式邏輯更加清晰。總之,了解並靈活運用 Python 基本的各種資料型態是掌握 Python 程式設計的重要基礎。

Python

第 **3** 章

Program Statement
（程式敘述）

在說明了 Python 的基本資料型態及相關運作後，我們需要使用 program statement 配合處理相關的資料來解決問題。

如第二章開頭所說程式是由 statement 組成。Statement 可以分為：simple statement（簡單敘述）及 compound statement（複合敘述）等兩種型式。Simple statement 之所謂 simple 主要是因為 simple statement 中不能有其他的 statement；而 compound statement 之所謂 compound 則是因為 compound statement 中可以有一行或是多行的 simple 或是 compound statement。

截至目前為止，simple statement 中，我們曾經提到的有 assignment statement[1]（設定敘述）、del statement、expression 等 statement。

至於 compound statement，則有 `if`、`while`、`for`、`match`、`try` 及 `with` 等等。其中的 `if` 屬於選擇性邏輯，`for` 及 `while` 屬於重複性邏輯。選擇性及重複性邏輯是程式中的主要邏輯，有了它們，程式才可以解決許多繁瑣的問題，它們的原理及運用方式是本章介紹的重點之一。

在討論了基本的 program statement 及相關的概念後，以其為基礎，我們將進一步說明 comprehension 的文法架構及使用方式，還有 match statement 可以協助我們由 container 中過濾、擷取所需的資料。在之前的章節中，我們看到了許多的 exception。這些在程式中所可能產生的 exception 要如何以 try statement 處理，在本章的最後，我們會對其做一個基本的說明。

3.1 Simple Statement（簡單敘述）

如前所述，simple statement 是單獨存在的語法單元，其中不能有其他的 statement。

以下先就之前曾經提到的 simple statement 做一個整理說明。其它的 simple statement，如：`break`、`continue`、`return` 及 `import` 等多是使用在較為複雜的程式架構中，在後續章節中再為大家一一介紹。

1 　詳見第二章。

3.1.1 Assignment Statement（設定敘述）

Assignment statements 就是指所有使用了 assign operator 的 statement，左右分別有 LHS 及 RHS。最常見到的就是第二章在介紹多種資料型態時使用的各種 assignment statement：

```
a = 1
a = [1,2]
a = len("abc")
a = {1:'a', 2:'b'}.get(1)
a,b = [1,2]
a,*b = "abcd"
```

除此之外，assignment operator 還可以有另一種使用方式，稱為 chaining assignment（鏈接設定），其形式為：

```
y = x1 = x2 = x3 = ... = expression
```

它的作用就是將 expression 的計算結果設定給其左方所有的變數。示範如下：

```
>>> x = y = 1
>>> x,y
(1, 1)

>>> x = y = z = 1+2*3
>>> x,y,z
(7, 7, 7)
```

當 expression 是一個 immutable object 時，所有的變數都不會互相干擾。如果 expression 的計算結果是一個 mutable container 時，就要注意 in-place change 所帶來的交互影響：

```
>>> x = y = [1,2]
>>> x[0] = 'a'      # in-place change
>>> y
['a', 2]
```

153

◉ Assignment Expression（設定運算式）及 Walrus Operator（海象運算子）

Assignment statement 需使用 assign operator `=` 進行運算，將 RHS 的 expression 的計算結果複製到 LHS 中的變數。如果在計算 RHS 時，將 expression 其中某部分的計算結果儲存於另外的變數，供後續的運算使用，使用 assign operator 是無法完成的。Python 3.8 提供了一個 operator `:=`，稱為 walrus operator（*海象運算子*），可以達到上述目的。使用方法如下：

```
variable := expression
```

請看以下操作：

```
>>> x = (y:=1)
>>> x,y
(1, 1)
```

Walrus operator 必須在 **expression** 中使用。實際上，它產生了一個 expression。在 Python 官方文件中也稱為 named expression（*命名運算式*）。當它單獨以 expression 的形式存在，或是要避免文法混淆的狀況發生時，可以使用括號以避免 **SyntaxError**：

```
>>> x := 1             # walrus operator 不可單獨使用
File "<stdin>", line 1
  x := 1
    ^^
SyntaxError: invalid syntax

>>> (x := 1)           # 加上括號則為 expression
1
>>> x = (y:=1) + (z:=2)
>>> x,y,z
(3, 1, 2)

>>> x = y:=1 + z:=2    # 沒有括號，造成 SyntaxError
  File "<stdin>", line 1
    x = y:=1 + z:=2
      ^^
SyntaxError: invalid syntax
```

Walrus operator 在實務上多是與 if 及 while 等 compound statement（複合敘述）搭配使用，可以使邏輯更為清晰，我們在相關章節再為大家説明。

3.1.2 Augmented Assignment Statement（擴充設定敘述）

在第二章中我們曾經使用了 `+=` 及 `|=` 等 operator 表示 assignment statement。這個 simple statement 在 Python 中稱為 augmented assignment statement（擴充設定敘述，簡稱為 AugStatement）。這類的 operator 在 Python 中被稱為 augmented assignment operator（擴充設定運算子，簡稱為 AugOp）。

AugOp 可以使用於多種資料型態，如：int、float、list、tuple 及 set 等。它簡化了 assignment statement 的表示方式。就之前提到的 binary operator 所表示的 assignment statement，Python 提供了相對應的 AugOp 及 AugStatement 如表 **3-1** 所示：

表 3-1 Assignment statement 與相對應的 augmented assignment statement

Assignment Statement	Augmented Assignment Statement
a = a + 1	a += 1
a = a - 1	a -= 1
a = a * 1	a *= 1
a = a / 1	a /= 1
a = a // 1	a //= 1
a = a % 1	a %= 1
a = a ** 1	a **= 1
a = a | b	a |= b
a = a & b	a &= b

由表 **3-1** 可以知道，它簡化了 assignment statement，提供一種更為精簡的程式語法。它的基本文法是：

```
Variable AugOp Expression
```

以下都是正確的使用方式：

```
>>> a = 1
>>> a += a*2+3/5
>>> a
3.6

>>> a = [1,2]
>>> a += [3]
>>> a
[1, 2, 3]

>>> a = [1,2,3]
>>> a[:1] += [4]
>>> a
[1, 4, 2, 3]

>>> a = [1,2,3]
>>> a[-1] += a.pop()        # a[-1]=a[-1]+a.pop()
>>> a
[1, 6]
```

如果在 statement 中使用了 AugOp，就不能再使用 =。因為 AugStatement 與 assignment statement 分屬不同的 statement，混用會造成 **SyntaxError**：

```
>>> a = b += 1
File "<stdin>", line 1
  a = b += 1
        ^^
SyntaxError: invalid syntax
>>> a += b = 1
File "<stdin>", line 1
  a += b = 1
         ^
SyntaxError: invalid syntax
```

在 AugStatement 中 AugOp 只能使用一次！不同於 = 可以連續使用：

```
>>> a += a += 1
File "<stdin>", line 1
  a += a += 1
        ^^
SyntaxError: invalid syntax
```

如同文法所示，在 AugOp 右方是一個 expression，AugOp 只能出現在 AugStatement 中。

3.1.3 Del Statement（刪除敘述）

除了 assignment statement 外，在第二章介紹 container type 時提到的 del 也是一種 simple statement。

del 可以將變數或是 container 中的特定位置刪除。可是 del 不會刪除變數或是 container 特定位置所指向的 object。前文提過：Python 會自動回收沒有被使用的 object，也就是說當一個 object 的位址沒有被其他的變數或是 object、container 儲存時，Python 才會將其刪除。del 只是將變數及所佔用的記憶體刪除。

del 可以一次刪除多個變數，變數中間須以 , 隔開：

```
>>> a = 1; b = [1,2]; c = "abc"
>>> del a, b[0], c
>>> a
Traceback (most recent call last):
  File "<stdin>", line 1, in <module>
NameError: name 'a' is not defined
>>> b
[2]
>>> c
Traceback (most recent call last):
  File "<stdin>", line 1, in <module>
NameError: name 'c' is not defined
```

3.1.4 Pass Statement

Python 中有一個特殊的 statement：pass。它不做任何事，是一個 dummy statement（無效敘述）。在 Python compound statement 中的 block[2] 不能是空白，必須要有一行以上的 statement！如果其中沒有任何 statement 就會導致 **SyntaxError**。在

---

2 在 **3.2.1** Block Indentation（區塊縮排）說明。

這種情況下，我們可以使用 pass 處理，使 Python 不會產生 **SyntaxError**。它的語法十分簡單：

```
pass
```

舉例來說，在定義 function 時，其中必須要有 statement，如果沒有，就會產生錯誤：

```
>>> def f():
...
  File "<stdin>", line 2

    ^
IndentationError: expected an indented block …
```

此時，在其中加上一行 pass 就可以避免 **IndentationError**：

```
>>> def f():
...     pass
...
```

在 if 的 block[3] 中，如果什麼都不寫，就會產生 **IndentationError**。此時，在 block 中以 pass 處理即可：

```
>>> a = 1
>>> if a > 0:
...
  File "<stdin>", line 2

    ^
IndentationError: expected an indented block …
>>> if a > 0:
...     pass
...
```

3　在 3.3.1 If 基本形式中說明。

使用 pass 的時機見仁見智。一般多是用來防止 Python 因空白或是不存在的 block 產生文法錯誤。比如說：在設計程式時，有時我們會先設計程式基本架構是由哪些 function 組成，開發時再逐步完成各個 function。在這種漸進式的開發過程中，對於那些還未開發的 function，就可先以 pass 處理。或是對於一些還未測試的 block，處理前先以 pass 處理。總之，使用 pass 後，Python 不會因為空白的 block 而產生錯誤。可是，如果因為忘記處理 pass，導致系統產生執行錯誤，那就是程式設計師的責任了。

3.1.5 Assert Statement（斷言敘述）

Python 中提供了一種用於測試的 simple statement：assert（斷言）。Assert 的文法十分簡單：

```
assert boolean_expression[, message]
```

執行方式是當 boolean_expression 為 False 時，可以選擇使用 message 產生一個 **AssertionError**[4]：

```
>>> x = 1
>>> assert x == 0
Traceback (most recent call last):
  File "<stdin>", line 1, in <module>
AssertionError

>>> assert x == 0, "x should be 0"
Traceback (most recent call last):
  File "<stdin>", line 1, in <module>
AssertionError: x should be 0
```

在測試程式時，將 assert 置於程式中除了可以檢查該 boolean_expression 的條件必須滿足外，由於其簡潔的語法，也可作為程式的一部份說明。在程式狀態穩定後，可以在執行 Python 時使用 -O 選項略過所有 assert statement 的執行。

4　在 **3.9.1** Exception（例外）說明。

3.2 Compound Statement（複合敘述）

Compound statement（複合敘述）中包含了以 keyword 定義的 header（開頭部分），如：if、while、def 等等，後面接著一個 : 用以分隔所屬的 block（程式區塊）。每個 block 是由至少一行的 statement 組成。

3.2.1 Block Indentation（區塊縮排）

由於 compound statement 管控著其中的 block。因此，程式語言在設計 block 時，多會使用特殊的方式或是符號將 compound statement 在與其中定義的 block 做出區分。

Python 對於 compound statement 的 block 是以 indentation（縮排）方式建立及凸顯與所屬 header 之間的關係。如圖 3-1(a) 所示。

縮排是指 block 前的空格數必須多於所屬 header 的空格數。縮排可以使用 Tab 或是官方建議以 4 個空白字元產生。但是在同一個 block 中的縮排中不可混用這兩種字元，會導致 **IndentationError** 或是 **TabError**：

```
>>> if 1 == 1:
...     print()  # 1 個 tab 字元的縮排
...     print()  # 4 個空白字元的縮排
  File "<stdin>", line 3
    print()
        ^
IndentationError: unindent does not match any outer indentation level

>>> if 1 == 1:
...     print()  # 4 個空白字元的縮排
...     print()  # 1 個 tab 字元的縮排
  File "<stdin>", line 3
    print()
TabError: inconsistent use of tabs and spaces in indentation
```

以上 **IndentationError** 及 **TabError** 的產生是由於兩行 `print()` 前的縮排，雖然看起來並無分別，但是它們分別是由 Tab 字元及空白字元以不同的先後順序所產生[5]。

各個 block 間縮排的空格數並不需要一致，但是各個 block 中縮排的空格數必須要一致。如圖 3-1(b)、(c) 及 (d) 所示。

```
if a > 0:
    b = 1        block₁
    c = 2
    if b > 0:
        b = -1
        c = -2
              block₂
```

(a) block₁包含block₂

```
if a > 0:
++++b = 1
++++c = 2
++++if b > 0:
    ----b = -1
    ----c = -2
```

(b) block₁及block₂各縮排4格

```
if a > 0:
++++b = 1
++++c = 2
++++if b > 0:
    --b = -1
    --c = -2
```

(c) block₁縮排4格，block₂縮排2格

```
if a > 0:
++b = 1
++c = 2
++if b > 0:
    ----b = -1
    ----c = -2
```

(d) block₁縮排2格及block₂縮排4格

■ **圖 3-1** Nested blocks 及正確縮排方式

錯誤的縮排方式如圖 3-2[6] 所示。

5　由於 Python 使用縮排作為標示區分 block 的方式，而縮排可以使用 Tab 或是空白字元產生，因此在設計上產生了這兩種 exception。一般而言，當混合使用 Tab 及空白字元於縮排時會導致 TabError；不正確或是不一致的縮排會導致 IndentationError。可是在實務上，其中的區分並不明確！Python 官方已注意到這個問題。

6　圖 3-1 及圖 3-2 中的 **+**、**-** 分別表示不同 block 的空格。

```
if a > 0:             if a > 0:
b = 1                 ++b = 1
c = 2                 +++c = 2
```

(a) block₁沒有縮排   (b) block₁中縮排不一致

```
if a > 0:             if a > 0:
++b = 1               ++++b = 1
++c = 2               ++++c = 2
++++if b > 0:         ++if b > 0:
    b = -1              --b = -1
    c = -2              -c = -2
```

(c) block₂的if縮排應與block₁一致   (d) block₂中縮排不一致

■ 圖 3-2　4 種錯誤的縮排方式。

如果使用了錯誤的縮排會造成 **IndentationError**：

```
>>> a = 1
>>> if a > 1:
...     print('hi')
...         b = 1
  File "<stdin>", line 3
    b = 1
IndentationError: unexpected indent
```

如果 header 所屬的 block 不縮排，則該 block 中的 statement 必須與該 header 位於同一行：

```
>>> if True: print('a')
...
a
```

如果其中有一行以上的 statement，就必須以 **;** 相隔，不然就會產生 **SyntaxError**：

```
>>> if True: print('a'); print('b')
...
a
b
```

同一個 block 的 statement 也不能有部分是與 header 同一行，其它處於縮排的 block 中：

```
>>> if True: print('a')
...     print('b')
  File "<stdin>", line 2
    print('b')
IndentationError: unexpected indent
```

不過將 statement 寫在與 if 同一行的做法會使程式邏輯變得隱晦不清楚，因此並不建議使用！

3.3 Selection Logic（選擇性邏輯）

Python 程式基本上都是由第一行開始依序執行到最後一行，唯一能夠使程式依據狀況改變執行順序或是只執行部分程式的邏輯架構，只有選擇性邏輯。所謂的選擇性，在我們日常生活中，可說是隨時都在發生，比如說：紅燈必須要停車；喝酒不能開車；發燒要看醫生；天氣好就可以出去玩等等。程式邏輯是用來解決各種生活或是科學問題的，自然也無法避免使用這些選擇性的邏輯。

Python 設計了 if statement 來實現選擇性邏輯。If 的意思就是如果，使用 2.2.8 中的 Bool_Expr 表示狀況，Bool_Expr 的執行結果是一個真假值。真假值表示狀況是已發生還是未發生、是已成立還是不成立。If statement 就可以依據狀況發生與否執行相對應 block 中的程式碼。

我們先以一個簡單的實例來說明 if 的使用時機。

在 1.6 介紹了使用 input() 從鍵盤輸入資料及 print() 輸出資料至螢幕，再配合 2.2.11 中的 format string，我們可以設計一個簡單的程式：要求使用者輸入兩個 int，並將它們列出，如程式 3-1 所示。

程式 3-1　ch3_1.py

```
01. n1 = input("Enter the 1st number: ")
02. n2 = input("Enter the 2nd number: ")
03.
04. print(f"You entered {n1} and {n2}.")
```

執行結果：

```
$ python ch3_1.py
Enter the 1st number: 1
Enter the 2nd number: 2
You entered 1 and 2.
```

　　如果我們要求程式將數字以由小到大或是由大到小的順序列出，以第二章中的 sequential logic（循序式邏輯）是沒有辦法處理的，因為程式需要某種方式來判斷數字之間的大小關係，才有可能將數字依大小列出。

　　這種大小關係的判斷需要使用 Bool_Expr 才可以達成，可以表示為 n1 > n2，也可以是 n2 > n1。if statement 依此 Bool_Expr 的執行結果決定是否執行。因此，if 搭配 Bool_Expr 後，就可以依大小印出結果，如程式 3-2 所示。

程式 3-2　ch3_2.py

```
01. n1 = input("Enter the 1st number: ")
02. n2 = input("Enter the 2nd number: ")
03.
04. if n1 > n2:
05.     print(f"{n1}, {n2}.")
06. else:
07.     print("f{n2}, {n1}")
```

執行結果：

```
$ python ch3_2.py
Enter the 1st number: 1
Enter the 2nd number: 2
2, 1
```

　　有了選擇性的邏輯架構，程式可以配合情況執行特定的 statement。If 邏輯是十分重要的邏輯基礎，因為在許多的語法架構中都會搭配 if 的相關邏輯對資料做篩選，如：conditional expression、comprehension 及 match statement 等。接下來，我們就開始說明 Python 的 if statement。

3.3.1 If Statement

為了處理許多複雜的狀況，if statement 有多種的語法可供使用，每一種語法都適用於某些特定情況，處理特定條件的資料。如果沒有思考周全常會造成程式運作時的盲點，程式測試也要注意是否有對每一種狀況進行測試，如果有任何遺漏，在系統正式運作時就可能造成難以想像的後果，這些是在學習 if 時要特別注意的。

● If 基本形式

If statement 必須以 if keyword 做為開始，接著是一個 boolean expression（布林運算式，以下簡稱為 Bool_Expr）。Bool_Expr 後需要一個 :，用以表示 Bool_Expr 的結束及所屬 block 的開始。If statement 的邏輯是：如果 Bool_Expr 的執行結果為 True，則該 block 中所有的 statement 才會被執行。我們稱此 block 為 block$_{True}$。文法如下：

```
if Bool_Expr:
    blockTrue
```

■ 使用時機

當有部分資料需要處理時，使用 if 篩選出符合條件的資料加以處理。

範例一：統計及格人數

在計算及格人數時，使用 if 測試 score 是否多於 60 分，如果成立，則及格人數加 1，如果成績未達標準，則忽略不計：

```
>>> if score > 60:
...     pass_count = pass_count + 1
```

範例二：將 string 的首字改為大寫

在處理 string 首字的大寫問題時，必須要了解：如果 string 的首字已經是大寫，那就不需要更改。因此，程式中需要測試 string 的首字是否為小寫，如果是小寫才需要將它改為大寫字母，如程式 3-3 所示。

程式 3-3　ch3_3.py

```
01. s1 = "abc"
02. s2 = s1
03. if s1[0].islower():
04.     s2 = s1[0].upper() + s1[1:]
05.
06. print(s2)
```

執行結果：

```
$ python ch3_3.py
Abc
```

　　在撰寫 Bool_Expr 時要特別注意：Bool_Expr 中如果沒有特定需要，不需使用 == 或是 != 進行真假值的判斷。許多初學者都習慣將程式 3-3 第三行的 Bool_Expr 表達成：

```
if s1[0].islower() == True:
    ...
```

　　在 2.2.8 中曾經說明 Python object 本身即具有真假值。因此，在 `if` 中，當變數的內容或是 expression 的結果可直接判斷為 `True` 或是 `False` 時，`if` 即可依此結果運作，不需要再以 == 或是 != 判斷該結果等於或不等於某值。因為使用該值再做邏輯比較，其結果也是 `True` 或是 `False`，因此可以省略。

範例三：統計考試人數中，及格人數及 90 分以上的人數個數

　　由於成績的統計範圍只包含了部分成績，且統計條件不止一個，因此，可以使用連續的 `if` 統計人數：

```
if s >= 60:
    n_pass = n_pass + 1
if s >= 90:
    n90 = n90 + 1
```

　　注意觀察以上的邏輯，由於成績大於 90 分時必定也大於 60 分，因此，我們可以將以上的邏輯改寫為 nested if（巢狀 if），不僅邏輯較清楚，程式執行也較為快速：

```
if s >= 60:
    n60 = n60 + 1
    if s >= 90:
        n90 = n90 + 1
```

● If-Else，二元測試，全部資料

第二種 if 的型式是：如果 Bool_Expr 成立，執行 block$_{True}$ 的程式，否則就執行 else（否則）中的 block，我們稱它為 block$_{False}$。同樣的，在 else 後也需要有一個 **:** 作為 else 與 block$_{False}$ 的分界符號。文法為：

```
if Bool_Expr:
    block_True
else:
    block_False  # if Bool_Expr is false
```

■ 使用時機

當資料需要以二分法（非黑即白）分為兩大類做不同處理時，可使用 if-else 對資料進行分類處理。

範例一：將 True、False 互換

由於 boolean 只有 True 及 False 兩個 literal，因此可以使用 if-else 直接處理：

```
>>> b = True
>>> if b:
...     b = False
... else:
...     b = True
>>> print(b)
False
```

也可以使用 boolean logic：b = not b 處理。

範例二：將 string 的首字改為大小寫互換

處理 string 首個字元的大小寫互換時，因為字元的大小寫只有大寫或是小寫兩種可能，因此，在處理這種問題時就需要使用 if-else 邏輯，如程式 3-4 所示。

程式 3-4　ch3_4.py

```
01. s1 = "abc"
02. s2 = s1
03.
04. if s1[0].islower():
05.     s2 = s1[0].upper() + s1[1:]
06. else:
07.     s2 = s1[0].lower() + s1[1:]
08.
09. print(s2)
```

執行結果：

```
$ python ch3_4.py
Abc
```

● If-Elif，多重條件，部分資料

　　當有多種狀況發生，各種狀況又需要不同的處理時，需要在 if 中設定多種條件。每一個額外的條件以 elif 保留字開始，接著是所屬的 Bool_Expr: 及 block。文法為：

```
if Bool_Expr₀:
    block₀          # if Bool_Expr₀ is True
elif Bool_Expr₁:
    block₁          # if Bool_Expr₁ is True
elif Bool_Expr₂:
    block₂          # if Bool_Expr₂ is True
...
elif Bool_Exprₙ:    # if Bool_Exprₙ is True
    blockₙ
```

■ 使用時機

　　當部分資料需要依多種狀況做分別處理。使用此邏輯時要注意以下幾點：

- 由上而下執行，最多執行一個 block，或是全部不執行。

- Bool_Expr 的先後順序可能影響判斷的正確性。

- 各個 Bool_Expr 的測試的條件不可重疊，可能造成潛在的邏輯錯誤。

　　使用多重條件時，首先要注意的是 Bool_Expr 的先後順序。由於 if 是由第一個 Bool_Expr 開始測試，如果 Bool_Expr 是由寬到緊，那麼第一個 Bool_Expr 永遠都會成立，後續的 Bool_Expr 都不會被執行。舉例來說，假設我們要統計學生成績在 90 以上，80~89、70~79 及 60~69 的人數。如果將 Bool_Expr 的順序設計如下，將會產生錯誤：

```
if score >= 60:
    count60 += 1
elif score >= 70:
    count70 += 1
elif score >= 80:
    count80 += 1
elif score >= 90:
    count90 += 1
```

　　由於及格的分數都是大於等於 60，因此只有第一個條件 score >= 60 會成立，其餘的都不會被執行。如果將 Bool_Expr 的測試順序反轉，由嚴格到寬鬆，就可以得到正確統計結果：

```
if score >= 90:
    count90 += 1
elif score >= 80:
    count80 += 1
elif score >= 70:
    count70 += 1
elif score >= 60:
    count60 += 1
```

　　將這個邏輯概念用於 if 的基本形式時，會造成不同的錯誤或是得到預期以外的結果：

```
if score >= 60:
    count60 += 1
if score >= 70:
    count70 += 1
if score >= 80:
    count80 += 1
if score >= 90:
    count90 += 1
```

以上 if 的結果是得到 60 分以上、70 分以上、80 分以上及 90 分以上的人數，而非各個區間的人數。如果將此順序反轉，也還是無法得到區間的統計人數：

```
if score >= 90:
    count90 += 1
if score >= 80:
    count80 += 1
if score >= 70:
    count70 += 1
if score >= 60:
    count60 += 1
```

使用 if 與 if-else 的差別在於：if 是獨立的 statement，以上程式用了四個 if statement，各自獨立執行；if-else 是一行 statement，只要其中有一個 Bool_Expr 成立，就不會再執行其他的 Bool_Expr。

● If-Elif-Else，多重條件，全部資料

當所有的資料都需要分類處理時，我們需要在 if-elif 架構中加上最後的 else 及所屬的 $block_{else}$。其文法架構如下：

```
if Bool_Expr₀:
    block₀          # if Bool_Expr₀ is True
elif Bool_Expr₁:
    block₁          # if Bool_Expr₁ is True
elif Bool_Expr₂:
    block₂          # if Bool_Expr₂ is True
    ...
elif Bool_Exprₙ:
    blockₙ          # if Bool_Exprₙ is True
else:
    block_else      # if all others are False
```

■ 使用時機

當全部資料都需要依特性切割成多個部分時，可使用 if-elif-else 設定多個 Bool_Expr 條件對資料進行分類再予以處理，最後的 else 負責處理無法符合以上所列 Bool_Expr 條件的資料。

使用此邏輯時，除了在 `if-elif` 中提到的兩點要注意外，還需要注意以下兩點：

- `else` 必須出現在最後。
- `else` 表示如果資料不符合前列所有的 Bool_Expr 測試，將在 `else` 中進行處理。

範例一：統計考試人數中，90-100 分、80-89、70-79、60-69 及不及格的人數個數

由於這些條件將分數區間完全切割，互相獨立，因此適合使用 if-elif-else 邏輯處理：

```
...
if score >= 90:
    score90 += 1
elif score >= 80:
    score80 += 1
elif score >= 70:
    score70 += 1
elif score >= 60:
    score60 += 1
else:
    score_fail += 1
...
```

範例二：輸入三個不相等的 int，計算並列出其大小關係

三個不同的 int，並不存在相等的關係，適合使用 if-elif-else 邏輯處理：

計算三個 int 的大小關係時，一般先由比較兩個數開始。由於 if-else 的特性，每一次的比較，都可以得到兩數的大小關係。依次比較就可以得到全部可能的大小順序。如程式 3-5 所示。

程式 3-5　ch3_5.py

```
01. x = input("x:"); y = input("y:"); z = input("z:")
02.
03. if x > y:
04.     if y > z: # x > y > z
05.         print(f"x:{x} > y:{y} > z:{z}")
06.     else: # x > y and z > y
07.         if x > z:
```

```
08.              print(f"x:{x}> z:{z} > y:{y}")
09.          else:
10.              print(f"z:{z} > x:{x} > y:{y}")
11.  else: # y > x
12.      if x > z: # y > x > z
13.          print(f"y:{y} > x:{x} > z:{z}")
14.      else: # x < y and x < z
15.          if y > z: # y > z and z > x
16.              print(f"y:{y} > z:{z} > x:{x}")
17.          else: # x < y and y < z
18.              print(f"x:{x} < y:{y} < z:{z}")
```

執行結果：

```
$ python ch3_5.py
x:1
y:2
z:3
x: 1 < y: 2 < z: 3

$ python ch3_5.py
x:2
y:3
z:1
y: 3 > x: 2 > z: 1
```

　　如果程式 3-5 中的第 3 行 x > y，成立，那麼，我們就確立了 x > y 的關係；如果是 x < y 那麼 Python 就會執行第 11 行的 else。因此在第 4 行到第 10 行的 block 中就確立了 x > y 的關係，我們稱此 block 為 block$_{x>y}$；相對的，在第 12 行到第 18 行的 block 中也就確立了 x < y 的關係，我們稱此 block 為 block$_{x<y}$。

　　如果 block$_{x>y}$ 第 4 行 y > z 成立，那麼 x > y > z 的關係就得以確立；同樣的，如果 block$_{x<y}$ 中第 12 行 x > z 成立，那麼，y > x > z 的關係也就確立。以此邏輯就可以推論出三個數字的大小關係了。

　　可能有人會認為直接使用 x > y > z 比較不是更為直接嗎？試想，如果使用 x > y > z，那麼我們必須列出 x、y、z 之間所有可能的大小排列組合，那麼在設計上反而比較複雜，容易混淆疏漏。以兩兩比較的方式不僅簡單也可磨練程式邏輯以提高解題能力。

■ **if 邏輯使用要點**

if、if-else 及 if-elif-else 等邏輯有時是可以得到同樣的結果。比如說：
在統計 string 中 a、b、c 的出現次數時，我們可以使用多個 if 對資料做測試：

```
...
if ch == 'a':
    ch_a += 1
if ch == 'b':
    ch_b += 1
if ch == 'c':
    ch_c += 1
...
```

也可以使用 if-elif 進行測試：

```
...
if ch == 'a':
    ch_a += 1
elif ch == 'b':
    ch_b += 1
elif ch == 'c':
    ch_c += 1
...
```

這兩種設計方式會得到一樣的結果。但是就效率來說，卻是完全不同的。因為
if-else 或是 if-elif-else 是一個文法上的 statement。因此，如果第一個或是某
一個測試成立後就不會再執行後續的 else 或是 elif 測試。

如果將 elif 改為 if 後，每一個 if statement 都會被執行。就算是第一個 Bool_
Expr 成立，Python 也一定會繼續執行第二個及第三個 if，造成系統資源不必要的
浪費。由此也可以知道，程式得到正確的答案，並不代表程式邏輯是正確的。因
此，在使用 if 時要注意使用時機是否正確，邏輯上有無精簡的可能。

就邏輯的完整性而言，使用 if-elif 時要特別注意是否有邏輯上的漏失；是否
有些資料沒有被測試。在使用 if-elif 時的測試必須特別留意哪些沒有被測試的資
料是否會影響程式的正確性。

3.3.2 If 常見錯誤

在 `if` 中，不當的縮排或是不正確的使用所引發的 **SyntaxError** 有時無法說明問題，反而令人更加困惑。接下來，我們就以四種狀況為例，說明所引發的問題、原因及解決方法。

■ 第一種常見錯誤

`if` 中的 $block_1$ 沒有縮排，如表 3-2(a) 所示。

表 3-2 第一種常見的 if 錯誤

`if Bool_Expr₁:` `block₁`	`if Bool_Expr₁:` `        block₁`
(a) 錯誤	(b) 正確

表 3-2 的錯誤示範如下：

```
>>> a = 0
>>> if a > 1:
... a = 1
  File "<stdin>", line 2
    a = 1
    ^
IndentationError: expected an indented block after 'if' statement on line 1
```

由以上的 **IndentationError** 顯示 `a = 1` 沒有縮排導致此錯誤。只要將 `a = 1` 縮排即可：

```
>>> a = 0
>>> if a > 1:
...     a = 1
...
```

■ 第二種常見的 if 錯誤

`If` 與 `else` 之間必須要有一行以上縮排的程式碼。如表 3-3 所示。

表 3-3　第二種常見的 if 錯誤

if Bool_Expr:
else:
　　block_else
	if Bool_Expr:
	　　block_if
	else:
	　　block_else

(a) 錯誤	(b) 正確

表 3-3(a) 的錯誤示範如下：

```
>>> if a > 1:
... else:
  File "<stdin>", line 2
    else:
    ^
IndentationError: expected an indented block after 'if' statement on line 1
```

Python 所產生的 **IndentationError** 錯誤訊息指稱在 else 處應該要使用縮排處理。如果將程式碼中的 else 縮排又有什麼結果呢：

```
>>> if a > 1:
...     else:
  File "<stdin>", line 2
    else:
    ^^^^
SyntaxError: invalid syntax
```

將 else 縮排後，還是產生 **SyntaxError**！可知此錯誤並非由 else 造成，而是 if 沒有屬於它的 block。如果還不確定該 block 中的邏輯，導致留白，可以先使用 pass statement 於 block_if：

```
if a > 1:
    pass
else:
    block_else
```

使用 pass 是一種臨時措施，如果邏輯確定只有 else，正確做法應該是**將 if 與 else 的條件對調後**，再將 else 移除：

```
if a <= 1:
    block_else
```

■ 第三種常見的 if 錯誤

Else 沒有正確的縮排，它需要與所屬的 if 對齊。如表 3-4 所示。

表 3-4 第三種常見的 if 錯誤

if Bool_Expr$_1$:
    block$_1$
    else:
        block$_2$
	if Bool_Expr$_1$:
	    block$_1$
	else:
	    block$_{else}$

(a) 錯誤	(b) 正確

表 3-4(a) 的錯誤示範如下：

```
>>> if a > 1:
...     a = 1
...     else:
  File "<stdin>", line 3
    else:
    ^^^^
SyntaxError: invalid syntax
```

由於表 3-4(a) 中的 else 不正確的縮排，導致 Python 將 else 視為 block$_1$ 的一部分，但是 Python 文法中沒有以 else 為首的 statement，因此產生了 **SyntaxError**。

表 3-4(a) 也有可能是在 if block 中漏寫了 if。如果直接加上 **if Bool_Expr2：** 會與原來的邏輯有很大的差異：

```
if Bool_Expr₁:
    if Bool_Expr₂:
        block₂
    else:
        block₃
```

表 3-4(b) 原來的邏輯是：如果 Bool_Expr$_1$ 成立，執行 block$_1$，如果不成立就執行 block$_2$。改成以上程式碼就成為：如果 Bool_Expr$_1$ 成立且 Bool_Expr$_2$ 也成立才執行 block$_2$，否則就執行 block$_3$。也就是說 block$_3$ 的執行條件是 Bool_Expr$_1$ 成立且 Bool_Expr$_2$ 不成立。

　　所以在修正文法錯誤時必須要先確定自己的需求再修改程式。只求速效的亂改，問題只會越來越嚴重而已。

■ **第四種常見的 if 錯誤**

　　不正確的縮排 block₃，如表 3-5(a) 所示。

表 3-5 第四種常見的 if 錯誤

if Bool_Expr₁:
 　if Bool_Expr2:
 　　block₂
 　block₃
 　else:
 　　block₄
	if Bool_Expr₁:
	 　if Bool_Expr₂:
	 　　block₁
	 　　block₂
	 　else:
	 　　block₃
		if Bool_Expr₁:
		 　if Bool_Expr₂:
		 　　block₁
		 　else:
		 　　block₂

(a) 錯誤	(b) 正確	(c) 正確

　　表 3-5(a) 的錯誤示範如下：

```
>>> a = 0
>>> if a > 1:
...     a = 1
...
>>> a = 2
>>> else:
  File "<stdin>", line 1
    else:
    ^^^^
SyntaxError: invalid syntax
```

　　不正確的縮排常會導致一些莫名其妙的錯誤。表 3-5(a) 的錯誤在於 block₃ 不正確的縮排，導致 Python 認為 block₃ 不是 if statement 的一部份，而是一段獨立的程式碼。Block₃ 導致後續的 else 與 if 的關係中斷，else 成為另外一行 statement 的開頭。由於 Python 沒有以 else 開頭的 statement，因而造成 **SyntaxError**。

　　由以上這些 **SyntaxError** 可以觀察到程式語言中所產生的錯誤，並不一定是真正的錯誤所在。有時是因為其他原因引發的錯誤。要處理這些問題，必須要對程式語言的文法有一定的了解，加上勤奮的練習，才能了解真正的問題所在。

3.3.3 Conditional Expression（條件運算式）

如同 C 及 Java 等程式語言，Python 可以將 if-else 寫成一個 expression，稱之為 conditional expression。它的文法是：

```
x if Bool_Expr else y
```

這個 expression 的意義是：如果 Bool_Expr 的結果為 True，此 expression 的結果為 x；如果 Bool_Expr 為 False，則結果為 y。

適當的使用 conditional expression，可以使程式碼更為精簡，比如說我們可以將在 if-else 中將 True、False 互換的範例，改為 conditional expression，示範如下：

```
>>> b = False if b else True
```

也可以將 if-else 的範例二：將 string 的首字改為大小寫互換改寫如下：

```
>>> s1 = "abc"
>>> s2 = s1
>>> s2 = s1[0].upper() if s1[0].islower() else s1[0].lower()
>>> print(f"{s1}->{s2+s1[1:]}")
abc->Abc
```

以上的程式更可以精簡為兩行，程式如下：

```
>>> s1 = "abc"
>>> print((s1[0].upper() if s1[0].islower() else s1[0].lower()) + s1[1:])
Abc
```

由於 conditional expression 是一個 expression，而非 statetment，因此，它可以出現在所有可以使用 operand 的地方，十分好用。

3.3.4 If Statement 與 Walrus Operator

在第 154 頁中提到了 walrus operator 可以將 expression 的計算結果設定於變數。這個特性可以使得 if 邏輯更為精簡。

以下是一段簡單的程式，擷取並印出加法運算式中的 operand。當不使用 walrus operator 時，必須先以 assignment 方式儲存運算式切割的結果，再進行 if 測試：

```
>>> data = "1+2"
>>> data_list = data.split('+')
>>> if data_list:
...     print(data_list)
... else:
...     print('nothing')
...
['1', '2']
```

使用 walrus operator 後就可以直接在 if 中直接將切割結果儲存於 data_list 中：

```
>>> data = "1+2"
>>> if data_list := data.split('+'):
...     print(data_list)
... else:
...     print('nothing')
...
['1', '2']
```

如果使用 conditional expression，程式雖然只有一行，可是要執行 split() 兩次：

```
>>> print(data.split('+') if data.split('+') else 'nothing')
['1', '2']
```

使用 walrus operator 精簡以上程式碼如下：

```
>>> print(data_list if (data_list := data.split('+')) else 'nothing')
['1', '2']
```

3.4 Looping Logic（迴圈邏輯）

Looping statement（迴圈敘述）與 if statement 可說是程式的兩種核心邏輯。幾乎所有的程式邏輯都與之密切相關。Looping 的中文意義就是循環、重複，在程式中以**迴圈**稱之。迴圈的邏輯就是重複執行某一段程式邏輯。電腦系統之所以可以幫助我們處理日常瑣碎事務，就是因為電腦系統可以對單一事務進行重複處理，再配合 if 等邏輯視狀況選擇處理或是不處理符合條件的工作或是資料。因此，迴圈敘述在程式設計中扮演十分重要的角色。

Python 中的迴圈敘述主要有 while 及 for 兩種。與其他程式語言不同的是，這兩種迴圈還提供了 else 邏輯，也有 **break** 及 **continue** 兩個 simple statement 可以搭配使用，用來臨時中斷迴圈或是略過該次迴圈。此外，迴圈搭配 if 也構成了 Python comprehension 的主要邏輯。我們先由 while statement 開始説明。

3.4.1 While Statement

While statement 的邏輯是當 boolean expression（布林運算式，以下簡稱為 Bool_Expr）所設定的狀況成立時，會重複執行 $block_{True}$ 中的 statement。它的文法是：

```
while Bool_Expr:
    blockTrue
```

While statement 執行時，會先計算 Bool_Expr，如果 Bool_Expr 的結果為 **True**，Python 就開始執行 $block_{True}$，$block_{True}$ 執行結束後，Python 將回頭重新計算 Bool_Expr，計算結果如果是 **True**，就再執行 $block_{True}$ 一次，如果結果是 **False**，則結束此 while statement，繼續執行 while statement 的下一行 statement。

要注意的是 while statement 的下一行 statement 並不是 $block_{True}$ 中的第一行 statement，而是與 **while** 並排的下一行，如程式 3-6 所示。

程式 3-6　ch3_6.py

```
01. print('before while')
02. while False:
03.     print('in while')
04. print('after while')
```

執行結果：

```
$ python whiletest1.py
before while
after while
```

程式 3-6 中第二行 `while False:` 的 Bool_Expr 是 `False`，因此，第三行 `print('in while')` 永遠不會被執行。由執行結果可以看到 Python 緊接著執行第四行 `print('after while')`。

由此可知，一個完整的 while statement 包含所屬的 block$_{True}$。如果 while 的 Bool_Expr 不成立，則整個 whlie statement 就結束執行。

● While 邏輯使用要點

While 的重點在於重複處理，是否重複執行 block$_{True}$ 由 Bool_Expr 的計算結果決定。因此 Bool_Expr 的設計決定了該 `while` 是否可以有效的開始及正常的結束。所謂有效的開始就是指 while 的 Bool_Expr 是否可能成立，也就是說該 `while` 是有可能被執行的。以程式 3-6 來說，第二行開始的 while statement 就是一個無效的 `while`，因為其 block$_{True}$ 永遠都不會被執行。

在 Bool_Expr 中使用的變數稱為 control variable（控制變數）。Control variable 必須在 block$_{True}$ 中被更改且其結果必須最終使 Bool_Expr 的結果為 `False`，使得 while statement 得以結束；或是在 block$_{True}$ 中使用 break[7] statement 中斷 `while`，這就是所謂的正常結束。否則 Python 就會不斷執行 block$_{True}$，造成 endless loop（無限迴圈）或是 infinite loop。如果發生無限迴圈，必須以 control+c 中斷程式執行。程式 3-7 說明這種狀況。

程式 3-7　ch3_7.py

```
01. a = 1
02. while a > 0:
03.     print('in while')
04. print('after while')
```

執行結果：

```
$ python ch3_7.py
in while
...
in w^Cin while
```

---

[7] 在 3.5.1 Break Statement 中說明。

```
in while
Traceback (most recent call last):
  File "./ch3_7.py", line 3, in <module>
    print('in while')
KeyboardInterrupt
```
`

另外一種造成無限迴圈的狀況就是雖然變更了 control variable，但卻永遠無法使 Bool_Expr 的結果成為 False。程式 3-8 示範這種執行錯誤。

程式 3-8　ch3_8.py

```
01. a = 1
02. while a > 0:
03.     print('in while')
04.     a = a + 1
05. print('after while')
```

執行結果：

```
$ python ch3_8.py
in while
^Chile
Traceback (most recent call last):
  File "./ch3_8.py", line 3, in <module>
    print('in while')
KeyboardInterrupt
```

程式 3-8 中的 control variable 是 a。在 while 執行的過程中 a 的值不斷增加，永遠不會使 a <= 0，導致了無限迴圈。

同樣的，Bool_Expr 的不當設定也可能造成無效的迴圈。這種狀況發生在 while 一開始時，Bool_Expr 的計算結果為 False，while statement 因此立即結束執行。程式 3-9 示範這種錯誤。

程式 3-9　ch3_9.py

```
01. a = 1
02. while a <= 0:
03.     print('in while')
04.     a = a + 1
05. print('after while')
```

執行結果：

```
$ python ch3_9.py
after while
```

由程式 3-9 可以看到 control variable a 的初始值就是大於 0，導致 a <= 0 一開始就不成立。while statement 因而立即結束執行，while 成為了無效的迴圈。

在了解 while 的基本概念後，我們來看一些實際的應用範例。

● While 實例

範例一：使用 while，列出由 1 到 3 的 integer

使用 while 處理此類問題時的重點在於如何利用迴圈重複的特性，產生並印出數字。如程式 3-10 所示。

程式 3-10　ch3_10.py

```
01. x = 1
02. while x <= 3:
03.     print(x, end=' ')
04.     x = x + 1
```

執行結果：

```
$ python ch3_10.py
1 2 3
```

在第一行中，先產生變數 x，並設定初始值為 1。While 以此為基礎開始遞增，每產生一個 int，就在第三行將其輸出。在 x 為 4 時，4 <= 3 不成立，使得 while statement 結束，並終止程式執行。

範例二：使用 while，列出由 1 到 10 的偶數

在範例一中，我們已經了解如何利用 while 產生 int。現在我們必須利用 if statement 測試其中每個 int 是否符合偶數的條件，如程式 3-11 所示。

程式 3-11   ch3_11.py

```
01. x = 1
02. while x <= 10:
03.     if x % 2 == 0:
04.         print(x, end=' ')
05.     x += 1
```

執行結果：

```
$ python ch3_11.py
2 4 6 8 10
```

偶數是能夠被 2 整除的數，就是能夠滿足程式 3-11 第三行 x % 2 == 0 的條件的數。

範例一與範例二之間的主要差別就是範例二在 while 敘述中加入了 if 敘述。If 敘述主要的工作就是測試篩選由 while 所產生的每一個數，再將那些能夠滿足條件的數字印出。

範例三：使用 while 列出由使用者輸入的兩個 int

x、y 所設定範圍內所有的 int n，x ≤ n ≤ y，y ≤ n ≤ x，x ≠ y。舉例來說：可以是由 1 到 5，也可以是由 5 到 1。

以 while 產生 int 的過程中，必須要以遞增或是遞減的方式進行。由於不確定使用者輸入的兩數為何，因此必須先確定了兩數的大小關係後，才能套用程式 3-10 的邏輯產生 int。

程式 3-12   ch3_12.py

```
01. range_start = int(input("Enter the 1st number: "))
02. range_end = int(input("Enter the 2nd number: "))
03.
04. if range_start > range_end:
05.     range_start, range_end = range_end, range_start
06.
07. while range_start <= range_end:
08.     print(range_start)
09.     range_start += 1
```

執行結果：

```
$ python ch3_12.py
Enter the 1st number: 2
Enter the 2nd number: 5
2
3
4
5
$ python ch3_12.py
Enter the 1st number: 4
Enter the 2nd number: 2
2
3
4
```

在程式 3-12 中的第 4、5 兩行，主要是測試 range_start 及 range_end 之間的關係，並保證兩數間的大小關係。由於在我們在 while 迴圈中是以遞增的方式產生數列，因此需要 range_start < range_end。如果 range_start > range_end，兩個變數的內容就必須交換。確定了 range_start < range_end 之間的關係，就可以使用範例一的邏輯完成這個程式。

範例四：計算由 1 到 3 所有整數的總和

在計算總和時，在 while 迴圈中產生 1 到 3 的數字並將這些數字逐個加總。如程式 3-13 所示。

程式 3-13　ch3_13.py

```
01. x = 1
02. my_sum = 0
03. while x <= 3:
04.     my_sum = my_sum + x
05.     x = x + 1
06. print(f"1+2+3 = {my_sum}")
```

執行結果：

```
$ python ch3_13.py
1+2+3 = 6
```

這裡要注意的是程式計算總和的方式。由於在 while 迴圈中一次只能產生一個數字，因此加總必須採取累加的方式，每一次相加都是將之前累加的結果加上新產生的數字。累加的結果需要使用一個變數儲存。

執行累加時 x 及 my_sum 的變化如表 3-6 所示。my_sum 一開始必須先初始化為 0，每一次的 loop，= 右邊的 my_sum 其內容都是之前累加的結果。在開始執行時，my_sum 為 0，意謂著加總尚未開始。第二次的 1 表示第一次 0+1 的總和。第三次的 3 則是上次 1+2 的結果。當 while 迴圈結束時，my_sum 中的內容就是之前所有數字的總和。

表 3-6 my_sum 及 x 的累加過程

my_sum	=	my_sum	+	i
1		0		1
3		1		2
6		3		3

範例五：計算一個 int 中組成數字的總和，如果 int 為 1234，則計算 1+2+3+4 的總和

在計算總和時，需要將整數中每個數字分拆，再將這些數字逐個加總。

要將一個整數中每個數字分拆，可以使用數學中的整數及餘數除法對該整數做輾轉相除，取該數除以 10 所得的餘數，可以拆分出個位數；除以 10 所得的商數則會將該數的小數點左移一位，也就是將該數的個位數移除：

```
>>> 123 % 10
3
>>> 123 // 10
12
```

將此做法運用 while 反覆進行，直到該數除以 10 的商數為 0，以中止 while 執行。如程式 3-14 所示。

程式 3-14　ch3_14.py

```
01. number = 123
02. digits_sum = 0
03.
04. while number > 0:
05.     remainder = number % 10 # 除以 10 的餘數
06.     digits_sum += remainder
07.     number = number // 10 # 除以 10 的商
08. print(digits_sum)
```

執行結果：

```
$ python ch3_14.py
6
```

　　程式 3-14 中，三個主要的變數：`number`、`remainder` 及 `digit_sum` 在 while 迴圈中的變化列於表 3-7。

表 3-7　分拆數字的過程中，remainder、digit_sum 及 number 的變化

迴圈次數	remainder	digit_sum	number
1	3	3	12
2	2	5	1
3	1	6	0

範例六：測試某一個正整數是否為質數

　　測試 prime number（質數）時，首先要了解質數的數學特性。質數是只能夠被 1 及它本身整除的一個正整數。因此，在測試一個正整數 n 是否為質數時，可以運用 while 產生所有 2 ～（n-1）的數當作除數，如果其中有任何一個數能夠將 n 整除，那麼 n 就不是質數。反之，如果所有的數都不能將 n 整除，就可以斷定 n 是一個質數。

程式 3-15　ch3_15.py

```
01. n = int(input("Enter an positive int: "))
02. t = 2
03. is_prime = True     # flag（旗標）
04.
```

```
05. while(t < n):
06.     if n % t == 0:        # t: 2..n-1
07.         is_prime = False   # n 不是一個質數
08.     t += 1
09.
10. print(f"{n} {"IS" if is_prime else "is NOT"} a prime")
```

執行結果：

```
$ python ch3_15.py
Enter an positive int: 7
7 IS a prime.
$ python ch3_15.py
Enter an positive int: 8
8 is NOT a prime.
```

　　在程式 3-15 中的第三行設定了一個 flag（旗標），is_prime 的初始值為 True。意思是一開始時，我們先認定 n 是一個質數。當 n 被整除時，將 is_prime 設定為 False。在 while 結束後，程式就可以依照 is_prime 的值進行後續的計算。

　　程式 3-15 的測試及計算條件可以再做進一步的改善。比如說：如果一個數不是質數，那麼，能夠將它整除的數不會大於它的 1/2，因此第 5 行可以改為：while(t < n / 2)，將測試次數減少為原來的一半。

　　此外，在第 3 行的測試可以改為：is_prime and n % t == 0:。運用第 71 頁中提到的 short-circuit evaluation，提高運算效率。只要 n 一旦被某數整除，就不需要再測試 n % t == 0。在原先的 Bool_Expr 前加上 is_prime，意思是：當 if 計算 is_prime 為 False 時，就不需要再進行後續計算。如程式 3-16 所示。

程式 3-16　ch3_16.py

```
01. n = int(input("Enter an positive int: "))
02. t = 2
03. is_prime = True # a flag
04.
05. while t <= n / 2:
06.     if is_prime and n % t == 0: # t: 2..n/2
07.         is_prime = False # n is not a prime
08.     t += 1
09.
10. print(f"{n} {'IS' if is_prime else 'is NOT'} a prime.")
```

還有一個地方要注意。在程式 3-16 的第 5 行 **while t <= n / 2** 中的 n 在 while 中都保持不變。因此在 **while** 中，n 可說是一個 constant（常數）。可以使用一個 **m** 儲存 n/2 的值，當 **while** 判斷迴圈是否要繼續執行時，都可以少執行一次 n/2。如程式 3-17 所示。

程式 3-17　ch3_17.py

```
01. n = int(input("Enter an positive int: "))
02. t = 2
03. m = n / 2
04. is_prime = True # a flag
05.
06. while t <= m:
07.     if is_prime and n % t == 0: # t: 2..n/2
08.         is_prime = False # n is not a prime
09.     t += 1
10.
11. print(f"{n} {'IS' if is_prime else 'is NOT'} a prime.")
```

接下來我們來看一些雙層迴圈的問題。

雙層迴圈問題的特性就是當我們要重複做一件工作，而該工作的性質也同樣需要重複運作的時候，就需要使用雙層迴圈的邏輯才能解決問題。舉例來說：每週工作 5 天，每天的工作時間是由早上 9 到下午 5 點。外層迴圈為 0 ～ 4（重複 5 次），內層迴圈為 0900 ～ 1700。或者是：有 10 行以逗點分隔的 20 個 int，對每一行的 int 進行加總。則外層迴圈為 0 ～ 9（重複 10 次），內層迴圈則是對 20 個 int 進行加總。

先看一個簡單的問題：印出一個由 * 組成的 3 行 3 列的正方形。就簡單的方式是直接使用一個 string literal 解決：

```
>>> print("***\n***\n***")
***
***
***
```

如果題目限定只能使用一個 string literal ***，那麼程式就要使用單層的 **while** 來處理：

```
>>> i = 0
>>> while i < 3:
```

```
...     print('***')
...     i += 1
...
***
***
***
```

如果題目限制為一次只能印出一個 *****，程式就必須要使用雙層迴圈，如程式 3-18 所示。

程式 3-18　ch3_18.py

```
01. i = j = 0
02.
03. while i < 3:
04.     j = 0 # reset j to 0
05.     while j < 3:
06.         print("*", end='')
07.         j += 1
08.     print() # print '\n'
09.     i += 1
```

由於一次只能印出一個 *****，因此在內層迴圈（5 ～ 7 行）中必須處理單行印出 3 個 ***** 的工作；外層迴圈（3 ～ 9 行）則是需要重複執行 3 次內層迴圈就可完成工作。

在程式 3-18 中要注意的是對於 j 的控制。在每次內層迴圈開始前，必須要將 j 重設為初始值，也就是 0。當內層迴圈第一次結束後，j 的值是 4。如果不重設為 0，將使得 **j < 3** 為 False。

此外，第 8 行的 `print()` 是為了在每一行最後印出一個 **\n**，使得下一行能夠正確的輸出。

範例七：產生九九乘法表

九九乘法表的特性是 i * j = k 其中的 i ～ 2 至 9、j 由 1 ～ 9。仔細觀察九九乘法的內容：2*1 ～ 2*9、3*1 ～ 3*9、... 一直到 9*1 ～ 9*9。可以注意到外層迴圈的 i 必須要處理 8 次 i*1 ～ i*9，i 由 2 ～ 9；每次內層迴圈中的 j 是由 1 開始遞增，到 9 結束。如程式 3-19 所示。

程式 3-19　ch3_19.py

```
01. i = 2
02. j = 1
03.
04. while i <= 9:
05.     j = 1  # reset j to 1
06.     while j <= 9:
07.         print(f"{i}*{j}={i*j}", end=',')
08.         j += 1
09.     print()
10.     i += 1
```

執行結果：

```
$ python ch3_19.py
2*1=2,2*2=4,2*3=6,2*4=8,2*5=10,2*6=12,2*7=14,2*8=16,2*9=18,
3*1=3,3*2=6,3*3=9,3*4=12,3*5=15,3*6=18,3*7=21,3*8=24,3*9=27,
...
...,8*2=16,8*3=24,8*4=32,8*5=40,8*6=48,8*7=56,8*8=64,8*9=72,
9*1=9,9*2=18,9*3=27,9*4=36,9*5=45,9*6=54,9*7=63,9*8=72,9*9=81,
```

最後要特別注意的是之前所說 while 的執行與否是與 Bool_Expr 的結果有關。更實際的說應該是決定於 True 或是 False。由於 Python 中都是 object，而 object 本身都帶著真假值，因此，善用這個特性，可以使 while 寫起來更為簡潔。

比如說在程式 3-14 中的第 3 行：`while n > 0:`，當 Python 中的 int 不等於 0 時，其 bool 的值為 True；如果是 0，其值為 False。因此，該行程式可以改為 `while n:`。

也可以利用這個特性，在 while 迴圈中直接處理 iterable，如程式 3-20 所示。

程式 3-20　ch3_20.py

```
01. s = "abc"
02. while s:
03.     a, *b = s
04.     s = b
05.     print(f"a={a}, b={b}")
```

執行結果：

```
$ python ch3_20.py
a=a, b=['b', 'c']
a=b, b=['c']
a=c, b=[]
```

在程式 3-20 中的第 2 行 **while s:** 的意思是：當 s 不是空字串，就執行 while；反之，當 s 為空字串，就停止執行 while。

其次，while 要正常執行，在迴圈中必須要使 s 中 object 的數目逐漸減少，以使迴圈結束。第 3 行 **a, *b = s** 使用在 2.4.2 中提到的 extended sequenence unpacking，將 s 分拆為第一個 object 及剩餘的 iterable。第 4 行 **s = b** 使得 s 中的 object 逐次少 1，直到成為空字串。

介紹了 while statement 的特性及基本用法後，我們接著再看 for statement 的原理及使用方式。

3.4.2 For Statement

Python 的 for statement 與 C、C++ 及 Java 中的 for statement 不同。它與 Java 中的 for each statement 較為相似。實際上，Python 的 for statement 是一個 iterable 處理器。它的功能就是對 iterable 中的 object 逐個處理。其基本文法如下：

```
for object in iterable:
    block_object
```

因此，與 while 同樣是迴圈邏輯，可是 Python 的 for 與 while 在處理重複工作的基本性質是有些不同的。While statement 是屬於傳統的迴圈架構，依靠 Bool_Expr 判斷迴圈是否應繼續執行，適合處理不特定次數的重複性工作或是產生無限迴圈配合 3.5.1 中的 **break**。而 for statement 則是適合處理存放在各種 iterable 或是 container 中的 object。

雖然如此，它們之間的邏輯，原則上是可以互通的。While 可以使用程式 3-20 中的邏輯對 iterable 中的每個 object 進行處理。

先說明 for statement 對 iterable 中資料的提取：

```
>>> for _ in [1,2,3]:          # a list
...     print(_, end=' ')
...
1 2 3
>>> for _ in "abc":            # a string
...     print(_, end=' ')
...
a b c
>>> for _ in {1:'a',2:'b'}:    # a dict
...     print(_, end=' ')
...
1 2
>>> for _ in {1,2,3}:          # a set
...     print(_, end=' ')
...
1 2 3
>>> for _ in [1,2]+[3]:        # a list
...     print(_, end=' ')
...
1 2 3
```

由以上範例可以看到，在執行的過程中，for 迴圈會逐次取出 [1,2,3]、"abc"、{1:'a', 2:'b'}、{1,2,3} 或是 [1,2] + [3] 中的 object，存到 _ 中，再做處理。

其中要注意的是 for 迴圈對 dictionary 的處理方式。For 迴圈在提取 dictionary 中的 key:value 時是以 key 為對象。如果要取得 dictionary 的完整內容，可以使用 d[key] 的方式：

```
>>> d = {1:'a', 2:'b'}
>>> for x in d:
...     print(f"{x}:{d[x]}")
...
1:a
2:b
```

除了使用單一的變數存放 iterable 的內容外，Python 也允許我們使用 2.4.1 提到的 sequence assignment 及 2.4.3 中提到的 extended sequence unpacking 對 iterable 中的 container 直接拆分讀取。

在 for statement 中使用 sequence assignment：

```
>>> for x,y in [(1,2),(2,3)]:
...     print(x,y)
...
1 2
2 3

>>> for a,b,c,d in ["1a1b","2a2b"]:
...     print(f"{a=}, {b=}, {c=}, {d=}")
...
a='1', b='a', c='1', d='b'
a='2', b='a', c='2', d='b'

>>> for x,y in [(1,{'a':'b'}), (2,{'a':'abc'})]:
...     print(f"{x=}, {y=}")
...
x=1, y={'a': 'b'}
x=2, y={'a': 'abc'}
```

在 for statement 中使用 extended sequence unpacking：

```
>>> for *x,y in ["abc","def"]:
...     print(f"{x=}, {y=}")
...
x=['a', 'b'], y='c'
x=['d', 'e'], y='f'

>>> for *_, last_ch in ["abC", "efghI"]:
...     print(f"{_}+{lastch}")
...
['a', 'b']+C
['e', 'f', 'g', 'h']+I

>>> for x,*y,z in ["12345","3456"]:
...     print(f"{x=}, {y=}, {z=}")
...
x='1', y=['2', '3', '4'], z='5'
x='3', y=['4', '5'], z='6'
```

以上概要的說明了 for statement 處理 iterable 及擷取資料方式，我們接著以一些實例介紹如何以 for statement 設計及解決問題。

範例一示範使用 for 迴圈對 iterable 中的所有 int 做加總，可與 while 的範例一做比較：

範例一：使用 for 計算由 1 到 3 所有 int 的總和

在計算總和時，使用 for 由 [1,2,3] 中逐個取得 1、2 及 3 後，再將這些數字逐個加總。如程式 3-21 所示。

程式 3-21　ch3_21.py

```
01. s = 0
02. for n in [1,2,3]:
03.     s += n
04. print(s)
```

執行結果：

```
$ python ch3_21.py
6
```

● For 與 range()

在程式 3-21 中直接設定 list literal [1,2,3] 作為測試資料。針對這類型的需求，Python 提供了 range()，可以依特定規律生成一個 int 數列的 iterable。

有了 range()，就可以使用類似於 C 及 Java 所提供的 for 迴圈邏輯來撰寫傳統 for 迴圈：

```
>>> for _ in range(1,4):
...     print(_, end=' ')
...
1 2 3
```

要注意的是，Python 的 for 搭配 range 與傳統的 for 迴圈在執行方式上是完全不同的。傳統的 for 迴圈需要 control variable 及 Bool_Expr 控制迴圈的執行次數，在迴圈中可以直接改變 control variable 的值，以控制迴圈執行的次數。

Python 則是使用 range iterable 來控制 for 的執行次數。For 每次在執行迴圈時，都會取得 range iterable 的下一個 int object。當 range iterable 中沒有 object 可

供擷取時就會觸發 **StopIteration** 來中止 for 的執行。Range iterable 是 immutable container，因此產生後，其順序及次數都是不可改變的。

接下來我們將以 for 配合 range() 實作第 183 頁中 while 的一些實例，供大家比較其中的差異。

首先是 while 範例三：列出由使用者所指定的範圍 x 到 y 中的 int，如程式 3-22 所示。

程式 3-22　ch3_22.py

```
01. range_start = int(input("Enter the 1st number: "))
02. range_end = int(input("Enter the 2nd number: "))
03.
04. if range_start > range_end:
05.     range_start, range_end = range_end, range_start
06.
07. for x in range(range_start, range_end+1):
08.     print(x)
```

執行結果：

```
$ python ch3_22.py
Enter the 1st number: 2
Enter the 2nd number: 5
2
3
4
5
$ python ch3_22.py
Enter the 1st number: 4
Enter the 2nd number: 2
2
3
4
```

要注意的是，在程式 3-22 第 7 行的 range iterable 只有在 for 迴圈第一次執行時會產生，接下來都是在已產生的 iterable 中擷取其中的 int 而已。

我們再以 while 中的範例四：測試某一個正整數是否為質數為例，説明如何以 for statement 來處理同樣的問題，如程式 3-23 所示。

程式 3-23　ch3_23.py

```
01. n = int(input("Enter an positive int: "))
02. is_prime = True
03.
04. for t in range(2, n // 2 + 1):
05.     if is_prime and n % t == 0:
06.         is_prime = False
07. print(f"{n} {'IS' if is_prime else 'is NOT'} a prime.")
```

執行結果：

```
$ python for_prime_test.py
Enter an positive int: 6
6 is NOT a prime.
$ python for_prime_test.py
Enter an positive int: 7
7 IS a prime.
```

接著再看 while 範例五：計算一個整數中所有數字的總和，介紹如何使用 for 迴圈來解決相同的問題。

分拆數字的方法，取決於所處理的資料型態。如果要以 int 的方式處理，可以使用程式 3-14 中所介紹的取商及餘數的方法。但是由於 for 迴圈可以直接處理 iterable，我們可以更簡單的方式來處理這個問題。

不過在看使用 iterable 解決方式之前，我們先了解一下以傳統的 for 迴圈邏輯是如何處理這個問題。如程式 3-24 所示。

程式 3-24　ch3_24.py

```
01. n = 12345
02. s = 0
03. ns = str(n)
04.
05. for i in range(len(ns)):
06.     s += int(ns[i])
07. print(s)
```

由於傳統 C 語言的 for 每次執行都會以遞增或是遞減產生一個 int 用來表示 string 中各個字元的 index。因此在程式 3-24 的第 3 行，我們先以 str(n) 將該 n 轉為 str，就可以在 for 以 len() 計算數字 n 的長度。再以該長度產生一個 range iterable，以便逐個產生 0、1、2、... 的 index。第 5 行就可使用此 index 取得該位置的數字，以 int() 將其轉成 int 後，再進行加總計算。

這個做法可以得到正確的答案，可是卻沒有利用 Python 的 string 也是一個 iterable 這個特性。在 for 迴圈就可以利用這個特性，程式將因此簡單的多。

由於 int 不是 iterable。因此，必須先以 str() 將數字轉換成 str，再利用 for 可以直接處理 iterable 的特性，將 str 中的數字字元逐個取出存放在 d。由於 d 的資料型態是 str，因此在加總前需要將它以 int() 轉換為 int 後，才能夠進行加總。如程式 3-25 所示。

程式 3-25　ch3_25.py

```
01.  number = 12345
02.  total = 0
03.
04.  for digit in str(number):
05.      total += int(digit)
06.  print(total)
```

執行結果：

```
$ python ch3_25.py
15
```

最後，在 while 範例五中介紹了以雙層的 while statement 處理九九乘法表。在程式 3-26 使用雙層的 for statement 配合 range() 產生九九乘法表。

程式 3-26　ch3_26.py

```
01.  for i in range(2,10):
02.      for j in range(1,10):
03.          print(f"{i}*{j}={i*j}",end=",")
04.  print()
```

執行結果：

```
$ python ch3_26.py
2*1=2,2*2=4,2*3=6,2*4=8,2*5=10,2*6=12,2*7=14,2*8=16,2*9=18,
3*1=3,3*2=6,3*3=9,3*4=12,3*5=15,...
...
9*1=9,9*2=18,9*3=27,9*4=36,9*5=45,9*6=54,9*7=63,9*8=72,9*9=81,
```

九九乘法中 for 迴圈與 while 迴圈最大的不同在於：for 能夠與 range() 配合自行產生下一個數字及正確的結束，使程式更為簡潔；在 while 迴圈中，則必須自行以 i+=1 等方式，產生下一個數字，且在每次內層迴圈開始前都需要重設變數值，較容易出錯。

相較之下，for 迴圈雖然有許多好處，但是 while 可以使用 control variable 更細緻的控制迴圈，處理複雜的邏輯。到底何時該採用哪種邏輯，並無一定的答案。需要多加練習，才能掌握其中的差異及使用時機。

3.4.3 Looping Logic 與 Walrus Operator

Walrus operator 可以儲存 expression 的運算結果，因此，它不能用於 for 迴圈儲存由 iterable 取出的 object。因為 walrus operator 需要使用於 expression，使用於 for 迴圈的 object 會產生 **SyntaxError**：

```
>>> for (x:=y) in "abc":
  File "<stdin>", line 1
    for (x:=y) in "abc":
         ^^^^
SyntaxError: cannot assign to named expression
```

在 while 中使用 walrus operator 就沒有這類的問題。While 是否執行是依據 expression 的執行結果，因此 walrus operator 可以如同 if 一樣融合於其 expression 之中：

```
>>> while (c := input("continue? ")) != 'bye':
...     a = input('1st operand: ')
...     b = input('2nd operand: ')
...     print(f"{a=}, {b=}, {a+b=}")
...
continue?
1st operand: 1
2nd operand: 2
a='1', b='2', a+b='12'
continue? bye
```

3.5 Break 與 Continue Statement

說到這裡，大家應該對迴圈的執行方式有了基本的了解。就 while 而言，中止執行的時機必須在執行完一次的 block 後，再由其 Bool_Expr 的結果來決定是否要執行下一次迴圈。而 for 則需要將所有 iterable 中的資料走訪完畢才會結束。

這個執行模式無疑的限制了迴圈執行的邏輯。只要是開始執行 block，該 block 就至少會被執行一次。如何改變這種執行模式呢？就需要使用本節中要說明的 break 及 continue statement。

首先要說明的是 break 及 continue 都是 simple statement。它們不能與其他的 expression 或是 statement 組成另一個 expression 或是另一個 statement。接下來我們先說明 break 的執行方式及使用方法。

3.5.1 Break Statement

Break 的中文意思就是中斷。必須在迴圈邏輯中使用 break。不在迴圈中使用 break 會導致 **SyntaxError**：

```
>>> break
  File "<stdin>", line 1
SyntaxError: 'break' outside loop
```

當迴圈執行到 break 時，會導致最近的 for 或是 while statement 直接中止執行，如程式 3-27 所示：

程式 3-27　ch3_27.py

```
01. while True:
02.     print('in a while!')
03.     break
04.     print('after a break')
05. print('after a while!')
```

執行結果：

```
$ python ch3_27.py
in a while!
after a while!
```

　　程式 3-27 中的 while 是一個無限迴圈。如果迴圈中沒有 break，迴圈不會停止執行。由於第 3 行中的 break，使得該迴圈無條件的中止執行，迴圈中斷後執行了第 5 行的 print('after a while')。

　　還須要注意的是第 4 行的程式。由於第 3 行的 break 中斷了迴圈執行，因此在該 block 中，位於 break 之後的 statement 都屬於 unreachable code（不會被執行的程式碼），也被稱為無效的程式碼。

　　在程式 3-28 中，示範了 break 在雙層迴圈中的行為模式。

程式 3-28　ch3_28.py

```
01. a = 1
02. while a:
03.     print('in an outer while!')
04.     while True:
05.         print('in an inner while')
06.         break
07.     print('after an inner while')
08.     a = 0
09. print('after a while!')
```

執行結果：

```
$ python ch3_28.py
in an outer while!
in an inner while
after an inner while
after a while!
```

　　在程式 3-28 可以看到在第 6 行的 break 執行後，結束了與其最近的第 4 行 while 迴圈，執行來到了第 7 行 print('after an inner while')。第 7 行屬於第 2 行 while 的 block，第 8 行將 a 設為 0 使得第 2 行的 while 中止執行。程式執行第 9 行印出 after a while! 後結束。

了解 break 的基本執行方式後，接著我們繼續說明如何在實際狀況中使用 break。

由於單獨使用 break 會無條件的中止迴圈。因此，break 一般都是與 if 相配合。意思是：當有特殊狀況發生時，中止迴圈的執行。

程式 3-29 中使用了 if 搭配 break 來終止無限迴圈的執行。

程式 3-29　ch3_29.py

```
01.  while True:
02.      print('hi!')
03.      x = input("continue (y/n): ")
04.      if x.lower() == "n":
05.          print('bye')
06.          break
```

執行結果：

```
$ python ch3_29.py
hi!
continue (y/n): y
hi!
continue (y/n): n
bye
```

在程式 3-29 中還有一點要注意的是，雖然 break 所處的是在第 4 行 if 的 block，但是與其最近的是第一行的 while，因此它所終止的是第一行的 while 迴圈。

由於 break 可以使用在迴圈 block 中的任何地方終止迴圈，因此在邏輯設計上十分有彈性。舉例來說，在 while 範例四的質數測試時，一旦有數字可以將被測試數字整除，程式可以立刻執行 break，中止迴圈的執行，提高程式運作的效率。如程式 3-30 所示。

程式 3-30　ch3_30.py

```
01.  number = int(input("Enter an positive int: "))
02.  n = 2
03.  is_prime = True
04.
05.  while n < number:
```

```
06.     if number % n == 0:
07.         is_prime = False
08.         break
09.     n += 1
10. print(f"{number} {'IS' if is_prime else 'is NOT'} a prime.")
```

執行結果：

```
$ python ch3_30.py
Enter an positive int: 3
3 IS a prime.
$ python ch3_30.py
Enter an positive int: 6
6 is NOT a prime.
```

3.5.2 Continue Statement

相較於 break 直接結束所屬迴圈的執行，continue statement 並不會中止整個迴圈，而是結束該次迴圈，繼續執行下一輪的迴圈。Continue 通常用於在迴圈中發生某些特殊狀況或是特殊資料時，略過不予處理。請看程式 3-31 的說明。

程式 3-31　ch3_31.py

```
01. for i in range(5):
02.     if i%2:
03.         continue
04. print(i, end=' ')
```

執行結果：

```
$ python ch3_31.py
0 2 4
```

當程式 3-31 中的 i 為奇數時，i%2 成立，執行第 3 行的 continue，使得該次迴圈直接結束，進入下一輪，程式因而只會輸出偶數。

在使用 continue 與 break 同樣要注意的是：出現於 continue 之後，同一個 block 的 statement，都是屬於無用的程式碼。

3.5.3 Looping Else

在 3.4 開始說明迴圈時，曾經提到 Python 的 for 及 while 也提供了 else。這個選擇性使用的 else 可以與 break 配合處理特定狀況。其文法為：

```
while Bool_Expr:
    blockwhile
[else:
    blockelse]
```

```
for value in iterable:
    blockfor
[else:
    blockelse]
```

While 及 for 在以下狀況發生時會執行 blockelse：

- 狀況一：當迴圈正常結束，執行時沒有遇到 break。

- 狀況二：當 while 中 Bool_Expr 的條件不成立，導致 blockwhile 沒有被執行時。

- 狀況三：當 for 中處理的 iterable 為 empty，導致其 blockfor 沒有被執行。

我們以程式碼分別說明這些狀況。

狀況一：當迴圈正常結束，執行時沒有遇到 break，如程式 3-32 所示。

程式 3-32　ch3_32.py

```
01. i = 0
02. while i < 10:
03.     print(i, end=' ')
04.     i += 1
05. else:
06.     print('end')
07.
08. for i in range(10):
09.     print(i, end=' ')
10. else:
11.     print("end")
```

執行結果：

```
$ python ch3_32.py
0 1 2 3 4 5 6 7 8 9 end
0 1 2 3 4 5 6 7 8 9 end
```

或是執行時沒有遇到 break，如程式 3-33 所示。

程式 3-33　ch3_33.py

```
01. for i in range(10):
02.     if i == 10:
03.         print('wow')
04.         break
05.     print(i, end=' ')
06. else:
07.     print('end')
08.
09. i = 0
10. while i < 10:
11.     if i == 10:
12.         print('wow')
13.         break
14.     print(i, end=' ')
15.     i += 1
16. else:
17.     print('end')
```

執行結果：

```
$ python ch3_33.py
0 1 2 3 4 5 6 7 8 9 end
0 1 2 3 4 5 6 7 8 9 end
```

狀況二：當 while 中 Bool_Expr 的條件不成立，導致 block$_{while}$ 沒有被執行時，如程式 3-34 所示。

程式 3-34　ch3_34.py

```
01. i = 100
02. while i < 10:
03.     print(i, end=' ')
04.     i += 1
05. else:
06.     print('wow')
```

執行結果：

```
$ python ch3_34.py
wow
```

狀況三：當 for 中處理的 iterable 為空的，導致其 block$_{for}$ 完全沒有被執行，如程式 3-35 所示。

程式 3-35　ch3_35.py

```
01. for i in []:
02.     print('a')
03. else:
04.     print('b')
```

執行結果：

```
$ python ch3_35.py
b
```

總結狀況一、二、三就是：**當迴圈正常結束，沒有被 break 中斷，如果迴圈後有 else，則執行 block$_{else}$。**

由於 break 會中斷迴圈執行，如果迴圈沒有被 break 中斷則會執行 block$_{else}$。因此，程式可以利用這個特性取代**狀況旗標**的使用。

以程式 3-23 質數測試為例，可以使用 looping else 來取代 flag（旗標）的使用。旗標的作用在於在迴圈結束後，程式可以依據旗標的結果進行下一步的處理方式。在使用 break 及 looping else 時，同樣有兩個時機可以對特定狀況做處理，不用旗標也可以達到同樣的目的，如程式 3-36 所示。

程式 3-36　ch3_36.py

```
01. number = int(input("Enter an positive int: "))
02.
03. for t in range(2, number // 2 + 1):
04.     if not (number % t):
05.         print(f"{number} is NOT a prime!")
06.         break
07. else:
08.     print(f"{number} is a prime!")
```

執行結果：

```
$ python ch3_36.py
Enter an positive int: 5
5 is a prime!
$ python ch3_36.py
Enter an positive int: 6
6 is NOT a prime!
```

在程式 3-36 中，一旦有數字將 number 整除，可以立即確定 number 不是一個質數，印出結論後需要使用 break 立刻中止迴圈。由於是執行了 break 才離開迴圈，因此 looping else 不會被執行；反之，如果 number 是一個質數，整除不會發生，break 也因而不會被執行，程式會繼續執行 looping else，輸出 number 是一個質數的結果。

3.6 Block 與 Scope

Python 與 C、C++ 及 Java 等程式語言在變數的產生及使用上有著基本上的差別。首先要注意的是變數在使用前並不需要宣告[8]。其次是變數沒有資料型態的限制。可以 reference 任意資料型態的 object。變數在 if、while 及 for 等 block 中產生後，當執行離開了所屬的 block 後，這些變數依然存在，可以繼續使用。

在一般的程式語言如 C 及 Java，為了避免變數之間發生名稱上的衝突，都有scope（生存範圍）的設計。每一個 block 都會產生自己的 scope，其中產生的變數只能夠在該 scope 中使用，離開了 scope，該變數就會消失，不復存在。也就是說，在 if statement 中產生的變數，離開了 if 後，如果再使用會產生變數不存在的錯誤。

可是 Python 並未採取這種設計。只有在 function、comprehension、lambda 及class 會產生限制變數生命的 scope，其他的 composite statement 雖然定義了 block，但是這些 block 都不會產生的 scope，如程式 3-37 所示。

8 　第四章有詳細的說明。

程式 3-37　ch3_37.py

```
01. for n in range(10):
02.     if True:
03.         x = 1
04.         if True:
05.             y = 2
06.
07. print(f"{n=}, {x=}, {y=}")
```

執行結果：

```
$ python ch3_37.py
n=9, x=1, y=2
```

在程式 3-37 中可以看到第一行的 n、第 3 行的 x 及第 5 行的 y，在離開了所屬的 block 後，還是可以在第 7 行中被讀取，就說明了在 if 及 for 等 block 中產生的變數，如：n、x 及 y 等，不會因為離開了所屬的 block 而消失。

雖然如此，變數必須先以 assignment 方式產生後才能使用。在某些狀況下會導致變數不存在的執行錯誤，如程式 3-38 所示。

程式 3-38　ch3_38.py

```
01. number = int(input("Enter an positive int: "))
02. t = 2
03. # is_prime = True
04.
05. while t < number:
06.     if number % t == 0:
07.         is_prime = False
08.         break
09.     t += 1
10. print(f"{number} {'IS' if is_prime else 'is NOT'} a prime.")
```

執行結果：

```
$ python ch3_38.py
Enter an positive int: 4
4 is NOT a prime.

$ python ch3_38.py
Enter an positive int: 3
```

```
Traceback (most recent call last):
  File "ch3_38.py", line 10, in <module>
    print(f"{n} {'IS' if is_prime else 'is NOT'} a prime.")
                    ^^^^^^^^
NameError: name 'is_prime' is not defined
```

如果將程式 3-38 的第 3 行以註解的方式取消，程式在執行時就會發生錯誤！因為當 n 為 3 時，n % t == 0 不成立，導致第 7 行沒有被執行，因此無從產生 is_prime，導致了 **NameError** 的發生。

3.7 Comprehension

Python 提供了五種基本的 container 資料型態，分別是 list、tuple、dict、set 及 frozenset，其中除 tuple 及 frozenset 是屬於 immutable，其他三種都可改變內容。也就是說，tuple 及 frozenset 不可以使用 comprehension 方式產生。

在 comprehension 之前，可以使用 literal 的方式產生 list：

```
>>> l = [1,2,3]
>>> l
[1, 2, 3]
```

也可以使用 for 或是 while 以動態方式產生一個 list：

```
>>> l = [] # init a list
>>> for i in range(3):
...     l.append(i)
...
>>> l
[0, 1, 2]

>>> i = 0  # init i
>>> l = [] # init a list
>>> while i < 3:
...     l.append(i)
...     i += 1
...
>>> l
[0, 1, 2]
```

這些做法雖然可行，但是不夠直接有效。Python 提供了一種類似於 literal 但是簡潔高效的方式產生這些 mutable container，稱之為 comprehension[9]。在文法上它們都是 expression，因此可與其他的 expression 配合，產生極為精簡且有效率的程式碼。

Comprehension 的表示方式來自於數學集合（set）的表示方式。比如說：

```
A = {1,2,3,4,5}，
B = {x² | x ∈ A} = {1,4,9,16,25}
```

上述的集合 B 可以用 set comprehension 的方式以即時的方式產生：

```
>>> {i**2 for i in range(1,6)} # set comprehension
{1, 4, 9, 16, 25}
```

類似的做法也適用於 list 及 dict，在產生資料的同時進行計算：

```
>>> [i*i for i in range(5)]    # list comprehension
[0, 1, 4, 9, 16]

>>> {i:i+1 for i in range(5)} # dictionary comprehension
{0: 1, 1: 2, 2: 3, 3: 4, 4: 5}
```

實際上，這些 comprehension 還可以結合 if 邏輯，在產生 container 時依據需求對內容進行調整：

```
>>> [i for i in range(10) if i % 2 == 0]
[0, 2, 4, 6, 8]

>>> [i for i in range(10) if i % 2 != 0]
[1, 3, 5, 7, 9]
```

接下來，我們先說明 list comprehension，其後是 dictionary 及 set comprehension。

9　Comprehension 目前還沒有適當的中文譯名。

3.7.1 List Comprehension

List comprehension 的文法與 list literal 有些類似，其文法如下：

```
"[" expression for item in iterable "]" 10
```

也可以加上 Bool_Expr 對產生的資料做進一步的篩選：

```
"[" expression for item in iterable if Bool_Expr "]"
```

剛接觸 list comprehension 時可能有些不習慣，我們可以將其文法轉換成 for 的語法來思考：

```
new_list = []
for item in iterable:
    x = apply expression to item
    new_list.append(x)
```

如果有 if 部分，則可以將它轉換成相等語意的程式碼如下：

```
new_list = []
for item in iterable:
    x = apply expression to item
    if Bool_Expr:
        new_list.append(x)
```

藉由上述的轉換，可以了解到 comprehension 相較於迴圈邏輯的簡潔度。更由於它是一個 expression，因此可以與任何 expression 相配合，以精簡的程式處理複雜的問題。

我們知道 expression 的最簡形式是一個 literal 或是 value，複雜時也可以是一個計算式。Comprehension 中的 expression 可以任何合法的型態表現，如 int、str 或是 container 資料型態：

---

10 List comprehension 頭尾的中括號是文法的一部分，不是選擇性使用的意思，特別以雙引號標示。

```
>>> [x for x in "123"]                    # variable
['1', '2', '3']

>>> [x*2 for x in "123"]                  # expression
['11', '22', '33']

>>> [int(x)**2 for x in "123"]            # expression
[1, 4, 9]

>>> [(int(x),int(x)**2) for x in str(123)]  # tuple literal
[(1, 1), (2, 4), (3, 9)]

>>> [x.upper() for x in ("aB","cd","EF")]   # method call
['AB', 'CD', 'EF']
```

而 item in iterable 部分則可用 2.4.1 中提到的 sequence assignment 及 2.4.2 提到的 extended sequence unpacking 等方式對 iterable 中的 item 直接拆解為多個部分：

```
>>> [(x,y) for x,y in ["12","34","56"]]          # x,y
[('1', '2'), ('3', '4'), ('5', '6')]

>>> [(x,y) for x,*y in ["A123","B456"]]          # x,*y
[('A', ['1', '2', '3']), ('B', ['4', '5', '6']))]

>> [(x.lower(),y) for x,*y in ["A123","B456"]]    # x,*y
[('a', ['1', '2', '3']), ('b', ['4', '5', '6'])])]
```

也可以對 item 拆解後的 object 在 expression 中進行重組或是計算為另一個 iterable，如下方操作中的 (x,x,y) 及 {x:x+y}：

```
>>> [(x,x,y) for x,y in ["12","34","56"]]    # (x,x,y)
[('1', '1', '2'), ('3', '3', '4'), ('5', '5', '6')]

>>> [{x:x+y} for x,y in ["12","34","56"]]    # {x:x+y}
[{'1': '12'}, {'3': '34'}, {'5': '56'}]
```

接下來的例子是示範如何在 list comprehension 中重複使用 for 重複產生 3 個 [0,1]。首先在 expression 部分，使用 [i for i in range(2)] 產生 [0,1]，因此，該 comprehension 成為 [[0,1] for j in range(3)]。後續的 for j in range(3)，使 [0,1] 重複執行 3 次，如此就可以在一個 list 中產生 3 個 [0,1]：

```
>>> [[i for i in range(2)] for j in range(3)]
[[0, 1], [0, 1], [0, 1]]
```

如果使用 for statement 處理時同樣的問題時，外層的 for 需要重複 3 次的工作，而內層迴圈則負責產生 [0,1]：

```
>>> l = []
>>> for i in range(3):
...     m = []
...     for j in range(2):
...         m.append(j)
...     l.append(m)
...
>>> l
[[0, 1], [0, 1], [0, 1]]
```

也可以使用 list comprehension 產生排列組合。我們在 list comprehension 中以雙層的 for 產生 00、01、10 及 11 等 4 種組合。

```
>>> [x+y for x in "01" for y in "01"]
['00', '01', '10', '11']
```

在第一個 for 首次執行時，x 取得 0，此時 comprehension 為 ['0'+y for y in "01"]，因此得到 ['00', '01']。此時，第一個 for 再次執行時，x 取得 1，此時 comprehension 為 ['1'+y for y in "01"]，繼續以此方式執行，最終得到 ['00', '01', '10', '11']。

使用 for statement 處理時，外層 for 在第一次迴圈取得 0，再由內層迴圈分別產生 00 及 01，再使用 append() 存入 list c，反覆執行以得到最終結果：

```
>>> c = []
>>> for x in "01":
...     for y in "01":
...         c.append(x+y)
...
>>> c
['00', '01', '10', '11']
```

再看一個較為複雜的例子，可以在 list comprehension 中重複使用 for 將一個雙層 tuple 拆解為單層的 list：

```
>>> nested = ((1,),[2,3],{4,5,6})
>>> flatten = [val for c in nested for val in c]
>>> flatten
[1, 2, 3, 4, 5, 6]
```

■ 在第一個 for 中由 nested 取得 c，每一次取得的 c 依次為：(1,)、[2,3] 及 {4,5,6}。在後方 for val in c 中的 c 即為第一個 for 中的 c。因為 nested 中有 3 個 container，因此這 3 次的迴圈，依次為：[val for val in (1,)]、[val for val in (2,3)] 及 [val for val in {4,5,6}]。逐個讀取後存在 list flatten 中，即成為一個單層的 list。

使用 for statement 處理上述同一個問題，在邏輯上必須以外層 for 取出的 iterable 作為內層 for 處理的對象：

```
>>> nested = ((1,),[2,3],{4,5,6})
>>> l = []
>>> for c in nested:
...     for val in c:
...         l.append(val)
...
>>> l
[1, 2, 3, 4, 5, 6]
```

Comprehension 在產生 list 的同時，可以對取出的 object 進行計算並設定在 container 中儲存的方式及架構。以下操作在取出 string 後，將 string 本身與其長度以 tuple 的方式儲存於 list：

```
>>> [(s, len(s)) for s in ["ab","abc","abcd"]]
[('ab', 2), ('abc', 3), ('abcd', 4)]
```

或是由 range iterable 中取出 int 時，將其中的奇數儲存在 list：

```
>>> [x for x in range(10) if x % 2 == 1]
[1, 3, 5, 7, 9]
```

甚至於九九乘法表也可使用雙層 for 的 list comprehension 來完成：

```
>>> [f"{x}*{y}={x*y}" for x in range(2,10) for y in range(1,10)]
['2*1=2', '2*2=4', '2*3=6', '2*4=8', '2*5=10', '2*6=12', …,
…,
…, '9*4=36', '9*5=45', '9*6=54', '9*7=63', '9*8=72', '9*9=81']
```

Python 還提供了許多的 function（函數）可以配合 iterable 進行複雜的計算。如：sum() 可以對 iterable 加總：

```
>>> sum([1,2,3])
6

>>> sum([int(x) for x in "1,2,3".split(",")])
6
```

sorted() 可以對 iterable 排序：

```
>>> sorted([5,3,4,1])
[1, 3, 4, 5]

>>> sorted([int(x) for x in "5,3,4,1".split(',')])
[1, 3, 4, 5]
```

還有 enumerate() 可以對 iterable 中的 object 逐個產生序號，並將序號與 object 成對的存於 tuple：

```
>>> list(enumerate("abc"))
[(0, 'a'), (1, 'b'), (2, 'c')]
```

也可以在 enumerate() 中設定序號的起始值。如設定起始值為 1，則需要以額外的參數或是以 start = 1 方式設定：

```
>>> list(enumerate("abc",start = 1))
[(1, 'a'), (2, 'b'), (3, 'c')]

>>> list(enumerate("abc",2))
[(2, 'a'), (3, 'b'), (4, 'c')]
```

由於 enumerate() 會將 object 與其序數以 tuple 的方式傳回，我們可以使用 sequence assignment 等方式處理其中的資料：

```
>>> [(x+1,y) for x,y in enumerate("abc")]
[(1, 'a'), (2, 'b'), (3, 'c')]

>>> [(y,x) for x,y in enumerate("abc")]
[('a', 0), ('b', 1), ('c', 2)]
```

還有一個十分好用的 string method（字串方法）：join()。我們曾經在第 83 頁討論字串其他處理中介紹過。str.join(iterable) 的功能是將 iterable 中的 object 與 str 交互連接產生一個新的字串。因此，當程式需要將 iterable 的內容輸出時，可以使用 join()，將 iterable 轉化為所需要的字串格式：

```
>>> ",".join("123")
'1,2,3'
```

str.join(iterable) 的運作也可以使用 for 敘述完成，可是邏輯要複雜得多，在使用上十分不便：

```
>>> s = ""
>>> for i in "123":
...     s += i + ','
...
>>> s = s[:-1]    # 除去最後的 "，"
>>> s
'1,2,3'
```

由於 join() 是 str 的方法，在進行 join() 計算時，iterable 中的內容必須是 string，否則就會產生 **TypeError**：

```
>>> ','.join([1,2,3])
Traceback (most recent call last):
  File "<stdin>", line 1, in <module>
TypeError: sequence item 0: expected str instance, int found
```

此時 comprehension 就可以派上用場。先將 [1,2,3] 以 list comprehension 轉換成 ['1','2','3']，再使用 str.join() 將 ['1','2','3'] 轉換成所需要的格式：

```
>>> l = [str(i) for i in [1,2,3]]
>>> ','.join(l)
'1,2,3'
```

由於 comprehension 屬於 expression，因此可以將這兩行寫成一行：

```
>>> ','.join([str(i) for i in [1,2,3]])
'1,2,3'
```

或是產生不同的格式：

```
>>> '-'.join(str(i) for i in [1,2,3])
'1-2-3'
```

```
>>> ' - '.join(str(i) for i in [1,2,3])
'1 - 2 - 3'
```

Comprehension 可以與第 96 頁中的 f-string 搭配產生更豐富的格式：

```
>>> f"[{' - '.join(str(i) for i in [1,2,3])}]"
'[1 - 2 - 3]'
```

```
>>> f"list = [{' - '.join(str(i) for i in [1,2,3])}]"
'list = [1 - 2 - 3]'
```

3.7.2 Dictionary Comprehension

Dictionary comprehension 則是以類似 dictionary literal 的方式，計算並產生一個 dictionary：

```
{ expressionkey:expressionvalue for item in iterable [if Bool_Expr] }
```

其中的 key 及 value 都可以是一個 expression，分別以 expression$_{key}$ 及 expression$_{value}$ 表示。其次，與 list comprehension 一樣，也可以加上 Bool_Expr 對資料做篩選：

先看一些基本的例子：

```
>>> {x:x+1 for x in range(3)}
{0: 1, 1: 2, 2: 3}

>>> {x:str(x+1) for x in range(3)}
{0: '1', 1: '2', 2: '3'}

>>> {str(x-1):str(x+1) for x in [1,2,3]}
{'0': '2', '1': '3', '2': '4'}

>>> {x:x**2 for x in range(10) if x % 2 == 0}
{0: 0, 2: 4, 4: 16, 6: 36, 8: 64}
```

以下的例子是計算 a、b 及 c 字元的編碼，儲存在 dictionary 中，方便後續取用：

```
>>> d = {x:ord(x) for x in "abc"}
{'a': 97, 'b': 98, 'c': 99}

>>> d['a'], d['b'], d['c']
(97, 98, 99)
```

也可以使用 enumerate() 對 iterable 中的 object 編號，存於 dictionary 中，方便後續以類似 index 的方式取用：

```
>>> d = {x:y for x,y in enumerate("abc")}
>>> d
{0: 'a', 1: 'b', 2: 'c'}
>>> d[0]
'a'
```

配合 f-string，進一步對 dictionary 輸出時的內容作格式化：

```
>>> ', '.join({f"'abc'[{x}]:{y}" for x,y in enumerate("abc")})
"'abc'[1]:b, 'abc'[0]:a, 'abc'[2]:c"
```

3.7.3 Set Comprehension

同樣的，set 也可以使用 comprehension 的方式產生。如同 dictionary comprehension 也可以使用 Bool_Expr 篩選資料。基本文法如下：

```
{ expression_key for item in iterable [if Bool_Expr] }
```

Set comprehension 的使用方式與 list 及 dictionary comprehension 相同。要注意的是產生的 set 不存在相同、重複的資料：

```
>>> {x for x in "1223334444"}
{'3', '4', '1', '2'}

>>> {x for x in ["12","12","23"]}
{'23', '12'}
```

使用 if 進一步對資料篩選：

```
>>> {x for x in ["12","12","123"] if len(x)>2}
{'123'}

>>> {(x,y) for x in "ac" for y in "cd" if x != y}
{('a', 'd'), ('a', 'c'), ('c', 'd')}
```

3.7.4 Comprehension 與 Scope

在 comprehension 中會產生一個 local scope。簡單說，當 comprehension 結束後，其中使用的 identifier 或是 variable 都會消失，不能再被使用：

```
>>> c = [x for x in 'abc']
>>> x
Traceback (most recent call last):
  File "<stdin>", line 1, in <module>
NameError: name 'x' is not defined
```

此外，如果在 comprehension 使用了 global scope 的變數，comprehension 也不會影響該同名變數的值：

```
>>> a = 1
>>> c = [a for a in 'abc']
>>> a
1
```

以上操作在 comprehension 中使用了 global scope 中的 a，在 comprehension 結束後，global a 的值並沒有受到影響。

3.8 Match Statement

當程式中需要對變數中不同的 value 採取不同的動作，可以使用 if-elif-else 邏輯處理。比如說：計算工資時需區分工作日與假日的工時；統計成績在不同區間的人數等，如下所示：

```
>>> if x == 1:
...     v = 'a'
... elif x == 2:
...     v = 'b'
... elif x == 3:
...     v = 'c'
...
```

可是這樣的邏輯使用 if 等邏輯表示時常會過於複雜，可讀性不高。因此，由 C 語言開始提供了 switch statement 來處理這類狀況，將邏輯簡化。在 Python 3.10 之前，並沒有類似的邏輯可以使用。要處理類似的問題，多是以 dictionary 的方式處理：

```
>>> d = {1:"a", 2:"b", 3:"c"}
>>> value = 1
>>> print(d[value])
'a'
```

從 Python 3.10 開始提供了類似 C 語言 switch 敘述的 match statement。它不僅能夠依變數中不同的 value 作個別的處理，還整合了 Python 本身的語言特性及多種內建的資料型態，將 match statement 中稱為 **subject**（匹配主體）的資料型態由單一的 numeric、string 擴展到結構化的 container。對於其內容也不僅是單純資料的比較，match 還提供了多種 pattern（模式）進行匹配。Pattern 中也可以再設定 sub-pattern（子模式）對 subject 進行匹配。匹配成功的全部或部份資料還可以綁定於一個或多個變數，便於後續使用。因此，Python 的 match 所提供的模式匹配能力遠超過 switch 敘述的邏輯處理能力，是一個很好用的工具。

首先要了解的是 match 是一個 compound statement，執行時並不會產生 scope。Match 的結果是成功或是失敗。如果成功則執行其中的 block；如果沒有 pattern 匹配成功也不會產生錯誤訊息。

其中的 **match**、**case** 及 pattern 中使用的 **as** 及 **_** 都屬於 2.1.3 中提及的 soft keyword。基本的文法架構如下：

```
match subject_expression:
    case pattern₁ [guard₁]:
        block₁
    case pattern₂ [guard₂]:
        block₂
    ...
    case patternn [guardₙ]:
        blockₙ
```

其中的 **guard** 是由 **if** 及 Bool_Expr 組成。使用 guard 可以進一步對符合 pattern 的 subject 做進一步的篩選。

首先要注意的是 **match** 的 subject 是以一個 expression 表示，稱為 subject_expression。因此，**match** 執行時，首先會計算 subject_expression 的結果。如果結果中有 **,** 存在，表示 subject 中有多筆資料。其結果將儲存於 tuple。

接著，**match** 將該結果與 pattern₁ 進行比對。匹配成功後，如果 guard₁ 存在，則繼續以 guard₁ 測試該結果。如果 guard₁ 不存在或是通過 gurad₁ 測試，則執行 block₁，執行完後，**match** 結束，繼續執行 match statement 的下一行。如果 guard₁ 不成立，則 pattern₁ 的匹配失敗，繼續比對下一個 pattern。**match** 以此方式比對後續所有的 pattern，直至有 pattern 成功或是所有 pattern 都失敗，再繼續執行下一行程式。沒有匹配成功的 match 不會產生任何錯誤！在執行 block 時如果發生了 exception，則以 exception 處理規則進行處理。

先看一個最基本的應用方式：將工作日期由數字轉換為英文表示，如程式 3-39 所示。

程式 3-39　ch3_39.py

```
01. workdays = [1,5,6,7]
02.
03. for day in workdays:
04.     match day:
05.         case 1:
06.             print(f'{day}: Monday')
07.         case 2:
08.             print(f'{day}: Tuesday')
09.         case 3:
10.             print(f'{day}: Wednesday')
11.         case 4:
12.             print(f'{day}: Thursday')
13.         case 5:
14.             print(f'{day}: Friday')
15.         case _:
16.             print(f'{day}: Weekend')
```

執行結果：

```
$ python ch3_39.py
1: Monday
5: Friday
6: Weekend
7: Weekend
```

在程式 3-39 中，subject_expression 為 day。當 day 不是 1 ～ 5 時，都會被 _ patttern 匹配成功。相對的，也可以使用 match 匹配 string，產生相對應的星期數字，如程式 3-40 所示。

程式 3-40　ch3_40.py

```
01. workdays = ['mon', 'tue', 'sun']
02.
03. for day in workdays:
```

```
04.     match day:
05.         case 'mon':
06.             print(f'{day}: 1')
07.         case 'tue':
08.             print(f'{day}: 2')
09.         case 'wed':
10.             print(f'{day}: 3')
11.         case 'thu':
12.             print(f'{day}: 4')
13.         case 'fri':
14.             print(f'{day}: 5')
15.         case _:
16.             print(f'{day}: 6,7')
```

執行結果：

```
$ python ch3_40.py
mon: 1
tue: 2
sun: 6,7
```

Guard 的使用與 if 十分類似，如程式 3-41 所示。

程式 3-41　ch3_41.py

```
01. for n in [1,2,23,12,22]:
02.     match n:
03.         case x if x % 2:
04.             print(f"{x} is an odd")
05.         case x if not(x % 2):
06.             print(f"{x} is an even")
```

執行結果：

```
$ python ch3_41.py
1 is an odd
2 is an even
23 is an odd
12 is an even
22 is an even
```

3.8.1 Pattern（模式）

Pattern 是我們預期 subject 的結果可能會出現的資料型態、組成架構或是特定值。除了 Python 提供的多種資料型態外，使用者也可以自訂資料型態[11]。凡此種種都有可能在計算結果出現。因此，subject 的內容就需要有相對應的 pattern 進行匹配。

Pattern 之所以強大是因為這些 pattern 可以在視狀況混合運用，匹配複雜的 subject 同時還可以擷取其中的部分資料。不過在這之前，我們需要先說明各個 pattern 個別的特性，了解後才能混合使用。

● Literal Pattern

Literal pattern 就是直接以 Python literal 表示的 pattern。在第二章中，我們提到了許多資料型態的 literal。Int 及 float literal 有 `123` 及 `1.23`、string literal 有 `'hello'`、`"123"`，boolean literal 有 `True` 及 `False`，NoneType 有 `None` 等等。程式 3-39 及程式 3-40 就是使用 literal pattern 進行匹配。

● Wildcard Pattern

Wildcard pattern 是借用了原本表示匿名變數的 `_`，用以表示萬用的 pattern，可以匹配任何 subject：

```
>>> match 1:
...     case 2:
...         print('2 is matched')
...     case _:
...         print('no match')
...
no match
```

因此，在使用時要注意其擺放位置。如果將它放在第一個 `case`，那就不是匹配所有其他狀況，而是匹配所有狀況了，並且會引發 **SyntaxError**，因為它會導致後方所有的 pattern 無效：

---

[11] 自訂資料型態需使用 class，為物件導向機制，已超出本書討論範圍。

```
>>> match 1:
...     case _:
...         print('match all')
...     case 1:
...         print('1 is matched')
...
  File "<stdin>", line 2
SyntaxError: wildcard makes remaining patterns unreachable
```

因此，wildcard pattern 都是擺放在最後的 case。其角色相當於 if-elif-else 中最後的 else，是用來處理所有其他或是無法預期的 pattern。

● Capture Pattern

Capture pattern 是一個單純 identifer 的名稱。在匹配時，將 subject 中的 value 綁定於 identifier[12]。其為 global 或是 local variable 由所在的 scope[13] 決定。

```
>>> match "hello world":
...     case a:
...         print(f"{a=}")
...
a='hello world'
```

要注意這個 identifier 不能是 wildcard pattern 所使用的 _ 符號

```
>>> match 1,2:
...     case _:
...         print(_)
...
Traceback (most recent call last):
  File "<stdin>", line 3, in <module>
NameError: name '_' is not defined
```

---

12 這個過程相當於模組化程式中，caller 呼叫 callee 時，將 actual parameter 傳送至相對應的 formal parameter，詳情請參見第四章。

13 在 4.4 Scope（生命範圍）與 Name Resolution（名稱解析）說明。

在一個 pattern 中，capture pattern 所使用的 identifier 名稱不能重複出現：

```
>>> match 1,2:
...     case a,a:
...         print(a)
...
  File "<stdin>", line 2
SyntaxError: multiple assignments to name 'a' in pattern
```

由於 capture pattern 的功能只是將 subject 與變數綁定，沒有比較成功與否的問題。因此，在執行時，一個單純的 capture pattern 如同 wildcard pattern 一樣是不會匹配失敗的。因此，任何在其後方的 pattern 都屬於無效，會觸發 **SyntaxError**：

```
>>> match 1:
...     case a:
...         print('hello')
...     case 1:
...         print('1 is matched')
...
  File "<stdin>", line 2
SyntaxError: name capture 'a' makes remaining patterns unreachable
```

● Value Pattern

Match 的 value pattern 是指以 **.** 方式表示的資料。這類型的資料主要出現在 Enum 及 class 資料型態中。由於這些資料型態的定義與使用需要了解物件導向觀念 [14]。除此之外，還有的是 module[15] 中 top-level 的資源也是以 **.** 方式表示，以下使用 module 作為示範：

```
>>> import math
>>> match math.pi:
...     case math.pi:
...         print('math.pi is found!')
...     case math.inf:
```

---

[14] 物件導向概念已超過本書討論範圍。

[15] 在 4.7 Module 及 Package 說明。

```
...            print('math.inf is found!')
...
math.pi is found!
```

● Group Pattern

在 pattern 中，group pattern 並不是在處理與 subject 之間的關係而是在強調 pattern 自身的組成。比如說可以使用 **(1|2)** 強調 OR pattern 或是 **(1 as a)** 標示著 AS pattern：

```
>>> match 1,2,3:
...     case (1|2),(2|3):
...         print('first is matched')
...     case 1,2,(3|4) as p:
...         print(f'{g=} is matched')
...
g=3 is matched
```

此外，**(x)** 與 x 在 group pattern 中並無分別：

```
>>> match [1,2,3]:
...     case (x):
...         print(x)
...
[1, 2, 3]

>>> match [1,2,3]:
...     case x:
...         print(x)
...
[1, 2, 3]
```

● Sequence Pattern

進行 sequence pattern 的匹配時，subject 必須是 sequence 資料型態，其次是 subject 的個數，即 `len(subject)` 必須等於 `len(sequence pattern)`，最後是將 sequence pattern 中的 sub-pattern 逐一與 subject 進行比較匹配，所有的 sub-pattern 均成功，該 sequence pattern 即匹配成功。要注意的是在 Python 中雖然 str、bytes 及

bytearray 等也是 sequence type，但是它們在 **match** 中不會以 sequence pattern 進行匹配 [16]，而是以 literal pattern 處理：

```
>>> match "123":
...     case [1,*a]:
...         print(a)
...     case _:
...         print("no match!")
...
no match!

>>> match "123":
...     case "123": # 須以 literal pattern 處理
...         print("123 is matched")
...
123 is matched
```

　　Sequence pattern 可以使用 **[ ]**、**(,)** 或是單純使用 **,** 表示 sequence subject。當 **( )** 中沒有出現 **,** 時，該 pattern 被視為 group pattern；如果出現 **,**，則以 sequence pattern 處理：

```
>>> match [1,2,3]:
...     case [1,a,b]:
...         print(a,b)
...
2 3
>>> match [1,2,3]:
...     case (1,a,b):
...         print(a,b)
...
2 3
>>> match [1,2,3]:
...     case 1,a,b:
...         print(a,b)
...
2 3
```

---

[16] 原因詳見 PEP 635 - Structural Pattern Matching: Motivation and Rationale。

　　Sequence pattern 可以使用 iterable unpacking 直接將 sequence subject 以 * 方式拆解。不過，sequence pattern 中只能有一個 *。當 pattern 中使用 * 時，pattern 能夠匹配變動長度的 subject sequence；如果 pattern 中沒有 *，sequence pattern 則匹配固定長度的 sequence subject：

```
>>> match [1,2,3]:
...     case [1,*a]:
...         print(a)
...
[2, 3]

>>> match [1,2,3]:
...     case [*a,3]:
...         print(a)
...
[1, 2]

>>> match (1,2,3):
...     case [*a,2,3]:
...         print(a)
...
[1]

>>> match (1,2,3,4):
...     case *f,1,2,3:
...         print(f"1st case {f=}")
...     case 1,*s,4:
...         print(f"2nd case {s=}")
...     case _:
...         print("no match!")
...
2nd case s=[2, 3]

>>> match (1,2,3,4):
...     case (*a,2,*b):  # 多於一個 '*'
...         print(a,b)
...
  File "<stdin>", line 2
SyntaxError: multiple starred names in sequence pattern
```

● Mapping Pattern

Dictionary 中如果存在特定的 key:value，可以使用 mapping pattern 與之匹配後，進行相應處理。配合 capture pattern，可以處理該 dictionary 中的個別 key:value：

```
>>> msg = {1:"hello", 2:"world"}
>>>
>>> match msg:
...     case {2:v}:
...         print(v)
...
world

>>> match msg:
...     case {1:v, 2:w}:
...         print(f"{v=},{w=}")
...
v='first',w='second'
```

也可以配合 guard，做進一步過濾：

```
>>> d = [{'name':'john', 'age':20}, {'name':'mary', 'age':21}, \
...      {'name':'bob', 'age':30}]
>>> for x in d:
...     match x:
...         case {'name':n, 'age':age} if str(age).startswith('2'):
...             print(f"{n=},{age=}")
...
n='john',age=20
n='mary',age=21
```

可以使用 ** 標示 pattern 中剩餘的部分。要注意的是：** 只能出現一次，且必須在 mapping pattern 的最後：

```
>>> d = {'a':1, 'b':2, 'c':3}
>>> match d:
...     case {'a':1, **rest}:
...         print(rest)
...
{'b': 2, 'c': 3}
```

● OR Pattern

OR pattern 可以將多個 pattern 以 | 結合，與 Bool_Expr 中的 or expression 的邏輯運作相同，只要有一個 pattern 成功匹配，該 pattern 即視為匹配成功：

```
>>> d = {"hello","world"}
>>> for t in d:
...     match t:
...         case 'hello'|'world':
...             print(f'{t} is found')
...
hello is found
world is found
```

也可以將 OR pattern 使用於其他 pattern 中進行匹配：

```
>>> match 1,'a':
...     case 1|2 as f, 'a':
...             print(f"{f=}")
...
f=1
```

● AS Pattern

AS pattern 可以將 pattern 所匹配的全部或是部分的 subject 與綁定於 as 所指定的 identifier：

```
>>> match 1,2,3:
...     case 1 as a, 2,3:
...         print(a)
...
1

>>> match 1,2,3:
...     case (1,2,3) as w:
...         print(w)
...
(1, 2, 3)

>>> match 1,2,3:
...     case 1 as a, (2,3) as b:
```

```
...          print(f"{a=},{b=}")
...      case (1,2,3) as g:
...          print(f"{g=}")
...
g=(1, 2, 3)
```

AS pattern 中 的 identifier 不 能 使 用 `()`，因 為 `(identifier)` 是 一 個 group pattern，而 AS pattern 中 as 的後方只能有一個 `name`：

```
>>> match 1,'a':
...      case 1|2 as (f), 'a':
  File "<stdin>", line 2
    case 1|2 as (f), 'a':
                 ^
SyntaxError: invalid pattern target
```

● Class Pattern

Class pattern 可以匹配使用者自定的 class，這屬於物件導向的範圍，超出本書討論範圍。另外一種是處理 Python 的預設資料型態，有 int、float、str 及 list 等等。使用 class pattern 可以測試 subject 的資料型態是否符合某一種資料型態：

```
>>> match 1:
...      case int():
...          print("int is found")
...      case str():
...          print("str is found")
...
int is found

>>> match 1,'a':
...      case str(),int():
...          print('str, int')
...      case int(),str():
...          print('int str')
...
int str
```

也可以與 capture pattern 結合使用，將 subject 的內容存入變數中：

```
>>> match 1:
...     case int(x):
...         print(f"int: {x} is found")
...
int: 1 is found
```

或是使用 AS pattern 的方式將匹配的資料存入變數：

```
>>> match "hello":
...     case str() as message:
...         print(message)
...
hello
```

3.8.2 Pattern 綜合應用

以上介紹了許多的 pattern，其中大都是介紹其基本功能，以下就一些較複雜的狀況綜合使用不同的 pattern，希望大家能夠對 match 有更為深入的認識。

以下使用 sequence pattern 及 capture pattern 配合 guard 處理學生成績：

```
>>> scores=[("CS201","100"),("MA102","75"),("LG103","90"),("MA100"),("CS204","88")]
>>>
>>> for s in scores:
...     match s:
...         case (dept, score) if dept.startswith(('CS','MA','LG')):
...             print(f"course:{dept}, {score=}")
...         case _ as err:
...             print('error data:', err)
...
course:CS201, score='100'
course:MA102, score='75'
course:LG103, score='90'
error data: MA100
course:CS204, score='88'
```

● 日期處理

假設要處理一個以日期字串組成的 list，將其中不符合 mm/dd/yyyy（月／日／年）格式的日期去除，再將其格式改為 yyyy/mm/dd（年／月／日）。

我們在 match 先以 `split()` 將 str 拆解為 sequence，接著就可以使用 sequence pattern 及 capture pattern 將符合 pattern 的日期分存到不同變數，使用 ▉ 處理其它無法匹配成功的日期，如程式 3-42 所示。

程式 3-42　ch3_42.py

```
01. date_list = ["3/1/2024","2/1","2/4/2023", "1/30/2024","1/23/2023", "1234"]
02. new_dates = []
03.
04. for d in date_list:
05.     match d.split('/'):
06.         case m,d,y:
07.             new_dates.append(f"{y}/{m}/{d}")
08.         case _:
09.             print('unrecognized date format:', d)
10. print('Recognized:', new_dates)
```

執行結果：

```
$ python ch3_42.py
unrecognized date format: 2/1
unrecognized date format: 1234
Recognized: ['2024/3/1', '2023/2/4', '2024/1/30', '2023/1/23']
```

續上題，我們可以使用 guard 進一步的對其中不符日期基本條件的資料篩選，如程式 3-43 所示。

程式 3-43　ch3_43.py

```
01. date_list = ["13/1/2024","2/1/1900","2/4/2023", "1/30/2024","11/33/2023"]
02.
03. for d in date_list:
04.     match d.split('/').
05.         case m,d,y if 1 <= int(m) <= 12 and 1 <= int(d) <= 31 and \
06.                 2000 <= int(y) <= 2030:
07.             print(f"{m}/{d}/{y}")
08.         case _ as bad_date:
09.             print('bad date:', bad_date)
```

執行結果：

```
$ python ch3_43.py
invalid date: ['13', '1', '2024']
invalid date: ['2', '1', '1900']
2/4/2023
1/30/2024
bad date: ['11', '33', '2023']
```

在篩選完日期後，可以使用 dict 將該日期，存放在以年為 key 的 list 中，如程式 3-44 所示。

程式 3-44　ch3_44.py

```
01. date_list = ["3/2/1999","3/1/2024","2/1","2/4/2023", "1/30/2024",
02. "1/23/2023", "3/2024"]
03.
04. date_dic = {}
05. for d in date_list:
06.     match d.split('/'):
07.         case [month,daar] y,yeif int(year) > 2000:
08.             date_dic[year] = [] if year not in date_dic else date_dic[year]
09.             date_dic[year].append((month, day))
10.         case [month,year] if int(year) > 2000:
11.             date_dic[year] = [] if year not in date_dic else date_dic[year]
12.             date_dic[year].append((month, 1))
13.         case _ as bad_date:
14.             print(f'bad date: {bad_date}')
15.
16. for k in date_dic:
17.     print(f"Y:{k}: {date_dic[k]}")
```

執行結果：

```
$ python ch3_44.py
bad date: ['3', '2', '1999']
bad date: ['2', '1']
Y:2024: [('3', '1'), ('1', '30'), ('3', 1)]
Y:2023: [('2', '4'), ('1', '23')]
```

程式 3-45 將日期資料重組為以 (yyyy,(mm,dd)) 組成的 list，再利用 sequence pattern、group pattern 及 capture pattern 處理。

程式 3-45　ch3_45.py

```
01. date_list = ["2011/1/2", "2012/6/12", "2011/5/4/1"]
02.
03. for d in [(a,(rest)) for a,*rest in [y.split('/') for y in date_list]]:
04.     match d:
05.         case '2011',(m,d):
06.             print(f'2011/{m}/{d}')
07.
08.         case '2012',(m,d):
09.             print(f'2012/{m}/{d}')
10.
11.         case _ as bad_date:
12.             print('bad date:', bad_date)
```

執行結果：

```
$ python ch3_45.py
2011/1/2
2012/6/12
bad date: ('2011', ['5', '4', '1'])
```

3.9 Try Statement 與 Exception

　　程式錯誤基本上可分為兩類：一種是 syntax error（文法錯誤），另一種則是 runtime error（執行錯誤）。

　　文法錯誤會導致程式完全無法執行，必須立刻修正。文法錯誤大都不會造成太大的困擾，只要了解程式語言的語法，將錯誤改正，程式即可執行：

```
>>> x x = 1
File "<stdin>", line 1
  x x = 1
    ^
SyntaxError: invalid syntax
>>> xx = 1
>>> xx
1
```

```
>>> x = 1, y = 2
  File "<stdin>", line 1
    x = 1, y = 2
    ^^^^^
SyntaxError: invalid syntax. Maybe you meant '==' or ':=' instead of '='?
>>> x = 1; y = 2
>>> x,y
(1, 2)
```

　　學習程式設計時的主要問題大都來自於執行錯誤。執行錯誤對程式造成的結果有兩種可能：一種是程式可以執行，可是執行的結果與預期的不同，如：1 + 1 得到 3；另一種則是直接觸發 Python 的錯誤，比如說做除法時，除數為 0、使用 int(n) 轉換時，n 中存在非數字字元等，都會導致程式不正常的結束。

　　關於第一種執行錯誤，只要是邏輯設計的不周延就很容易發生，比如說要產生 10 以內的偶數：

```
>>> for i in range(10):
...     if i % 2:
...         print(i, end=' ')
...
1 3 5 7 9
```

　　如果不注意，很容易產生預期之外的結果。以上的程式只要將 if 中的 Bool_Expr 改為 if i % 2 == 0，就可以得到正確的結果：

```
>>> for i in range(10):
...     if i % 2 == 0:
...         print(i, end=' ')
...
0 2 4 6 8
```

　　至於第二種的執行錯誤，牽涉到 Python 在執行時會自動觸發的錯誤，比如說除法計算時，以 0 作為除數，將會產生 **ZeroDivisionError**，導致程式突然、不正常的結束：

```
>>> 1/0
Traceback (most recent call last):
```

```
  File "<stdin>", line 1, in <module>
ZeroDivisionError: division by zero
```

以上的執行錯誤可以使用 try statement 加以處理，使得程式得以繼續執行或是在控制下正常的結束：

```
>>> try:
...     1/0
... except ZeroDivisionError:
...     print("Program Error")
...
Program Error
```

由以上的操作可以了解我們可以使用 try statement 處理第二種錯誤。不過，在說明 try 之前，我們必須先說明一下 Python 中關於 run-time error 的基本觀念。

3.9.1 Exception（例外）

由前面的介紹，大家可以了解 runtime error 主要來自於程式執行某些功能時發生的錯誤。它可能是不被允許的計算，如：以 0 作為除數、所參考的變數不存在、存取 container 時 index 超過範圍等錯誤；或是作業系統產生的錯誤，如：檔案找不到、磁碟空間不足、記憶體過少等錯誤。

Python 中以 exception 表示 run-time error。Exception 必須要以 try statement 處理，我們將在下一節說明。

Exception 的來源可以分為三種：

- Python 執行環境所產生的系統錯誤。

- Python 內建的 function 無法執行使用者交付的工作。

- 使用者可以根據自己的需要客製化所需要的 exception。

其中關於使用者自訂的 exception type 需要使用 object-oriented 的觀念設計，超出本書範圍，我們不予討論。至於 Python 內建的 exception type 如表 3-8 所示。

表 3-8 Python 常見的 Exception Type

Exception Type	來源	說明
AssertionError	Python	當 assert statement 不成立時。
FileExistsError	執行環境	系統產生新檔案或目錄時，該 object 已存在。
FileNotFoundError	執行環境	系統處理檔案或目錄時，該 object 不存在。
IndexError	Python	存取 sequence object 時，index 超出範圍。
IndentationError、TabError	Python	block 中的縮排錯誤或是混合使用 Tab 字元及空白字元。
IsADirectoryError	執行環境	對檔案的操作誤用在目錄上。
KeyError	Python	存取 dictionary object 時，所使用的 key 不存在。
KeyboardInterrupt	Python	使用者使用 control-c 終止程式執行。
MemoryError	執行環境	可用記憶體不足。
NameError	Python	variable name 不存在。
NotADirectoryError	執行環境	對不是目錄的 object 使用目錄的操作。
OverflowError	Python	計算結果過大無法表示。
PermissionError	執行環境	計算時沒有取得相當的權限。
RuntimeError	Python	獨立的執行錯誤。
StopIteration	Python	Iterator 中的 `next()` 無法取得下一個 object。
SyntaxError	Python	文法錯誤。
TypeError	Python	計算時資料型態錯誤。
ValueError	Python	計算時，資料型態正確，可是其中的 value 錯誤。
ZeroDivisionError	Python	除法計算時，除數為 0。

其中的 **SyntaxError** 是指文法錯誤，雖然它是一個 exception，但是無法被處理，因為它並不是在執行時期所產生的 exception。

3.9.2 Try Statement

Python 程式中產生的 exception object 必須要使用 try statement 處理。Try 是一個 compound statement，與 `for` 及 `while` 一樣，其中的 statement 必須要縮排成為一個 block。其基本文法如下：

```
try:
    block_try
except expression_1:
    handler_block_1
except expression_2:
    handler_block_2
...
except expression_n:
    handler_block_n
```

每一個 except 之後是一個 expression。Expression 的計算結果可以是一個 exception type 或是一個由多個 exception type 所組成的 tuple；也可以留白，不定義任何的 expression type。

在 block_try 中的 statement 可能會產生一個或多個 exception object。對於這些可能出現的 exception object 其資料型態及個別的處理方式以對應方式寫在 except 及 handler_block（處理區塊）之中。處理 exception 的 handler，是由一行或是多行 statement 組成的 block。

如前所述，except 後方的 expression 可以是單一的 exception type，也可能是由多個 exception type 所組成的 tuple：

```
try:
    block_try
except exception_type_1:
    handler_block_1
except (exception_type_2, exception_type_3, ..., exception_type_n):
    handler_{2,...,n}
```

如果 except 後留白，表示所有的 exception 都將以此 handler 處理：

```
try:
    block_try
except:
    handler_all
```

Try statement 的執行與一般 statement 以循序執行的方式不同在於：當在 block_try 中的 statement 觸發 exception 時，執行會立即跳轉至第一個 except 開始搜尋符合該 exception_type 的 except。如果找到就執行該 handler；如果找不到，該 exception 將向外傳播直到 Python 預設的 exception handler 接手處理，Python exception handler 會中斷程式執行，並報告錯誤。

當程式中所定義的 exception handler 處理完 exception 後，執行順序將轉由 try statement 的下一行繼續執行，如程式 3-46 所示。

程式 3-46　ch3_46.py

```
01. try:
02.     1/0      # generate ZeroDivisionError
03. except ZeroDivisionError:
04.     print("Zero cannot be a divisor!")
05. print("after try-except.")
```

執行結果：

```
$ python ch3_46.py
Zero cannot be a divisor!
after try-except.
```

在程式 3-46 中，由於 **1/0** 所產生的 **ZeroDivisionError** object 已被處理，因此程式繼續執行 try statement 下一行 print()，得到 `after try-except`。

以下程式沒有處理 **ZeroDivisionError**，向外傳播後被 Python 預設的 handler 處理：

```
>>> try:
...     1/0
... except NameError:
...     print('handler 1')
...
Traceback (most recent call last):
  File "<stdin>", line 2, in <module>
ZeroDivisionError: division by zero
```

如果 **except** 後留白，代表發生的所有 exception object 都由該 handler 處理：

```
>>> try:
...     1/0
... except:
...     print('error')
```

```
...
error
>>> try:
...     {1:1}[2]
... except:
...     print("error")
...
error
```

以上操作分別產生型態為 **ZeroDivisionError** 及 **KeyError** 的 exception object，
均由 `except:` 所定義的 handler 處理。因此，`except:` 可以做為最後的補救措施，
處理任何未被正面表列的 exception：

```
>>> try:
...     {1:1}[2]         # 產生 KeyError
... except ZeroDivisionError:
...     print("divided by zero")
... except ValueError:
...     print("value error")
... except:
...     print("other error!")
...
other error!
```

前文曾經提到 pass。如果在 handler 使用 `except: pass` 這種邏輯將所有
exception 遮蔽、敷衍了事，對系統安全來說是十分危險的。因為程式不會處理任何
的 exception，使用者也不會知道曾經發生過什麼事：

```
>>> try:
...     1/0
... except:
...     pass
...
>>>
```

此外，如果 except 中 expression 的計算結果不是前述三種之一（單一、多個
exception type 所組成的 tuple 或是留白），執行時會產生額外的錯誤：

```
>>> try:
...     int("a")
```

```
... except "TypeError":  # error occurs
...     print("My TypeError!")
... except ValueError:
...     print("ValueError")
...
Traceback (most recent call last):
  File "<stdin>", line 2, in <module>
ValueError: invalid literal for int() with base 10: 'a'

During handling of the above exception, another exception occurred:

Traceback (most recent call last):
  File "<stdin>", line 3, in <module>
TypeError: catching classes that do not inherit from BaseException is not allowed
```

以上操作在第一個 except 後出現的是一個 string，不是一個 exception type。

以上操作時所產生的錯誤訊息告知我們在處理 int("a") 時產生了 **ValueError**，在處理此錯誤時，在 except 又發生了一個 **TypeError**[17]。由於 "TypeError" 是一個 string，不是 exception type[18]，因此產生了 **TypeError**。

將這兩個 exception handler 對調後的結果是：

```
>>> try:
...     int("a")
... except ValueError:
...     print("int('a') is wrong!")
... except "TypeError":  # no error occurs!
...     print("Oops")
...
int('a') is wrong!
```

大家可以看到這行錯誤的程式碼 except "TypeError" 此時並不會引發錯誤。這也就是為什麼我們一直強調程式測試的重要及不完善的測試可能會造成程式崩潰的原因。這是由於 Python 在第一個 handler 就處理了 exception。因此第二個 handler

---

[17] 在處理 exception 時又發生其他 exception 的狀況稱為 **exception chaining**，將在 4.3.10 說明。

[18] **TypeError** 的意思是此型態並不屬於 BaseException 的 subclass（子類別）。這機制牽涉到物件導向的觀念，超出本書範圍。

雖然有錯，但是該程式碼沒有被執行到，錯誤也就不會被發現！這個例子除了使我們進一步了解 try 的執行過程，也讓我們了解程式測試的重要性！

3.9.3 AS，為 Exception 命名

當 except 獲取 exception 時，Python 提供了 **as** 可以將 exception 設定至 identifier 中，將 exception 綁定於 identifier，供其 handler 使用：

```
>>> try:
...     1/0
... except ZeroDivisionError as ze:
...     print(ze)
...
division by zero
```

要注意的是 exception handler 會產生 scope。因此這些使用 **as** 產生的 identifier，在離開了所屬的 scope 中就不再存在了：

```
>>> try:
...     1/0
... except ZeroDivisionError as ze:
...     print(ze)
...
division by zero
>>> ze
Traceback (most recent call last):
  File "<stdin>", line 1, in <module>
NameError: name 'ze' is not defined
```

3.9.4 Try-Else Statement

如果當 block$_{try}$ 的 statement 沒有觸發任何 exception，程式需要對這種狀況做一些處理時，可以在 except 部分後加上 else 進行相關處理。其基本文法如下：

```
try:
    block_try
except expression₁:
    handler_block₁
```

```
except expression₂:
    handler_block₂
...
except expressionₙ:
    handler_blockₙ
[else:
    block_else]
```

以一段程式對這個概念進行測試：

```
>>> try:
...     print('hi')
... except ValueError:
...     print('handler 1')
... else:
...     print('try else')
...
hi
try else
```

要注意的是 else 是配合 except 運作。因此，不可在沒有 except 的狀況下，單獨使用 else：

```
>>> try:
...     1/0
... else:
  File "<stdin>", line 3
    else:
    ^^^^
SyntaxError: expected 'except' or 'finally' block
```

3.9.5 Try-Finally Statement

Try statement 還提供了可選擇性使用的 finally 邏輯。當 try 使用了 finally，finally 中的 block 不論 exception 是否發生都會被執行。其基本文法如下：

```
try:
    block_try
except expression₁:
    handler_block₁
```

```
except expression₂:
    handler_block₂
...
except expressionₙ:
    handler_blockₙ
[else:
    block_else]
[finally:
    block_finally]
```

當 block_try 發生 exception 時，try statement 最後執行了 block_finally：

```
>>> try:
...     1/0
...     print('after 1/0')
... except ValueError:
...     print('handler 1')
... except ZeroDivisionError:
...     print('handler 2')
... else:
...     print('try else')
... finally:
...     print('try finally')
...
handler 2
try finally
```

如果 block_try 中沒有觸發 exception，try statement 除了執行 block_else 外，也會執行最後的 block_finally：

```
>>> try:
...     print('hi')
... except ValueError:
...     print('handler 1')
... else:
...     print('try else')
... finally:
...     print('try finally')
...
hi
try else
try finally
```

Finally 必須是 try statement 中最後的一個 handler，否則會產生 **SyntaxError**：

```
>>> try:
...     1/0
... finally:
...     print('hi')
... except:
  File "<stdin>", line 5
    except:
    ^^^^^^
SyntaxError: invalid syntax
```

由於 except、else（使用 else 需有 except）及 finally 都是選擇性的文法架構。因此，finally 可以單獨存在。可是 try statement 如果只有 **finally** 而沒有 **except**，在實際上幾乎沒有意義。因為在觸發 exception 時，沒有任何 handler 可以處理，將導致程式直接中斷：

```
>>> try:
...     1/0
... finally:
...     print('try finally')
...
try finally
Traceback (most recent call last):
  File "<stdin>", line 2, in <module>
ZeroDivisionError: division by zero
```

3.9.6 Raise Statement

Python 中的 exception 除了是由系統產生，也可以使用 raise statement 主動產生：

```
>>> raise ValueError()
Traceback (most recent call last):
  File "<stdin>", line 1, in <module>
ValueError
```

Python 中，raise 是一個 simple statement。因此，raise 不可以在一般的 expression 中使用。必須是一行單獨的 statement。此外，要特別注意的是：**ValueError()** 是產生一個 exception object，而 **ValueError** 是一個資料型態。

當 raise 產生 exception 時，可以在 exception 中提供一些以 string 表示的資訊。使得錯誤發生時，使用者可以從中獲知更多的訊息：

```
>>> raise ValueError("MyException")
Traceback (most recent call last):
  File "<stdin>", line 1, in <module>
ValueError: MyException
```

以上操作中的 ValueError("MyException")。其中的 "MyException" 會存放於 **ValueError** object 並在被觸發時同時顯現於 **ValueError** 中作為說明訊息。

由以上的說明，大家可以了解到：當 exception object 發生在 try statement 時，該 exception 會被適當的 handler 處理，處理完後，該 exception object 就會被移除。如果其它部分的程式也需要了解該 exception 的發生，可以使用 raise statement 再重新產生一個：已處理的、系統已經定義的或是自己定義的 exception[19]，這個 exception 產生後會開始向外傳播，直到有 handler 處理它：

```
>>> try:
...     try:
...         1/0
...     except ZeroDivisionError:
...         print('inner try')
...         raise ValueError
... except ValueError:
...     print('outer try')
...
inner try
outer try
```

如果 raise 時沒有指定任何 exception type 就只能在 handler block 中使用。這種 raise 會將已處理完的 exception 以同樣的型態重新產生，向外傳播：

```
>>> try:
...     try:
...         1/0
```

---

[19] 自己定義的 exception 需要使用物件導向機制產生。

```
...       except ZeroDivisionError:
...           print('inner try')
...           raise
... except ZeroDivisionError:
...       print('outer try')
...
inner try
outer try
```

由於這種單純的 raise 是用來重新產生已經被處理的 exception。如果它不存在於 handler block 中，將會引發 **RuntimeError**：

```
>>> raise
Traceback (most recent call last):
  File "<stdin>", line 1, in <module>
RuntimeError: No active exception to reraise
```

3.9.7 Exception 實例

在程式 3-47，使用者如果輸入預期之外的資料如 `'a'`，將導致 `int()` 觸發 **ValueError**。由於程式中沒有設計任何的 handler 處理該 exception，促使 Python 執行本身的 exception handler，將該程式終止，並印出相關的錯誤資訊。

程式 3-47 ch3_47.py

```
01. while True:
02.     x = int(input("Enter an odd number: "))
03.     if not (x % 2):
04.         print(f"{x} is NOT an odd number, please enter again!")
05.     else:
06.         print(f"{x} is an odd number. Thanks!")
07.         break
```

執行結果：

```
$ python ch3_47.py
Enter an odd number: 3
3 is an odd number. Thanks!

$ python ch3_47.py
```

```
Enter an odd number: 2
2 is NOT an odd number, please enter again!
Enter an odd number: a
Traceback (most recent call last):
  File "try1.py", line 2, in <module>
    x = int(input("Enter an odd number: "))
        ^^^^^^^^^^^^^^^^^^^^^^^^^^^^^^^^^^^^
ValueError: invalid literal for int() with base 10: 'a'
```

在程式 3-48 中，當 int() 觸發 **ValueError** 時，try 中的 handler 就會處理該
exception，使得程式可以導引使用者再次輸入資料，而非突然的將程式結束。

程式 3-48　ch3_48.py

```
01. while True:
02.     try:
03.         x = input("Enter an odd number: ")
04.         x = int(x)
05.     except ValueError:
06.         print(f"{x} is NOT a number, please enter again!")
07.     else:
08.         if not (x % 2):
09.             print(f"{x} is NOT an odd number, please enter again!")
10.         else:
11.             print(f"{x} is an odd number. Thanks!")
12.             break
```

執行結果：

```
$ python ch3_48.py
Enter an odd number: 2
2 is NOT an odd number, please try again!
Enter an odd number: a
a is NOT a number, please try again!
Enter an odd number: 3
3 is an odd number. Thanks!
```

3.10 結論

在本章中，我們說明了 simple statement 與 compound statement 的基本觀念。Simple statement 必須單獨存在於一行 statement，不能存在於其他的 statement 或是 expression 中。Simple statement 有 assignment、augmented assignment、del、pass、assert、break、continue 及 raise 等。

Compound statement 則是由一行以上的 block 組成而 block 又需要由一行以上的 statement 組成。Python 的 block 是由縮排定義的，縮排是由與上一行是否有一定的右移來決定。不正確的縮排會產生程式錯誤。

Compound statement 中的 if statement 影響程式運作的順序。If 依據 Bool_Expr 的計算結果選擇性的執行 if 中的 block。While statement 及 for statement 則屬於重複型邏輯，可以重複性的執行它們 block 中的 statement。While statement 的執行方式與傳統的 loop 相同；而 for statement 則是處理 iterable 中的每一筆資料為處理邏輯。與其他程式語言不同的是：while 及 for 都可以有 else，如果 loop 中沒有執行 break 時，else 部分將被執行。

While 及 for 需要使用 break statement 中斷 while 或是 for 的執行，或是使用 continue 以終止該次迴圈的執行。同時也要注意 Python 中的 while 及 for 並不會產生 scope。

Comprehension 則是 Python 以類似 literal 的方式產生各類型的 container 及其中的資料。其產生的邏輯可與 while 及 for 互通，但是 comprehension 可以十分簡潔的方式完成相當複雜的工作。由於 comprehension 的結果是一個 value 或是 operand，因此可以整合在任何 statement 及 expression 中，是 Python 中一項十分好用及重要的工具。

如果在 if 中遇到了多重 if-elif-else 的狀況，可以使用 Match statement 將其邏輯簡化。Python 的 match statement 所提供的邏輯能力遠過於 if-elif-else，match 對所測試的對象除了單純的 numeric 或是 string 外，也可以對 container 進行處理，甚至可以在比較的同時提取其中部分的資料，比 if 提供了更多的功能及彈性。

Python 的 try statement 是一個 compound statement，負責錯誤的處理，也就是 exception handling。本章最後說明了 exception 的基本觀念及使用 try statement 的各種處理方式。如果有需要的話，可以使用 raise 這個 simple statement 產生 exception，告知系統有狀況發生。

Python

第 **4** 章

模組化程式設計

學習模組化程式設計之前，我們必須將所有的程式寫在一個主程式（函數）中。當問題簡單時，程式邏輯不過數十行，複雜度不高，程式出錯的機會也就不多。但是當問題越來越複雜時，所需撰寫的程式動輒在百行、千行，甚或萬行以上，此時我們如果還想將所有程式碼寫在一個主程式中，那可就是有些自找麻煩了。一般來說，我們無法一次有效處理超過二百行以上的程式邏輯。當程式碼越來越多，邏輯越來越複雜時，程式出錯的機會也就越來越高。

因此，要解決這個問題，最直接有效的方法就是減少主程式中的程式碼，使程式的架構及目的能夠清晰易懂。可是程式要如何簡化，是一個大問題；簡化之後，程式碼還要能夠易於了解及維護，更是一門學問。

當我們只有 if、for 及 while 等基本邏輯可以使用時，再如何調整簡化程式，也很難一眼了解程式碼的主要功能及目的。只有將一個大程式依功能分化成許多的小模組，再將這些模組互相嵌合，才能有效的降低程式的複雜度，提高程式開發維護的效率。這就是為何我們需要以模組化的方式來思考及設計程式。

舉例來說，程式 4-1 是 insertion sort（插入排序）的程式碼：

程式 4-1　ch4_1.py

```
01.  data = [21,30,12,3,25]
02.
03.  for j in range(1,len(data)):
04.      tmp = data[j]
05.      i = j - 1
06.
07.      while tmp < data[i]:
08.          data[i+1] = data[i]
09.          i = i - 1
10.          if i == -1:
11.              break
12.      data[i+1] = tmp
13.
14.  print(data)
```

當程式中的 for、while 及 if 交互參雜時，如果事前不告知它的功能，大家都難以一眼了解它的功能。如果我們能夠將其簡化為模組，再依不同需求傳遞資料進行計算，那麼程式將簡單許多，請再看下面的程式碼，是不是清楚多了：

```
data = [21,30,12,3,25]
sort(data)
print(data)
```

　　所謂的模組化設計或者稱為**由上而下的設計**，就是**以功能導向的方式來思考問題及設計程式**，我們在解決問題以分階段或是分功能的方式進行分析，設計出一些模組；在設計各個模組時，再以同樣的方式對每個模組以分功能或是分階段的方式進行分析設計，進一步的細分出不同的模組去解決該階段的問題。如此不斷重複，直到該階段或功能可運用單一功能或是不同功能的模組合作完成。

　　很不幸的，這個過程（何時停止分解，什麼樣的功能不需再分解）並沒有標準答案，只有更好，沒有最好。而模組化結果的好壞，也是見人見智，只有靠不斷的練習及多觀摩好的程式，才能使自己掌握住結構化的精髓，寫出令人滿意的程式。

　　那麼，在程式中如何以模組化的方式設計及思考呢？在模組化程式設計中的答案就是 function[1]（函數）。電腦科學家將數學中函數的觀念運用於程式語言中，再將數學函數的觀念延伸，成為程式語言中一個個的功能模組。這種設計不僅將複雜的程式大幅簡化，也提高程式可讀性，從而提高了程式設計師的生產力，將程式設計提升到一個全新的層次。

　　當程式模組化後，還會有一個好處，那就是軟體再用。軟體再用是 Software Engineering（軟體工程）中一個十分重要的課題。模組化的程式設計能力是實現軟體再用的重要基礎。函數如果設計得宜，有高度的獨立性，就可以在不同的環境中被重複使用。程式設計師不再需要重複撰寫程式碼。重複使用已開發的模組，就會提高程式設計師的生產力。每一個模組都將減輕工作負擔，使得程式可以如同積木一般以組合的方式快速完成。

　　不過，在學習如何將程式設計模組化之前，我們必須先要了解函數如何定義及設計。

1　在物件導向程式設計中就是 object 中的 method（方法）。

4.1 程式語言 Function vs. 數學函數

前文提到程式語言中的函數的基本概念是由數學中的函數發展而來。

在數學中可以定義一個函數：$f(x)=x^3+x+1$，其中 f() 接受一個參數 x，當我們要計算 f(2) 的值時，只要將 x 代入 2，就可得到答案：

```
f(2)=2^3+2+1=11
```

一般而言，數學函數的名稱大多無太大意義，它只是一個函數的代稱，因此常見的函數名稱多是十分簡單，如：f, g 之類不具特殊意義的英文字母：而數學函數中的參數所處理的資料則都是以數值資料為主，如：自然數、整數、實數、虛數等。數學函數的主要功能多是一些將代入的參數做特定的數學計算。函數運算所得到的結果就是此函數的值（定義於值域中）。

在數學的函數中，函數的參數是由定義域所定義，參數必須符合定義域的規定，否則該函數就失去了意義；就數學函數的結果而言，則是由值域所定義，也就是說，其函數的計算結果必須符合值域的範圍，否則該函數就是無解。就函數本身而言，我們可以將其視為一個轉換器，它負責將傳入的參數經由函數的運算，轉換到值域中定義的某一個值，也就是該函數的結果。

程式語言中函數的功能也如同數學函數一樣，可以將參數經過函數的計算轉換為輸出值。然而程式語言中函數所處理資料的種類，要比數學函數所處理的要複雜的多。

由於程式語言除了數字類的資料型態外，如 Python 的 int 及 float，還提供了許多其他的資料型態，如一般程式語言中的 array（陣列）、C 及 C++ 中的 pointer（指標）、Python 的 str、list、set 及 dict 等。因此，程式語言中函數的參數所處理對象不再受限於數字，還包括了程式語言中所提供這些資料型態。也就是說，程式語言函數中的參數及計算結果就不再只是數字，也可以是 int、str 及 list 等 Python 中的各種資料型態。

此外，程式語言在函數設計上提供了相當大的彈性，甚至於函數也可以是沒有參數、或是沒有傳回值的。因此，程式語言中的函數也不再只是數字計算、邏輯推演的工具。它可以單純的只作輸入、輸出；也可以進行資料排序，或是 str 比較這些較為複雜的計算。

在了解函數的基本觀念後，我們就開始説明函數的種類及在 Python 中如何定義及使用函數。

4.2 Function 的種類

Function 在現代程式語言中是十分常見的模組化程式架構。基本上可分為三大類：

- **Built-in function（內建函數）**：當我們安裝好程式語言開發環境，built-in function 就可以使用，不需額外安裝。所以 built-in function 又稱為 standard library（標準函式庫）。

- **Third-party function（第三方函數）**：是由其他的公司、研究單位或是個人以營利或是非營利的方式所提供的套件，需要額外安裝於系統中才能使用。這些由他人開發的函數或是 module，都有特定的用途及強大的功能，許多都需要有相關的學術背景才能將其有效地融入我們的程式之中。

- **User-defined function（使用者自訂函數）**：是由程式設計師我們自己所設計的函數，也是本章説明的重點。

在開發系統時，我們不可能由基本的輸入、輸出的功能開始開發。一定要善用 built-in 及 third-party function 這些工具，將它們整合在我們的程式中。這是學習模組化程式設計的必由之路。

4.2.1 Built-in Function

在之前的程式範例中，大家已經見到許多的 built-in function，如：`print()`、`input()`、`len()`、`str()`、`int()` 及 `list()` 等等。還有一些是屬於較為進階的 library，如 re 是用來處理 regular expression（正規表達式）；asyncio 是用來處理 asynchronous input/output（非同步作業）；sqlite3 是用來處理小型的 relational database（關聯式資料庫）等等。這些 library 牽涉到許多的理論，坊間有許多相關的書籍介紹，有興趣的讀者可以參考。

4.2.2 **Third-Party Function**

Third-party function 是由許多公司、研究單位或是個人所提供的各種套件。Python 之所以是目前最被廣泛使用的程式語言－大半的原因是由於以 Python 所開發的這些套件不僅功能強大且廣泛分佈在各種專業應用上。如 numpy 及 scipy 可以用在數值分析及資料處理上。TensorFlow、PyTorch 及 Keras 是應用在開發機器學習的工具。Django、Flask 及 FastAPI 是開發 Web 應用系統的框架。SQLAlchemy 提供了 ORM（Object-Relational Mapping）是橋接多種關聯式資料庫的強大工具等等。這些工具每一個在坊間都有許多的專業書籍介紹。

4.3 **Function 定義與使用**

Python 中的函數是由 def statement 定義，文法 [2] 如下：

```
def function_name([parameter₁, parameter₂, …, parameterₙ])):
    block_func
    [return [expression]]
```

Python 函數有以下一些要點：

- def statement 是一個 compound statement，$block_{func}$ 構成函數的主體。

- function_name 及相關的 parameter（參數）：$parameter_1$，$parameter_2$，…，$parameter_n$ 的名字都須遵循 identfier 的命名規則 [3]。

- 函數中可以設計任意個數的參數作為運算資料；也可以沒有參數，獨立完成計算工作。

- 函數如果有傳回值需使用 return statement 回傳。

---

[2] [] 表示選擇性使用。

[3] 在 2.1.2 Identifier（識別字）中說明。

Python 函數與一般程式語言的函數在執行與使用上大不相同，概述其特性如下：

- Python 函數是一個 object。如同 varaible，函數可以被儲存，也可以在函數間被傳遞，也被稱為 first-class function。

- Python 的 function object 可以有 attribute。

- 與 C、C++ 的函數，Java 的 method 不同，Python 產生函數的 def statement 是一個執行時期的機制，也就是說：def statement 必須要執行後，該 function object 才會存在。

- Function 中可以定義函數，產生巢狀架構的函數。

- def statement 會產生 scope，其中產生的變數成為 local variable，最上層的 scope 則是 global scope。

- Python 在傳遞與處理參數的方式上除了一對一的傳遞外還有許多其他的傳遞方式，提高函數使用及設計上的彈性。

- 如果函數中沒有 return statement，函數執行完畢會預設回傳 None。

以下各節會逐一說明 Python 函數這些特性。接下來，我們先說明函數在 Python 的命名方式。

4.3.1 Function 的命名方式

在程式語言中，對 identifier 都有各自的 naming convention（命名習慣），Python 也不例外。由於函數是一個功能單元。因此，函數的名稱通常是以英文動詞加上其他的介系詞或名詞所形成的一個 compound word（複合字）。對這個複合字，Python 的命名習慣一般採取的是 snake case[4]。舉例來說：

- is_prime（is+prime）：是否為一個質數。

- next_int（next+integer）：下一個整數。

---

[4] 在第 35 頁 Identifier 的名稱與程式可讀性中說明。

- `get_name`（get+name）：取得名字。

- `get_data`（get+data）：取得資料。

- `print_user_info`（print+user+information）：印出使用者資料。

4.3.2 Def Statement 產生 Function Object

Python 執行程式的順序是由第一行執行到最後一行。那麼當程式中有定義函數時，程式是如何執行函數呢？請看程式 4-2 及其執行結果。

程式 4-2　ch4_2.py

```
01. print('first ...')
02. def f():
03.     print("in f()")
04. print('second...')
05. print(f)
```

執行結果：

```
$ python ch4_2.py
first ...
second...
<function f at 0x1008ba340>
```

由執行結果可以了解，Python 程式在執行時，的確是由第一行開始執行的。那麼 function f 是否有執行呢？答案是有的，只是 def statement 的執行效果並不像 print() 會輸出訊息。def statement 的執行結果是在系統中產生了一個 function object，並在 f 中儲存了該 function object 的位址。因此，如果直接將 f 的內容印出，得到的是 f 中所存 function object 的位址。

此外，定義 Python 函數時，其中可以再定義函數，形成巢狀的函數：

```
>>> def f():
...     def g():
...         print(g)
...
>>> print(f)
<function f at 0x104eeb060>
```

在以上的程式片段中，function f 中定義了 function g 中。在以上程式中，function f 已產生而 function g 並未產生。當 f 被呼叫時，function g 才會產生。

要執行函數，需要呼叫該函數。Function 被呼叫後，Python 會執行該函數中所有的 statement，直到函數執行結束；或是執行到 return statement 使得該函數結束；也可能中途發生 exception 導致函數的執行中斷。接下來，我們就一一說明這些過程。

4.3.3 如何執行 Function

我們已經知道當 def statement 執行結束後，在記憶體中會產生一個 function object[5]，而且該函數中的 statement 並未被執行。

要執行函數，必須要 call（呼叫）該函數。Function call 的方式是在函數名稱後加上一對小括號 ()[6]，如程式 4-3 的第三行所示。

程式 4-3　ch4_3.py

```
01. def f():
02.     print("hi")
03.
04. f()
```

執行結果：

```
$ python ch4_3.py
hi
```

每呼叫 f() 一次，就執行一次 f：

```
>>> def f():
...     print("f()", end=',')
...
>>> for i in range(3):
...     f()
```

5　接下來不再區分 function 與 function object，統一以 function 或是函數稱之。

6　如果有需要的話，需在 () 中加入必要的 parameter（參數）。

```
...
f(),f(),f(),
```

執行巢狀函數的方式也如同一般的函數，要注意的是：內層函數必須由所在函數呼叫 [7]，如程式 4-4 的第 4 行所示。

程式 4-4　ch4_4.py

```
01. def f():
02.     def g():
03.         print("f().g()")
04.     g()
05.     print("f()")
06.
07. f()
```

執行結果：

```
$ python ch4_4.py
f().g()
f()
```

4.3.4　Name Binding（名稱綁定）

這裡要強調一個重點，那就是 def statement 在執行時是先產生一個函數，再將此函數的位址存放在 def statement 中的 identifier，也就是函數的名字。如果是一般的 assignment statement，如：a = 1 則是將一個變數或是 identifier 與一個 int 結合。這個過程我們之前也有提過，它的正式名稱為 name binding（綁定）。

因此當使用 identifier x 呼叫某一個函數時，必須符合兩個條件：

- 該函數必須已存在。

- 該函數必須已與 identifier x 綁定。

---

[7] 在 local scope 定義的資源，不可直接由 global scope 中使用，在 4.4 Scope（生命範圍）與 Name Resolution（名稱解析）中說明。

如果函數不存在於 identifier x 之中，就會產生 **NameError**。如程式 4-5 所示：

程式 4-5　ch4_5.py

```
01. f()
02.
03. def f():
04.     print("f()")
```

執行結果：

```
$ python ch4_5.py
Traceback (most recent call last):
File "ch4_5.py ", line 1, in <module>
  f()
  ^
NameError: name 'f' is not defined
```

　　當程式 4-5 的第一行呼叫 f() 時，還沒有執行 def statement，函數也就沒有產生，f 也就沒有被綁定。此時，f 並不指向任何 object，因此產生了 **NameError**。只要將 def 調整到呼叫它的程式碼之前，就可以解決這個問題，如程式 4-6 所示。

程式 4-6　ch4_6.py

```
01. def f():
02.     print("in f()")
03.
04. f()
```

執行結果：

```
$ python ch4_6.py
in f()
```

　　Function 的位址也可以如同其他 object 的位址一般，被綁定至其他的 identifier，如程式 4-7 所示。

程式 4-7　ch4_7.py

```
01. def f():
02.     print("f()")
03.
```

```
04. x = f
05. f()
06. x()
07.
08. f = "hi"
09. print(f)
10. x()
```

執行結果：

```
$ python ch4_7.py
f()
f()
hi
f()
```

在程式 4-7 的第一行，f 在 def statement 執行後，f 中儲存著函數的位址。第 4 行是將 f 中的位址複製給 x。因此，f() 與 x() 均是呼叫同一個函數。

第 8 行將 hi 設定在 f。如此一來，f 就不再指向函數。由執行結果可以驗證這一點。

如果重複定義同一個函數，會不會造成錯誤呢？請看程式 4-8。

程式 4-8　ch4_8.py

```
01. def f():
02.     print('hi')
03.
04. def f():
05.     print('hello')
06.
07. f()
```

執行結果：

```
$ python ch4_8.py
hello
```

由程式 4-8 的執行結果，可以了解 Python 中的函數被重複定義時並不會產生錯誤，只是隨後出現的 def statement 在執行後所產生的函數取代了之前綁定的函數而已。

Python 的 def 在使用上如同一般的 compound statement，可以在 global scope 或是在 block 中依需求來定義函數。比如說，在 if statement 中依狀況將不同功能的函數綁定至 f，程式 4-9 示範這個機制。

程式 4-9　ch4_9.py

```
01. x = 1
02.
03. if x == 1:
04.     def f():
05.         print('hi')
06. else:
07.     def f():
08.         print('hello')
09.
10. f()
```

執行結果：

```
$ python ch4_9.py
Hi
```

程式 4-9 的第 4 行及第 7 行分別定義了 function f。在 if 執行時，由於 x 等於 1，因此第 3 行的 def statement 被執行，產生了一個 f function。因此，當第 9 行執行 f() 時，所得的結果是 hi 而不是 hello。要特別說明的是：以上這種設計純粹是為了說明 Python 對於 def 的處理方式，在實務中並不建議。因為這種設計會混淆程式邏輯，使程式除錯時更加複雜！

4.3.5 Function 程式寫作規範

由以上說明可以了解 def statement 可以因程式需要出現在我們需要的地方。但是如果濫用這種觀念，程式的可讀性將不復存在。如程式 4-10 所示。

程式 4-10　ch4_10.py

```
01. print('first ...')
02.
03. def f():
04.     print("in f()!")
```

```
05.  print('second...')
06.  f() # call f()
07.  def g():
08.      print("in g()!")
09.  g() # call g()
10.  print('third...')
```

　　雖然 Python 文法上是允許將 def 與一般的程式邏輯混雜在一起，可是這種程式寫作方式應該要極力避免。當程式行數越來越多，各種性質的程式碼沒有次序的混雜，會使我們在除錯時需要以跳躍的方式閱讀程式，造成不必要的困擾。因此在寫作時一定要儘量將同樣性質的程式碼集中安排，以提高程式的可讀性及維護性。

　　因此，程式 4-10 應該要以程式 4-11 的方式寫作，使主要邏輯（第 6 行至第 10 行）與函數部分能夠清楚的分隔。如此一來，整個程式的邏輯都會清晰易讀。

程式 4-11　　ch4_11.py

```
01.  def f():
02.      print("in f()!")
03.  def g():
04.      print("in g()!")
05.
06.  print('first ...')
07.  f() # call f()
08.  g() # call g()
09.  print('second...')
```

　　接下來，我們說明函數在運作時扮演的角色：caller（呼叫端）及 callee（被呼叫端）。使大家更能了解函數之間的互動。

4.3.6　Caller（呼叫端）及 Callee（被呼叫端）

　　Function 作為一個功能單元，要使用這個功能就必須要以呼叫的方式執行。因此，模組化的程式的特色就是程式基本上是由許多的函數互相呼叫，傳遞所需要的資料以完成工作。當函數主動呼叫其他函數或是被動接受其他函數呼叫時，函數本身就會扮演兩種角色：caller（呼叫端）與 callee（被呼叫端）。接下來，我們就來說明程式在執行時中是如何在切換這兩種角色的。

程式 4-12　ch4_12.py

```
01. def f():
02.     print("hi")
03.
04. print('begin...')
05. f()
06. print('end!')
```

執行結果：

```
$ python ch4_12.py
begin...
hi
end!
```

　　程式 4-12 中第一行的 **def f():** 的執行定義了 function f。換句話說 def
statement 執行結束後產生了一個 **function object**。第 4 行 **print('begin...')**
輸出了 str。第 5 行 **f()** 則是呼叫 function f()。所謂的呼叫就是程式的執行由第 4
行轉移到 function f 中的第一行程式開始執行 [8]。Function f 執行結束後，再回來執行
第 5 行 **f()** 的下一行，第 6 行 **print()** 執行後輸出 **'end!'**。輸出 **'end!'** 後沒有
其他程式，執行因而結束。程式執行順序如圖 **4-1** 中的標記的數字所示。

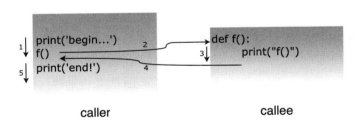

■ 圖 **4-1**　程式 4-12 的執行方式

　　由圖 **4-1** 中可以看到左邊的程式是 caller（呼叫端），右方的是 callee（被呼叫
端）。當 callee 執行完後，執行會回到 caller 繼續執行。

8　注意：不是轉移到程式 4-12 的第一行開始執行，而是由 callee f 的第一行開始！

那麼，如果是函數呼叫函數呢？請看程式 **4-13**，可以更了解函數如何扮演 caller 及 callee。

程式 4-13　ch4_13.py

```
01. def g():
02.     print("in g()")
03.
04. def f():
05.     print("before g()")
06.     g()
07.     print("after g()")
08.
09. print("program starts...")
10. f()
11. print("program ends!")
```

執行結果：

```
$ python ch4_13.py
program starts...
before g()
in g()
after g()
program ends!
```

由程式 **4-13** 的執行結果可以看出 f() 同時具有兩個身份：caller 及 callee。在第 **10** 行，f() 被主程式呼叫時，它是 callee。在第 6 行時，f() 呼叫 g()，f() 成為 caller，g() 成為 callee。圖 4-2 標示程式 4-13 的執行順序，使大家可以更為了解。

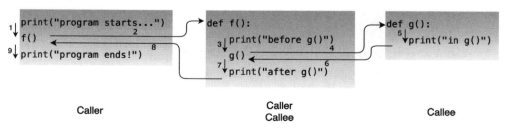

■ 圖 4-2　程式 4-13 的執行順序

4.3.7 Return Statement

Return statement 是一個 simple statement，文法如下：

```
return [expression[, expression]]
```

其功能有二：一是結束所在的函數的執行；二是將 expression 的計算結果傳回給 caller 並結束 `return` 所在函數的執行：

```
>>> def f():
...     return 1 + 2 * 3
...
>>> print(f())
7
```

在 return 後使用多個以 , 分隔的 expression 可以傳回多個計算結果。對於多個傳回值，Python 會自動將它們包裝在一個 tuple 中傳回：

```
>>> def f():
...     return 1,"hi", [1,2]
...
>>> print(f())
(1, 'hi', [1, 2])
```

與其他程式語言不同的是：如果 `return` 後沒有設定任何傳回值，則一律傳回 `None`：

```
>>> def f():
...     return
...
>>> print(f())
None
```

如果在函數中沒有使用任何 return statement，當該函數執行結束時會自動傳回 `None`：

```
>>> def f():
...     pass
...
```

```
>>> print(f())
None
```

一般來說，return statement 是函數結束前最後執行的 statement。因此任何在其後出現的 statement 都是無效的：

```
>>> def f():
...     return
...     print('hi')
...
>>> f()     # f() 的執行沒有結果
>>>
```

簡單歸納一下，return statement 的執行會結束所在函數的執行。此外，在 Python 函數中，不論有無使用 return，一定會有回傳值，其預設傳回值是 None。一般而言，如果函數中沒有任何有意義的傳回值，或是需要中途結束執行，就不需要使用 return。

4.3.8 Parameter 及傳回值

Function 作為 caller 時所傳遞的參數稱為 actual parameter（真實參數）；作為 callee 時所接收的參數稱之為 formal parameter（形式參數）[9]；傳回結果則需要使用 return statement。

所謂 actual parameter 的意義在於所傳遞的資料是 caller 在執行時使用的 operand，所以稱為 actual parameter。

Callee 的參數之所以稱為 formal parameter，因為在設計函數時無法知道 caller 是誰，也不知道何時會被呼叫，更不知道會接受哪些資料。因此，callee 中需要對這些參與運作的資料有一個稱呼，因此這些參數需要一個形式上的名稱以便於指稱。這就像是我們在學校時有學號、在工作時有員工編號、在看病時有病歷號碼等的不同的編號，但都是代表我們每一個個體（actual parameter），只是在不同的環境有不同的稱呼（formal parameter）而已。以下是一個簡單的例子：

---

[9] Parameter 也稱為 argument（引數）

```
>>> def f(x):
...     print(x)
...
>>> f(1)
1
>>> f("hi")
hi
>>> f([1,2])
[1, 2]
```

在以上 3 次的函數 call 中，**1**、**"hi"** 及 **[1,2]** 是 caller 中的 actual parameter。**x** 是 function **f** 中的 formal parameter，在 3 次的 function call 中，**x** 依次分別存著 **1**、**"hi"** 及 **[1,2]**。

我們先來看一個簡單的例子，了解 caller 及 callee 之間如何傳遞參數及處理傳回值。

程式 4-14　ch4_14.py

```
01. def f(x):
02.     return x + 1
03.
04. y = f(2)
05. print(y)
```

執行結果：

```
$ python ch4_14.py
3
```

在程式 4-14 中第一行 **def** 中定義的函數名稱是 **f**，formal parameter 是 **x**。Function **f** 的工作是將 **x + 1** 後的結果傳回給 caller。

在這裡要特別說明第 4 行 **y = f(2)** 的執行過程。由於第 4 行是 assignment statement，所以 **=** 右邊先執行。caller 呼叫 function **f**，同時將 2 傳遞給 function **f**。接收到 2 後，**f** 將其與 x 綁定後計算 **2 + 1**，並將結果 3 使用 return 傳回給 caller。此時第 4 行成為 **y = 3**。第 5 行 **print()** 也是同樣是一個 function call。它接收到 3 作為 actual parameter，再將 3 輸出。

由於 Python 提供了許多的 container 資料型態，因此在參數的傳遞及結果的傳回也因而有許多的彈性：

```
>>> def split_iterable(x):
...     return ','.join([f"({t})" for t in x])
...

>>> split_iterable("hello")
'(h),(e),(l),(l),(o)'
>>> split_iterable((1,2,3))
'(1),(2),(3)'
>>> split_iterable([1,2,3])
'(1),(2),(3)'
>>> split_iterable({1:'a',2:'b'}.items())
"((1, 'a')),((2, 'b'))"
```

此外，Python 提供在 **2.4.1** 中提到的 sequence assignment，使得 caller 在接收執行結果時可以被設定到不同的 identifier 中：

```
>>> def func(x):
...     return x[0],x[1:-1],x[-1]
...

>>> x,y,z = func("hello")
>>> f"{x=}, {y=}, {z=}"
"x='h', y='ell', z='o'"
>>> x,y,z = func([1,2,3,4])
>>> f"{x=}, {y=}, {z=}"
"x=1, y=[2, 3], z=4"
```

4.3.9 Function Parameter 相關機制

Function 作為一個功能單元，要實現重複再用的目標就必須在設計上提供足夠的彈性，能夠在單一功能中提供多種可能的工作方式。要達到這個目的，必須要對 Python 對於 function parameter 所提供的設定方式及傳遞機制深入了解，才能夠設計出完善的模組以達到軟體再用的目的。

● Parameter 傳遞機制基本概念

在程式語言中，如果 caller 在傳遞參數是將 actual parameter 所儲存的值直接複製到 callee 的 formal parameter。程式語言將這種傳遞方式稱之為 pass-by-value（以值傳遞）。如果傳遞的不是 actual parameter 所儲存的值，而是它的位址。這種傳遞方式則稱為 pass-by-reference（以址傳遞）。

Pass-by-value 的主要好處在於容易設計及實作，壞處在於傳遞大量資料時，如 100 萬筆資料的 container，需要不斷地複製，會快速消耗大量的記憶體，造成系統效能急速惡化。相對的，pass-by-reference 的好處在於能夠快速的傳遞大量資料，不管 container 中的資料有多少，pass-by-reference 只需要複製 object 的位址即可；它的壞處在於 formal parameter 與 actual parameter 共享同一個 object，因此容易在不自覺的狀況下，在 callee 中以 in-place change 的方式改變了 actual parameter 中的資料，造成難以發現的程式錯誤，這也就是所謂的 side effect[10]（副作用）。

Python 所採取的是一種混合的方式。由於 Python 中都是 object，所以在 actual parameter 中所存放的都是 object 的位址。因此，Python 的參數傳遞機制不是純粹的 pass-by-value 或是 pass-by-reference，而是 pass-reference-by-value（以傳值方式傳址），也稱為 pass-by-assignment（以設定方式傳遞）。

在 Python pass-reference-by-value 的傳遞機制下設計函數時要特別注意 mutable 與 immutable object 在函數中不同的行為表現所造成的執行結果。

● Immutable Object 的傳遞

當傳遞 immutable object 時，此時 formal parameter 與 actual parameter 都指向同一個 object，但是由於其不可變更的特性，在 callee 中對 formal parameter 所做的任何修改，都不會影響 caller 中相對的 actual parameter，所有的更改只會產生另外的 object：

```
>>> x = 'hi'
>>> def f(k):
...     print(f"{k=} >>> k = 1 >>> ", end='')
```

---

10 Side effect 是 functional programming paradigm 中所避免的問題。

```
...       k = 1
...       print(f"{k=}")
...
>>> f(x)
k='hi' >>> k = 1 >>> k=1
>>> x
'hi'
>>> x = (1,2)
>>> f(x)
k=(1, 2) >>> k = 1 >>> k=1
>>> x
(1, 2)
```

　　在以上程式片段中要注意的是 formal parameter k 在被更改前，actual parameter x 與 formal parameter k 都是指向 hi。執行了 k = 1 後，x 與 k 就分別存放不同的 object。當 f 執行結束後，原來 actual parameter x 的值並沒有發生改變，也證明了 immutable object 無法在函數中被更改。

● Mutable Object 的傳遞

　　當 mutable object 被傳遞時，要特別注意是否發生 side effect。因為 Python 中的 mutable object 多為 container 資料型態，因此，在 formal parameter 與 actual parameter 都指向同一個 container 的狀況下，如果經由 formal parameter 直接修改 container 中個別的資料，也就是 in-place change，就會產生 side effect：

```
>>> def f(k):
...       print(f"{k=} >>> k[0] = 'a' >>> ",end='')
...       k[0] = 'a'
...       print(f"{k=}")
...
>>> x = [1,2,3]
>>> f(x)
k=[1, 2, 3] >>> k[0] = 'a' >>> k=['a', 2, 3]
>>> x
['a', 2, 3]
```

　　在以上的程式片段中，當 formal parameter k 改變了 container x 中 index 為 0 的資料。在執行回到 caller 後，在 f() 中所造成的改變的確改變了 actual parameter x 的內容，產生了 side effect！

　　如果在 f() 中直接對 format parameter 設定新的值，而不是更改其存放的 container 中某一個 index 的內容。這種做法是不會造成 side effect 的。因為 formal parameter 與 actual parameter 是兩個不同的記憶體空間，對 formal parameter 設定新值會使 format parameter 指向另一個 object，並不會改變 actual parameter 中所存放 container 中的資料：

```
>>> def f(k):
...     print(f"in f() -> {k=}")
...     k = ['a','b']
...     print(f"in f(), k = ['a','b'], {k=}")
...
>>> x = [1,2,3]
>>> f(x)
in f() -> k=[1, 2, 3]
in f(), k = ['a','b'], k=['a', 'b']
>>> x
[1, 2, 3]
```

　　因此，要避免在函數運算時產生 side effect，達到函數式程式語言中 pure function[11]（單純函數）的基本要求，可以在 caller 傳遞前先將 actual parameter 以 tuple() 轉換成 tuple；或是在 callee 中，先將 formal parameter 轉換成 tuple 再進行運算。如此一來，當 callee 不慎對 tuple 中的資料進行修改時，就會觸發 **TypeError**：

```
>>> def f(k):
...     t = tuple(k)
...     t[0]='a'
...
>>> f([1,2])
Traceback (most recent call last):
  File "<stdin>", line 1, in <module>
  File "<stdin>", line 3, in f
TypeError: 'tuple' object does not support item assignment

>>> def f(k):
...     k[0] = 'a'
```

---

[11] 要成為 pure function 必須要滿足兩個特性：一是不會造成 side effect，二是給予相同的 parameter 必定產生相同的傳回值。

```
...
>>> f(tuple([1,2]))
Traceback (most recent call last):
  File "<stdin>", line 1, in <module>
  File "<stdin>", line 2, in f
TypeError: 'tuple' object does not support item assignment
```

接下來開始說明 Python 函數中 formal parameter 的各種傳送方式。以下的傳送方式是可以混用的，混用方式及限制在第 283 頁中說明。

● Positional Parameter（位置參數）

Positional parameter（位置參數）是 Python 中最常見的參數傳遞方式。Function 中所有的 formal parameter 依序由左至右排列。Caller 在傳遞資料給 positional parameter 時，actual parameter 的數目必須與 callee 中的個數相符，以對應的方式傳遞，否則就會發生 **TypeError**：

```
>>> def f(x,y,z):
...     print(f"f->{x=}, {y=}, {z=}")
...
>>> f(1,"hi",[1,2])
f->x=1, y='hi', z=[1, 2]

>>> f(1,2) # f 需要 3 個參數，少了一個參數
Traceback (most recent call last):
  File "<stdin>", line 1, in <module>
TypeError: f() missing 1 required positional argument: 'z'
```

● Keyword Parameter（關鍵字參數）

以 keyword 方式傳送資料時，caller 以 callee 的 formal parameter 名稱為 key，針對性的對各個 positional parameter 傳送資料。使用 keyword 方式傳送時，最大的好處是可以不按位置順序傳送，但是所有的 formal parameter 都必須要傳送：

```
>>> def f(x,y,z):
...     print(f"f->{x=}, {y=}, {z=}")
...
>>> f(z=1, y="hi", x=[1,]) # 不依順序傳遞
f->x=[1], y='hi', z=1
```

如果有任何的 formal parameter 沒有被設定，則會產生 **TypeError**：

```
>>> f(z=1, y="hi")
Traceback (most recent call last):
  File "<stdin>", line 1, in <module>
TypeError: f() missing 1 required positional argument: 'x'
```

● Default Parameter（預設值參數）

如果有需要可以對 formal parameter 設定預設值。當 callee 的 formal parameter 有設定預設值時，如果 caller 沒有設定對該 formal parameter 設定傳送值時，callee 會直接使用其預設值於該 formal parameter：

```
>>> def f(x=1, y='a', z=[0]):
...     print(f"f->{x=}, {y=}, {z=}")
...
>>> f() # 沒有傳遞任何資料
f->x=1, y='a', z=[0]
```

預設值可以只對部分的 formal parameter 設定：

```
>>> def f(x, y='a',z=[0]):
...     print(f"f->{x=}, {y=}, {z=}")
...
>>> f('hello') # 只對 positional parameter 傳遞資料
f->x='hello', y='a', z=[0]
```

當部分 formal parameter 有預設值時，無預設值的 formal parameter 必須統一在前，不可交叉設定，否則會產生 **SyntaxError**：

```
>>> def f(x=1, y='a, z): # 交叉設定
File "<stdin>", line 1
def f(x=1,y='a',z):
                 ^
SyntaxError: parameter without a default follows parameter with a default
```

使用 default parameter 時要特別注意儘量避免使用 mutable object 作為預設值。由於效率考量，default parameter 不是每次呼叫時都會重新設定，只有在函數產生時

會執行一次。因此，使用 mutable object 作為預設值會產生一些無法預期的後果。以空的 list 作為預設值為例，第二次以後的呼叫會產生意料之外的執行結果：

```
>>> def f(data, data_list=[]):
...     data_list.append(data)
...     return data_list
...
>>> f(1)
[1]
>>> f(2)    # data_list 的內容依舊保留
[1, 2]
>>> f('hi')
[1, 2, 'hi']
```

因此，如果該參數的預設值是 mutable object 時，使用 None 作為預設值是比較好的做法。

● 任意個數的 Actual Parameter

■ 以 tuple 方式處理

如果 caller 需要傳送不定數量的 actual parameter，或是說 callee 可以接收任意數量的資料。可以在函數的一個且只能有一個的 formal parameter 前加上 *，通常以 *args（arguments）做為參數名稱。Python 會將 caller 所傳送多筆資料以 tuple 方式存放於 *args 供 callee 處理：

```
>>> def f(*args):
...     print(f"{args=}")
...
>>> f(1)
args=(1,)
>>> f(1,2)
args=(1, 2)
>>> f('a',1,2)
args=('a', 1, 2)
```

* 在 formal parameter 中只能使用一次，可能是 * 或是 *args。使用一次以上會產生 **SyntaxError**：

```
>>> def f(x, *, *args):
    File "<stdin>", line 1
      def f(x, *, *args):
                    ^
SyntaxError: * argument may appear only once

>>> def f(*args1, *args2):
  File "<stdin>", line 1
    def f(*args1, *args2):
                  ^
SyntaxError: * argument may appear only once
```

在 * 及 *args 之後出現的任何參數，Python 都會限制其為 keyword parameter：

```
>>> def f(x, *args, y, **kwargs):
...     print(f"{x=}, {args=}, {y=}, {kwargs=}")
...
>>> f(1, 2, 3, 1, a=1, b=2)
Traceback (most recent call last):
  File "<stdin>", line 1, in <module>
TypeError: f() missing 1 required keyword-only argument: 'y'

>>> def f(x, *args, y, **kwargs):
...     print(f"{x=}, {args=}, {y=}, {kwargs=}")
...
>>> f(1, 2, 3, y=1, a=1, b=2)
x=1, args=(2, 3), y=1, kwargs={'a': 1, 'b': 2}
```

■ 以 dictionary 方式處理

Caller 使用 keyword parameter 方式傳送資料時，callee 不需如前述的 keyword parameter 方式，設計多個 formal parameter 以 keyword 對應的方式接收資料。Callee 只需要設計一個且只能有一個以 ** 前綴的 formal parameter，通常以 **kwargs（keyword arguments）為參數名。Callee 會將 caller 以 keyword=value 形式傳送的資料整理存放於以 kwargs 為名的 dictionary parameter 中，供 callee 使用：

```
>>> def f(**k):
...     print(f"{k=}")
...
>>> f(a=1, b='a', c=[1,2])
k={'a': 1, 'b': 'a', 'c': [1, 2]}
```

當函數需要提供多種功能時就可以使用這種以 keyword 為參數的傳遞方式。
Callee 不需要為各個選項設計特定的 formal parameter，為該函數新增功能時也不會
影響 caller 對此函數的呼叫。因為該 dictionary 的每一個 key 就是功能選項；使用者
對該選項的設定就是該 key 的 value。這項功能可為函數在 formal parameter 的設計
提供極大的彈性：

```
>>> def f(**kwargs):
...     opt1 = kwargs.get('option1')
...     opt2 = kwargs.get('option2')
...     print(f"option1={opt1}, option2={opt2}")
...

>>> f(option1='-m', option2='-lx')
option1=-m, option2=-lx
>>> f(option1='-l')
option1=-l, option2=None
>>> f()
option1=None, option2=None
```

kwargs 必須出現在 formal parameter 中的最後，否則會引發 **SyntaxError：

```
>>> def f(a, **kwargs, *args):
    File "<stdin>", line 1
    def f(a, **kwargs, *args):
                     ^
SyntaxError: arguments cannot follow var-keyword argument

>>> def f(a, *args, **kwargs):
...     print(f"{a=}, {args=}, {kwargs=}")
...
>>> f(1, 2, 3, 4, opt1=1, opt2=2)
a=1, args=(2, 3, 4), kwargs={'opt1': 1, 'opt2': 2}
```

最後要注意的是 ***args** 及 ****kwargs** 都不可以設定預設值：

```
>>> def f(*args=1):
  File "<stdin>", line 1
    def f(*args=1):
               ^
SyntaxError: var-positional argument cannot have default value

>>> def f(**kwargs={'opt':1}):
```

```
 File "<stdin>", line 1
   def f(**kwargs={'opt':1}):
               ^
SyntaxError: var-keyword argument cannot have default value
```

● Caller 拆解 Iterable Parameter

當傳遞的 actual parameter 為 iterable 時，caller 可以使用 * 將 iterable 拆解成 positional parameter 後再傳送給 callee：

```
>>> def f(x, y, z):
...     print(f"f->{x=}, {y=}, {z=}")
...
>>> f(*"abc")
a b c
>>> f(*[1,2,3])
f->x=1, y=2, z=3

>>> f(*{'x':1, 'y':2, 'z':3})
f->x='x', y='y', z='z'
```

當 actual parameter 為 dictionary 時，caller 需使用 ** 拆解，將 dictionary 的內容以 `keyword:value` 方式傳送給 callee：

```
>>> f(**{'x':1, 'y':2, 'z':3})
f->x:1, y:2, z:3
```

Caller 使用 ** 拆解 dictionary 時，其中的 keyword 必須要與 callee 中的 formal parameter 的名稱及個數一致，否則將產生 **TypeError**：

```
>>> f(**{'x':1, 'k':2, 'z':3})
Traceback (most recent call last):
   File "<stdin>", line 1, in <module>
TypeError: f() got an unexpected keyword argument 'k'

>>> f(*{'x':1, 'y':2})
'Traceback (most recent call last):
   File "<stdin>", line 1, in <module>
TypeError: f() missing 1 required positional argument: 'z'
```

● 限制 Caller 只能傳送 Positional Parameter

由 Python 3.8 開始可以限定傳送 actual parameter 不可以使用 keyword 方式傳送，只可以使用 positional 方式進行傳遞。其理由 [12] 除了一些 Python 系統實作的理由外，對於 formal parameter 的設計考量在於有些函數的 parameter 本身不具備特殊意義時，如果使用 keyword 傳遞反而會降低程式碼的可讀性。比如說 `int(x="1")` 與 `int("1")` 這類處理單純性資料的函數，不對參數賦予特殊意義時反而較為容易理解。

在 formal parameter 中使用一個 / 將 positional parameter 及其他的參數區隔，可限制 caller 只能使用 positional 方式對 / 之前出現的 formal parameter 傳遞資料。當 caller 使用其他的方式對其傳送資料會引發 **TypeError**：

```
>>> def f(a, b, /, c):
...     print(a, b, c)
...
>>> f(1, 2, c=3)
1 2 3
>>> f(a=1, b=2, c=3)
Traceback (most recent call last):
  File "<stdin>", line 1, in <module>
TypeError: f() got some positional-only arguments passed as keyword \
  arguments: 'a, b'
```

● 限制 Caller 只能傳送 Keyword Parameter

Python 3 可以對 callee 中的 parameter 限定為只能使用 keyword 方式傳送。方法是在需要限定以 keyword 方式傳遞的 formal parameter 前，單獨使用一個 *，標示其後的 formal parameter 均須以 keyword 方式傳送：

```
>>> def f(x, *, v, w):
...     print(f"{x=}, {v=}, {w=}")
...
>>> f(1, v=2, w=3)
x=1, v=2, w=3
```

---

[12] 請參閱 PEP 570 的說明。

```
>>> f(1, 2, 3)    # v, w 必須以 keyword=value 的方式傳送
Traceback (most recent call last):
  File "<stdin>", line 1, in <module>
TypeError: f() takes 1 positional argument but 3 were given
```

在以上的操作中可以看到，formal parameter 中的 *，並不是一個 formal parameter，它只是一個單獨的**標示**，告知 Python 需要將其後的 formal parameter 以 keyword 方式傳送及接收。

此外，在 `*args` 之後設定的 formal parameter 也會被限定為只能以 keyword 方式傳遞：

```
>>> def f(x, *args, y):
...     print(f"{x=}, {args=}, {y=}")
...

>>> f(1, 2, 3)    # 必須有使用 y = value 的傳送方式
Traceback (most recent call last):
  File "<stdin>", line 1, in <module>
TypeError: f() missing 1 required keyword-only argument: 'y'

>>> f(1, 2, y=3)
x=1, args=(2,), y=3
>>> f(1, 2, 3, y=4)
x=1, args=(2, 3), y=4
```

● 混合模式下 Parameter 的接收與傳送

在介紹了這許多的參數接收機制後，大家一定會有一個疑問，如果將這些機制混合運用時，是否有一套規則可以遵循？是的，程式語言是按照一定的文法規則在運作。Python 提供了這許多的傳送機制，callee 在混用這些傳送機制時，以下的限制會影響 formal parameter 的設計順序（原因請見本節相關說明）：

1. Positional-only parameter 必須定義在最前方。

2. Default parameter 必須出現在無預設值的參數之後。

3. * 在 formal parameter 只能使用一次。一旦使用，其後的 formal parameter 只能以 keyword 的方式傳送。

4. **kwargs 必須是所有 formal parameter 的最後一個參數。

5. *args 及 **kwargs 不可以使用預設值。

因此，在遵循以上限制條件，formal parameter 可以有下列的順序：

1. Positional-only parameters

2. /（限定前列均為 positional parameter）

3. Positional or Keyword parameters

4. *（限定其後為 keyword parameters）

5. Keyword-only parameters

6. **kwargs

或是：

1. Positional or keyword parameters

2. 有預設值的 positional or keyword parameters

3. *args

4. **kwargs

也可以是：

1. *args

2. **kwargs

對於 caller 而言，必須依循 callee 的設計進行 actual parameter 傳遞。其中要注意的是：callee 中的 default parameter 可以選擇不傳送。

4.3.10 Function 與 Exception

在 3.9.1 中我們提到了 exception，也說明了當 exception 沒有處理時會向外傳播。程式在模組化後，函數之間有了 caller 與 callee 的關係。在這種關係中，當 exception 發生在 callee 中，callee 如果沒有處理 exception，該 exception 就會沿著呼叫的路徑以相反順序向最近的 caller 開始傳播。也就是說：如果 a 呼叫 b，b 呼叫 c，在這個呼叫路徑中，如果 c 產生 exception 時，該 exception 會由 c 傳到 b 再傳播到 a，我們稱其為**傳播路徑**。如果傳播路徑中途沒有任何 exception handler 對其處理，最終會由 Python 預設的 handler 接手，結果就是程式被中止並顯示該 exception 及呼叫路徑。

以下操作在 f()、g() 及 h() 中均無 exception handler 處理 exception，最終由 Python 處理，函數呼叫的路徑顯示於 Traceback 中：

```
>>> def f():
...     g()
...
>>> def g():
...     h()
...
>>> def h():
...     raise TypeError("My ErrorMessage!")
...
>>> f()
Traceback (most recent call last):
  File "<stdin>", line 1, in <module>
  File "<stdin>", line 2, in f
  File "<stdin>", line 2, in g
  File "<stdin>", line 2, in h
TypeError: My ErrorMessage!
```

如果呼叫路徑中有函數處理該 exception，則傳播就會中止於該 handler。如果需要同時顯示資訊於 exception 觸發時，可以將重要訊息以 actual parameter 的方式存放於新產生的 exception 中向外傳送：

```
>>> def f():
...     g()
...
>>> def g():
...     try:
...         h()
...     except TypeError as e:
...         print(f"{e} is handled by g()")
...
>>> def h():
```

```
...         raise TypeError("<Error in h()>")  # 將訊息設定於 TypeError object
...
>>> f()
<Error in h()> is handled by g()
```

在 raise exception 時，也可以將被引發的 exception 連結到新產生的 exception 中，這種做法稱為 exception chaining（例外鏈接）。Exception chaining 的使用方式是在 **raise** 後加上 **from**，可在生成 exception（一般是原有的 exception）時提供觸發原因：

```
raise [expression [from expression]]
```

在其文法中 **raise** 及 **from** 的後方都是 expression。與 3.9.2 中 except 的 expression 的設定規則相同，它們的最終結果都必須是一個 exception。此外，使用 raise 產生 exception 時，可以只使用各種的 exception 型態，如：ValueError 及 KeyError；也可以直接產生 exception object，如：ValueError() 及 KeyError()：

```
>>> def f():
...     g()
...
>>> def g():
...     try:
...         h()
...     except KeyError as ke:
...         raise ValueError from ke   # 可以是 ValueError 或是 ValueError()
...
>>> def h():
...     {1:2}[2]   # 觸發 KeyError
...
>>> f()
Traceback (most recent call last):
  File "<stdin>", line 3, in g
  File "<stdin>", line 2, in h
KeyError: 2

The above exception was the direct cause of the following exception:

Traceback (most recent call last):
  File "<stdin>", line 1, in <module>
  File "<stdin>", line 2, in f
```

```
  File "<stdin>", line 5, in g
ValueError
```

在執行 h() 時使用了不存在的 key 存取 dictionary，因此觸發了 **KeyError**。當 **KeyError** 傳播到 g() 時，使用 exception chaing 的機制，將 **ValueError** 的來源 ke 串接。使用者可以由此得知該 exception 是由何而來。

如果需要單純化 exception 的來由，隱藏 exception 的來源，可以在 from 後使用 **None** 將其他 exception 去除。延續以上的操作，將 g() 的 exception handler 中 raise 的來源改為 **None** 後，exception 來源將被移除：

```
>>> def g():
...     try:
...         h()
...     except KeyError:
...         raise ValueError from None
...
>>> f()
Traceback (most recent call last):
  File "<stdin>", line 1, in <module>
  File "<stdin>", line 2, in f
  File "<stdin>", line 5, in g
ValueError
```

4.4 Scope（生命範圍）與 Name Resolution（名稱解析）

Scope 指的是變數或是 identifier 的可使用範圍。在程式只由單一 Python 檔案組成且其中沒有自定任何函數的狀況下，變數在產生後，即可被隨後的程式使用。但是當函數中需要使用變數時，變數的使用就沒有那麼單純了。

我們先回顧一下在沒有設計自己的函數之前，讀取不存在的變數會導致 **NameError**：

```
>>> print(x)
Traceback (most recent call last):
```

```
  File "<stdin>", line 1, in <module>
NameError: name 'x' is not defined

>>> x = x + 1
Traceback (most recent call last):
  File "<stdin>", line 1, in <module>
NameError: name 'x' is not defined
```

在 x = x + 1 中，雖然這是一個 assignment statement。但由於 = 右邊的 expression 先執行，Python 試圖讀取 x。此時 x 尚不存在，因而產生了 **NameError**。因此，變數必須先以 assignment 方式產生後才能使用：

```
>>> x = 0
>>> x = x + 1
>>> print(x)
1
```

在函數中使用變數時就需要考慮 scope 的影響，如程式 4-15 所示。

程式 4-15　ch4_15.py

```
01. def f():
02.     x = 1
03.     print(f"f()-> x:{x}")
04.
05. f()
06. print(x)
```

執行結果：

```
$ python ch4_15.py
f()-> x:1
Traceback (most recent call last):
    File "./ch4_15.py", line 6, in <module>
    print(x)
        ^
NameError: name 'x' is not defined
```

在程式 4-15 中，變數 x 雖然在第 2 行出現，在第 6 行才使用，但是第 6 行的執行仍然產生了 **NameError**。要處理這個問題，我們必須要了解什麼是 scope 及它對程式所帶來的影響。

4.4.1 Global Scope（全域）與 Local Scope（區域）

Scope 是變數的生存範圍或是可使用的範圍。當 scope 結束時，所屬的變數也就消失，不復存在。換句話說，變數在哪一個 scope 中產生，它的生命會持續到該 scope 結束為止。

Python 為每一個 **.py** 檔都定義了一個 scope，稱為 global scope。在 global scope 中產生的變數稱為 global variable（全域變數）。每一個使用 def 定義的函數中，也會產生一個 scope，稱為 local scope。在 local scope 產生的變數稱為 local variable（區域變數）。

函數的 formal parameter 也屬於該函數中的 local variable。這些參數只有在函數執行時才會存在，當函數結束執行時，scope 結束，它們就會消失，無法使用。

當變數所產生的 scope 與所使用它的 statement 是處於同一個 scope 時，在使用上是沒有問題的。當它們不是同一個 scope 時，也就是 statement 要使用其他 scope 中的變數時，就可能會發生如程式 4-15 發生的 **NameError**。除此之外，進一步需要思考的問題是：

- 可以使用不同 scope 中的變數嗎？如果可以，要如何使用？

- Scope 可能有巢狀及平行的關係，這些關係對變數有著怎樣的影響？

- 不同 scope 中可以有同樣名稱的變數嗎？

首先要知道的是：**變數的 scope 是由變數產生時所在的 scope 所決定的**。這種 scope 稱為 lexical scope（語法範圍）。

程式 4-16　ch4_16.py

```
01. x = 0
02. def f():
03.     print("f():", x)
04.
05. f()
06. print("global:", x)
```

執行結果：

```
$ python ch4_16.py
f(): 10
global: 10
```

　　由程式 4-16 可以了解第 3 行 `print("f():", x)` 是屬於 local scope，其中的 x 是屬於 glocal scope，而且 x 產生在第 3 行之前，因此第 3 行的 x 是指第一行的 x。由執行結果可以解釋這一點。

　　那麼，當 local scope 中使用的 global variable 是產生於它之後，會是什麼結果呢？請看程式 4-17 的示範。

程式 4-17　ch4_17.py

```
01. def f():
02.     print("f():", x)
03.
04. f()
05. x = 10
06. print("global:", x)
```

執行結果：

```
$ python ch4_17.py
Traceback (most recent call last):
File "./ch4_17.py", line 3, in <module>
    f()
File "./ch4_17.py", line 2, in f
    print("f(): ", x)
                   ^
NameError: name 'x' is not defined
```

　　程式 4-17 的結果產生了 **NameError**。因為 x 產生於使用它之後，這裡要特別注意第 3 行與第 4 行之間的關係！如果將第 3 行與第 4 行順序對調，會有什麼結果呢？請看程式 4-18 及執行結果。

程式 4-18　ch4_18.py

```
01. def f():
02.     print("f():", x)
03. x = 10
```

```
04. f()
05. print("global:", x)
```

執行結果：

```
$ python ch4_18.py
f(): 10
global: 10
```

此時，雖然 x 在第 2 行使用時，x 尚未出現，可是執行結果卻沒有出現錯誤。要解釋這個結果，我們必須要了解 Python 如何進行 name resolution（名稱解析）。

4.4.2 Name Resolution（名稱解析）

要了解 Python 如何決定一個 identifier 或是變數是否存在？可否使用？其值為何？我們需要了解 namespace（名稱空間）及 scope（生命範圍）的原理及運作方式。

Namespace 是 Python 用來管理 identifier 及其與 object 關係的一項機制。它與程式中會產生 scope 的程式文法架構有著密切關係。Scope 則是用來決定 identifier 可以被使用的範圍。

● Namespace（名稱空間）

Python 在執行程式時，當遇到會產生 scope 的文法架構時，都會相對應的產生一個 namespace，當該文法架構消失時，其 namespace 也就被 Python 刪除。其 namespace 由 Python 執行環境開始可分為三類：

- **Built-in namespace**：Python 執行環境中所有的 built-in object 及函數所在的 namespace，如 `int()`、`len()`、`range()`、`list()` 等等。

- **Global namespace**：Python 檔案中最上層或是最外層不屬於任何函數的 namespace。每一個 `.py` 檔都會產生一個 global namespace。

- **Local namespace**：每一個函數、class、lambda、exception handler 及 comprehension 均有自己的 local namespace。

Python 開始執行時，就會產生一個 built-in namespace，存在直到 Python 執行結束。其次在載入 `.py` 時，Python 會為該檔案產生一個 global namespace，所有 top-level 的 identifier 都會儲存於此。在執行如 `def` 及 `class` 等會產生 local scope 的 statement 時，Python 會為其產生一個 local namespace。因此在函數執行時，Python 中存在著一個 built-in namespace，一個 global namespace 及一個以上的 local namespace[13]。

Namespace 中以 dictionary 方式管理所對應 scope 中所有的變數或是 identifier。Namespace 以 identifier 的名稱作為 key 管理各個 identifier 的新增、修改及刪除。因為每一個 scope 的 namespace 都是獨立的，如果多個 namespace 中有相同名稱的變數，不會有名稱衝突的問題產生。所有程式所產生的 object 則是統一由 Python 的 heap[14] 進行管理，並不屬於 namespace 掌控。比如說 `a = 1` 執行後，`a` 存於 namespace 中，`1` 則存放在 heap 之中。

每一次的 assignment 都會影響 namespace 中變數或是 identifier 的內容。如果變數不存在，namespace 就會將其新增；如果已存在，其內容就會被更新。對其執行 `del` 時，namespace 會將它刪除。

● LEGB Scope（LEGB 生命範圍）

Python 中的 scope 由內向外分為四大類，分別是 LEGB，分別代表著 **L**ocal、**E**nclosing、**G**lobal 及 **B**uilt-in 四種 scope：

- **Local scope**：每一個 function、class、lambda、exception handler 及 comprehension 均有自己的 local scope。

- **Enclosing scope**：在巢狀結構的函數中，所有外層函數的 scope 為其內層函數的 enclosing scope（包覆範圍[15]）。

---

13 比如說：function 相互呼叫，function 中執行 comprehension、nested function 或是 recursive（遞迴）執行時，都會產生一個以上的 local namespace。

14 系統用來管理程式在執行過程所產生的 object 所用的一塊記憶體。

15 就我們所知此名詞沒有固定翻譯名詞。

- **Global scope**：Python 檔案中的最上層或是最外層，不屬於任何 local scope 的 scope。每一個 .py 檔中都有一個 global scope，也稱為 top-level scope（最上層生命範圍）。

- **Built-in scope**：Python 執行環境中所有 built-in function 所在的 scope。如：print()、int()、str()、sum()、len()、range() 及 list() 等等。

程式每一次存取變數時，Python 就會對當時存在的 namespace 逐層進行搜尋，判斷該變數是定義在哪一個 scope 及是否合法，一旦找到就使用該變數並停止搜尋；如果搜尋直到最外層的 built-in scope 仍舊無法找到，就會產生 **NameError**。此過程就稱為 name resolution（名稱解析）。

Python 中提供了兩個 built-in function：locals() 及 globals()。它們以 dictionary 的方式分別取得所在 local namespace 及 global namespace 中所有的變數及其 value，如程式 4-19 所示。

程式 4-19　ch4_19.py

```
01. i = j = 1
02. def f():
03.     i = j = 1
04.     def g():
05.         x = y = 2
06.         print("f.g.locals:", locals())
07.     g()
08.     print("f.locals:", locals())
09. f()
10. print("globals:",list(globals().items())[-3:])
```

執行結果：

```
$ python ch4_19.py
f.g.locals: {'x': 2, 'y': 2}
f.locals: {'i': 1, 'j': 1, 'g': <function f.<locals>.g at 0x102a04cc0>}
globals: [('i', 1), ('j', 1), ('f', <function f at 0x1029b6340>)]
```

　　了解到這一點之後，我們就可以解釋程式 **4-17** 為何會造成錯誤。為了便於理解，再將程式 **4-17** 列印如下：

```
01. def f():
02.     print("f(): ", x)  # NameError: name 'x' is not defined
03.
04. f()
05. x = 10
06. print("global: ", x)
```

　　首先，程式在一開始執行時產生了一個 global scope，執行第 1、2 行時 f 被加入 global scope 並產生了一個函數。此函數被設定為 f。接著執行第 4 行 f()。在函數中的 `print()` 需要使用變數 x，可是在這個 local scope 中 x 並不存在。因此，Python 啟動 name resolution 的機制，開始向外層的 scope 搜尋，直到 global scope。此時 global scope 中只存在一個 f，因此再向 built-in scope 搜尋，結果也失敗。因為在所有的 scope 中都找不到 x，因此產生了 **NameError**。再看程式 4-20 的說明。

程式 4-20　ch4_20.py

```
01. print("global:", str(10))
02.
03. def f():
04.     str = 10
05.     print(str(1))
06.
07. f()
```

執行結果：

```
$ python ch4_20.py
global: 10
Traceback (most recent call last):
  File "./ch4_20.py", line 7, in <module>
    f()
  File "./ch4_20.py", line 5, in f
    print(str(1))
          ^^^^^^
TypeError: 'int' object is not callable
```

程式 4-20 中的函數 f 將 str 設定為 10。我們知道 str 是 Python 的 built-in
function 專門用來將 object 轉換為 str 型態。可是將 str 設定為 10 後，str 就不再
與原有的功能綁定，只是一個設定為 10 的變數。可是程式的第 5 行又將它以函數的
形式呼叫。Python 實際上是執行 **10(1)**，10 是一個 int literal，不是一個函數，不是
一個 callable object（可呼叫的物件），從而導致了 **TypeError**。

4.4.3 Scope 對程式的影響

在了解 LEGB 及 name resolution 的機制後，我們就可以說明變數在不同的
scope 中所可能造成的影響及要如何存取其他 scope 的變數等問題。

由於 name resolution 的搜尋是由所在的 scope 向外進行。因此，由外向內的存
取是不可行的。意即程式碼無法存取位於內層或是平行 scope 中的 local variable。以
下是存取內層 scope 中變數的嘗試：

```
>>> def f():
...     i = 1
...
>>> f()
>>> print(i)
Traceback (most recent call last):
  File "<stdin>", line 1, in <module>
NameError: name 'i' is not defined. Did you mean: 'id'?
```

以上程式的最後一行使用 **print()** 將 i 印出時，function f 已經結束執行，屬
於 f 的 scope 已經結束，存在於 namespace 中的 i 也隨著 f() 的 namespace 而消
失。因此當 **print()** 要取得 i 的內容時，在其所在的 global scope 中並無 i 的存
在，繼續搜尋 built-in scope 也無法找到 i，最終觸發了 **NameError**。

以下是平行關係的 local scope 互相存取的嘗試：

```
>>> def f():
...     i = 1
...
>>> def g():
...     print(i)
...
>>> f()
```

```
>>> g()
Traceback (most recent call last):
  File "<stdin>", line 1, in <module>
  File "<stdin>", line 2, in g
NameError: name 'i' is not defined. Did you mean: 'id'?
```

在以上程式中，f() 與 g() 間屬於平行的關係。g() 想要讀取 f() 中產生的 i。同樣的，當 g() 要讀取 i 時，name resolution 機制會由所在 scope 中開始搜尋，當搜尋無果時，就往上層也就是 global scope 持續搜尋。由於此時 f() 的 scope 早已結束。因此，持續往 built-in scope 搜尋，搜尋失敗後產生 **NameError**。

以上兩段程式碼說明了由外層向內層讀取或是在平行關係中互相的讀取都是不可行的，寫入當然更不可能。正是由於 scope 及 namespace 的這種設計，使得我們在設計每一個函數時，都不需要擔心其中的變數會被上層或是其它 built-in 函數的程式碼或是變數使用或是產生衝突。如此，才能保障函數的獨立性與安全性，進而提高程式設計師的工作效率。

現在就只剩下如何存取外層 scope 中變數的問題了。

在程式 **4-16** 中曾經以 scope 方式說明 local scope 中的 `print()` 可以讀取 global scope 中的 x。為了方便說明，將程式 **4-16** 列印如下：

```
01. x = 0
02. def f():
03.     print("f(): ", x)
04.
05. f()
06. print("global: ", x)
```

現在可以使用 namespace 配合 scope 進一步說明為何第 3 行的 `print()` 可以讀取第一行的 global variable x。在執行 ch4_16.py 時，Python 產生其 global namespace，產生並存入了 x 及 f 兩個 identifier。執行第 3 行時，Python 無法在 f 的 local namespace 找到 x，因而繼續往外層 scope 搜尋。在 global namespace 中找到 x 後將其印出。

這裡的重點是，在讀取外層 scope 的變數時，該變數必須已經存在於外層的 namespace 中，否則還是會產生 **NameError**，如程式 **4-21** 所示。

程式 4-21　ch_4_21.py

```
01. def f():
02.     print('f():',i)
03.
04. f()
05. i = 1
```

執行結果：

```
$ python ch4_21.py
Traceback (most recent call last):
  File "./ch4_21.py", line 4, in <module>
    f()
  File "./ch4_21.py", line 2, in f
    print('f():',i)
                 ^
NameError: name 'i' is not defined. Did you mean: 'id'?
```

　　當我們要儲存資料於外層 scope 中的變數，要注意 Python 在執行 **assignment**
時，它也會先搜尋所在的 namespace。如果搜尋成功，assignment 會更新 namespace
的內容，如果搜尋失敗，會直接於 namespace 中新增該變數，而非繼續搜尋！此
時，所在 scope 與外層的 scope 同時存在同名的變數，雖然如此，local scope 中存取
該變數時，都是作用在 local scope，非外層的 scope，因為搜尋到 local scope 就停止
了。如程式 4-22 所示。

程式 4-22　ch4_22.py

```
01. x = 1
02. def f():
03.     x = "hi"
04.     print(f'f(), {x=}')
05.
06. f()
07. print(f"global, {x=}")
```

執行結果：

```
$ python ch4_22.py
f(), x='hi'
global, x=1
```

當內外 scope 中有同名的變數時，會產生內層 scope 的變數將外層變數 shadow（遮蔽）或是隱藏的狀況。這是因為以該名稱進行 name resolution 時，會先在 local scope 中找到具有該名稱的變數。在 local scope 結束消失，執行回到 global scope 後，name resolution 機制才能夠看到 global scope 中的變數。

不過，這裡要特別注意一個問題：Python 不允許在同一個 scope 中，先讀取外層 scope 的變數，再以 assignment 產生同名稱的變數，如程式 4-23 中的第 3 行與第 4 行所示。Python 會將第 3 行的 i 認為是未初始化的 local variable 進而產生 **UnboundLocalError**。

程式 4-23　ch4_23.py

```
01. i = 1
02. def f():
03.     print(i)
04.     i = 'hi'
05.     print(i)
06.
07. f()
08. print(i)
```

執行結果：

```
$ python ch4_23.py
Traceback (most recent call last):
  File "./ch4_23.py", line 7, in <module>
    f()
  File "./ch4_23.py", line 3, in f
    print(i)
          ^
UnboundLocalError: cannot access local variable 'i' where it is not associated with a value
```

這種在 scope 中先讀取 global variable 再在 local scope 中產生同名的 local variable 在 Python 中是不被允許的。只要使用 assignment 產生變數 x，所有在該 scope 中對 x 的使用都將被 Python 視為是對 x 的存取，不分先後。因此，程式 4-23 中第 3 行的 `print(i)` 被視為對未產生的 local variable 進行讀取。

程式 4-24 也產生了 **UnboundLocalError**。雖然 i 是在 local scope f 中的第一行 `i = i + 1` 被設定，可是由於 assignment 的執行順序是先讀取 RHS 再設定 LHS，因此造成了 **UnboundLocalError**。

程式 4-24　ch4_24.py

```
01. i = 1
02. def f():
03.     i = i + 1
04.     print(i)
05.
06. f()
```

執行結果：

```
$ python ch4_24.py
Traceback (most recent call last):
  File "./ch4_24.py", line 6, in <module>
    f()
  File "./ch4_24.py", line 3, in f
    i = i + 1
        ^
UnboundLocalError: cannot access local variable 'i' where it is not associated with a value
```

4.4.4 Global 與 Nonlocal

　　為了避免 **UnboundLocalError**，Python 提供了兩個 keyword：`global` 及 `nonlocal` 供我們標示變數原生的 scope，避免變數使用時在 scope 上的混淆。

　　如果我們希望在程式 4-24 第 4 行所使用的變數是 global scope 的 `i`，則需要使用 `global` 將 `i` 標示為 global scope 中的 `i`，就可解決這個問題，如程式 4-25 所示。

程式 4-25　ch4_25.py

```
01. i = 1
02. def f():
03.     global i
04.     i = i + 1
05.     print(i)
06.
07. f()
```

執行結果：

```
$ python ch4_25.py
2
```

或者將定義在 global scope 的 i 以參數方式傳遞給 f( )，如程式 4-26 所示。

程式 4-26　ch4_26.py

```
01. i = 1
02. def f(i):
03.     i = i + 1
04.     print(i)
05.
06. f(i)
```

執行結果：

```
$ python ch4_26.py
2
```

以這兩種方式來說，以參數傳遞的方式較好。因為這樣可以使函數有最佳的獨立性。關於這一點，我們在其後的範例會有更多的說明。

在 nested function 中，如果要使用的變數是在外層的函數（enclosing scope），並非是 global scope。在這種狀況下，無法使用 global 來說明 x 的位置。Python 提供了另一個 keyword: nonlocal 供程式標示那些產生於外部可是非 global scope 的變數。以程式 4-27 說明。

程式 4-27　ch4_27.py

```
01. def f():
02. x = 1
03.     def g():
04.         nonlocal x
05.         x = x + 1
06.         print("f.g():",x)
07.     g()
08.     print("f():",x)
09.
10. f()
```

執行結果：

```
$ python ch4_27.py
f.g(): 2
f(): 2
```

　　由於 global 及 nonlocal 是用來標註變數的，它們都是 simple statement，可以使用逗號分隔方式一次標註多個變數。使用 global 及 nonlocal 標定變數時，如果該變數當時並不存在，Python 會直接將該變數加入 global 或是 nonlocal 的 scope 中。如程式 4-28 所示。

程式 4-28　ch4_28.py

```
01. def f():
02.     global x
03.     x = 1
04.
05. f()
06. print("global:",x)
```

執行結果：

```
$ python ch4_28.py
global: 1
```

　　如果標註的 scope 不存在，則會產生文法錯誤，如程式 4-29 中 x 被標註為 nonlocal，可是 function f 外層中並不存在任何 enclosing function，因而導致 **SyntaxError**。

程式 4-29　ch4_29.py

```
01. def f():
02.     nonlocal x
03.     x = 1
04.
05. f()
06. print("nonlocal:",x)
```

執行結果：

```
$ python ch4_29.py
  File "./ch4_29.py", line 2
    nonlocal x
    ^^^^^^^^^^
SyntaxError: no binding for nonlocal 'x' found
```

4.5 Recursive Function（遞迴函數）

在 4.3.3 如何執行 Function 中曾經介紹函數的執行方式是由 caller 呼叫 callee。其中 caller 及 callee 分別是兩個不同的函數。那麼 caller，callee 可以是同一個函數嗎？也就是說函數可以自己呼叫自己嗎？當然可以，如果函數以此種方式執行，它就稱為 recursive function（遞迴函數）。

當 caller 呼叫 callee 時，callee 結束，控制權回到 caller 繼續執行。在 recursive function 中，是自己呼叫自己，所以在此種函數中必須有一停止執行的條件，否則就會造成 infinite recursion（無限遞迴）。Infinite recursion 有可能會耗盡系統資源，需要謹慎處理。以下是一個產生 infinite recursion 錯誤的程式：

```
>>> def f():
...     f()
...
>>> f()
Traceback (most recent call last):
  File "<stdin>", line 1, in <module>
  File "<stdin>", line 2, in f
  File "<stdin>", line 2, in f
  File "<stdin>", line 2, in f
  [Previous line repeated 996 more times]
RecursionError: maximum recursion depth exceeded
```

以上的 recursive function 並無任何終止執行的條件，因此產生了 infinite recursion。所幸 Python 會主動阻斷超過預設遞迴呼叫次數 [16] 的函數，因此產生了 **RecursionError**。

程式 4-30 是一個簡單的 recursive function：

程式 4-30　py4_30.py

```
01. def f(n):
02.     if n >= 0:
03.         f(n-1)
```

---

[16] Python 預設遞迴呼叫的次數上限是 1000 次。

```
04.        print(n)
05.    else:
06.        return
07.
08. if __name__ == "__main__":
09.    f(3)
```

執行結果：

```
$ python ch4_30.py
0
1
2
3
```

學習 recursive function 的設計時，主要的問題在於其執行方式不如一般的函數呼叫直覺、容易理解。圖 4-3 將程式 4-30 的執行過程以圖示的方式呈現。可以看到當 f(3) 執行遞迴呼叫 f(2) 時，caller f(3) 的狀態保存於 namespace 中，並未消失，只是將執行轉移到 f(2)；當 f(2) 執行 f(1) 時，同樣的，f(2) 的所有狀態也保留在 namespace 中，如此不斷進行呼叫，直到程式執行到 f(-1) 中的 return 為止。

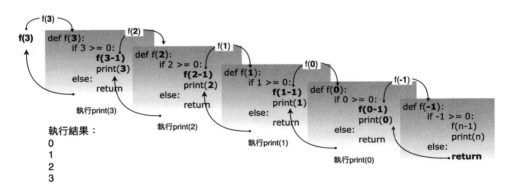

■ 圖 4-3　程式 4-30 的遞迴執行過程

此時要注意的是，f(-1) 執行結束並不會使所有在記憶體中的 caller：f(3)、f(2)、f(1) 及 f(0) 同時結束！如同之前所說的 callee 執行結束後，執行將會回到 caller 呼叫 callee 的下一行繼續執行。因此，f(-1) 結束後，執行將會回到 f(0)。由於在 f(0) 中的 n 是 0，因此執行 print(0)。f(0) 結束後，執行再回到 f(1)，當時的 n 是 1，因此執行 print(1)，如此直到執行權回到主程式中呼叫 f(3) 的下一行為止。

了解程式 4-30 的運作後，只要做一點修改就可以將數字列印順序由 0、1、2、3 改為 3、2、1、0。請看程式 4-31。

程式 4-31　ch4_31.py

```
01. def f(n):
02.     if n >= 0:
03.         print(n)
04.         f(n-1)
05.     else:
06.         return
07.
08. if __name__ == "__main__":
09.     f(3)
```

執行結果：

```
$ python ch4_31.py
3
2
1
0
```

只要將 `print(n)` 置於遞迴呼叫 `f(n-1)` 之前，就可以將數字順序反轉。由於 `print(n)` 在遞迴呼叫之前，因此執行結果是 3、2、1、0。建議大家可以如圖 4-3 的方式，自行推導，才能更快了解遞迴呼叫的計算方式。

在使用遞迴設計程式時，要注意的是遞迴函數基本上都是可以將問題或是資料進行持續分割簡化，藉由同樣的邏輯處理越來越簡化的問題或是資料直到特定狀況後停止遞迴呼叫；在 callee 回傳的過程中，收集之前的運算結果以得到最終的答案。這種解決問題的方式稱之為 divide-and-conquer[17]（分割再處理），也是演算法設計中的一個重要方法。

在計算數列的總和時，可以觀察到這樣的一個遞迴關係：

$$S(n) = \begin{cases} 0 & if\ n = 0 \\ n + S(n-1) & if\ n > 0 \end{cases}$$

---

[17] 請參考 T.H. Cormen et. al. 於 2022 年出版的 Introduction to Algorithms, 4th edition。

這個關係也就是說當計算 0 ～ 5 的總和時，S(5) 的結果如下：

S(5)=5+S(4)	S(4)=4+S(3)
S(3)=3+S(2)	S(2)=2+S(1)
S(1)=1+S(0)	S(0)=0

程式 4-32 示範以遞迴方式計算 S(n)。

程式 4-32　ch4_32.py

```
01. def sum_to(n):
02.     if n > 0:
03.         return n + sum_to(n-1)
04.     else:
05.         return 0
06.
07. if __name__ == "__main__":
08.     print(sum_to(3))
```

執行結果：

```
$ python ch4_32.py
6
```

程式 4-32 的第三行 `return n + sum_to(n-1)` 可以得知遞迴程式的計算過程幾乎如同數學方程一般，每次 callee 計算完後傳回 `sum_to(n-1)` 後加上 n 得到 `sum_to(n)` 的加總結果。

接下來說明 Fibonacci series（費柏納西數列，簡稱為費氏數列）及如何使用遞迴方式產生。

費氏數列是由義大利數學家費柏納西（Leonardo Fibonacci，1175-1250）在研究兔子繁殖數量時所使用的數列。簡單來說，費氏數列是由 0 與 1 開始，依照以下的規則產生的數列，數列中的數字稱為費柏納西數，簡稱為費式數：

$$F(n) = \begin{cases} 0 & if\ n = 0 \\ 1 & if\ n = 1 \\ F(n-1) + F(n-2) & if\ n > 1 \end{cases}$$

依照以上規則，每一個費式數 *F(n)* 是前兩個費式數 *F(n-1)* 及 *F(n-2)* 之和。以下是一部份的費氏數列：

```
0, 1, 1, 2, 3, 5, 8, 13, 21, 34, 55, 89, 144, …
```

使用遞迴計算費式數是十分直覺的，幾乎就是將數學定義式直接轉換成程式碼，如程式 4-33 所示。

程式 4-33　ch4_33.py

```
01. def fib(n):
02.     if n > 1:
03.         return fib(n-1) + fib(n-2)
04.     else:
05.         return n
06.
07. if __name__ == "__main__":
08.     print(fib(6))
```

執行結果：

```
$ python ch4_33.py
8
```

可是使用此種方式計算費式數是十分浪費系統資源的！為什麼呢？由其數學定義中可以知道：每個費式數都是由前兩個費式數相加所得。在程式 4-33 第三行：`return fib(n-1)+fib(n-2)`，浪費了許多的資源在計算已經計算完成的費式數。比如說在計算第 5 個費式數 `fib(5)` 時，程式遞迴呼叫 `fib(4) + fib(3)`，接下來 `fib(4)` 的計算又會執行 `fib(3) + fib(2)`，`fib(3)` 又要重複計算 `fib(2) + fib(1)`，將此過程表示為圖 4-4。

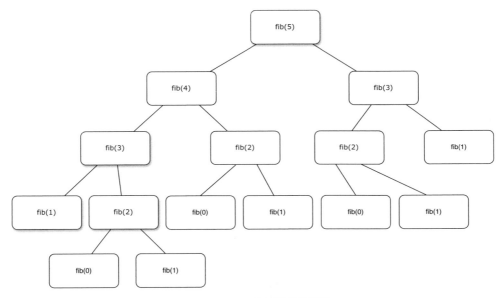

■ 圖 4-4　fib(5) 的遞迴執行過程

　　由圖 4-4 的過程可以得知 **fib(1)** 重複執行了 **5** 次，**fib(2)** 重複執行了 **3** 次等等。這些都是不應該產生的計算。因此在使用遞迴呼叫時也要小心避免不當的遞迴對系統造成的影響。

　　為了避免不必要的遞迴計算，程式 4-34 使用了 **fib_table**，其用途在於查詢及計算費式數，如果該數不存在，則進行遞迴計算取得。與程式 4-33 不同的是：該計算結果並不回傳給 caller，而是儲存在 **fib_table**，以便後續使用 [18]，如此才可以避免不必要的重複計算。

程式 4-34　ch4_34.py

```
01. def fib(n, fib_table=None):
02.     if fib_table is None:
03.         fib_table = {}
04.     if n in fib_table:
```

18　這種記錄計算結果，避免後續重複的複雜運算屬於電腦科學中 dynamic programming（動態規劃）演算法。是一種十分重要的程式設計方式，詳情可以參考 T.H. Cormen et. al. 於 2022 年出版的 Introduction to Algorithms, 4th edition。

```
05.          return fib_table[n]
06.      if n <=1:
07.          return n
08.      fib_table[n] = fib(n-1, fib_table) + fib(n-2, fib_table)
09.      return fib_table[n]
10.
11.  if __name__ == "__main__":
12.      for n in range(11):
13.          print(fib(n), end=' ')
```

執行結果：

```
$ python ch4_34.py
0 1 1 2 3 5 8 13 21 34 55
```

4.6 Lambda Function

Python 中函數除了可以使用 def 的方式產生外，還可以使用 lambda 方式產生。

lambda function 是 functional programming paradigm 所提供的一項重要的工具。有別於傳統的函數，lambda 可以使程式邏輯更為精簡，尤其是當邏輯單純時使用。

所謂的 lambda function 是一個沒有名字的函數。產生 lambda function（之後簡稱為 lambda）時，需要以 keyword **lambda** 產生。基本文法如下，[ ] 中可選擇使用：

```
lambda [parameter₁, parameter₂, …, parameterₙ]: expression
```

lambda 中的參數，如同一般函數的參數也是 local variable，也可以沒有參數。一般的函數可以包含一行以上的 statement，但是 lambda 函數中不能有任何的 statement，只能有一行 expression。lambda 執行結束後，不需要使用 return，其 expression 的運算結果會直接回傳給 caller。

先看一個簡單的例子，以下的 function f 與 lambda g 都是接受一個參數 x 再將其傳回給 caller：

```
>>> def f(x):
...      return x
```

```
...
>>> print(f(1))
1
>>> print(f('hello'))
hello

>>> g = lambda x:x
>>> print(g(1))
1
>>> print((lambda x:x)(1))
1
>>> print(g('hello'))
hello
```

以下程式利用 lambda 對 f() 中 list comprehension 所產生的每一筆資料做額外處理。如果沒有特殊的需求，則以預設的 lambda x:x 處理：

```
>>> def f(fn=lambda x:x):
...     return [fn(y) for y in range(5)]
>>> f()
[0, 1, 2, 3, 4]
>>> print(f(lambda x: x+1))
[1, 2, 3, 4, 5]
>>> print(f(lambda x: (x,x*x)))
[(0, 0), (1, 1), (2, 4), (3, 9), (4, 16)]
>>> print(f(lambda x: chr(ord('a')+x)))
['a', 'b', 'c', 'd', 'e']
>>> print(f(lambda x: f"{str(x):^3}"))
[' 0 ', ' 1 ', ' 2 ', ' 3 ', ' 4 ']
```

Python 提供了一些 built-in function 可以在其中使用 function 及 lambda 等 callable 資料型態以提供不同的行為模式，如：map()、filter() 及 sorted() 等。我們以 sorted() 為例，介紹 lambda 在 sorted() 中可以扮演的角色。

我們已經知道 sorted() 可以將 container 中的資料排序，如：

```
>>> sorted([2, 1, 3])
[1, 2, 3]
>>> sorted(["abc", "w1bc", "cdef"])
['abc', 'cdef', 'w1bc']
```

sorted() 提供了一個 keyword argument：key。可以使用 function，當然也包含 lambda。在排序時，執行 function 或是 lambda 的意義在於 sorted() 可以使用特定的邏輯對資料排序；也就是說 sorted() 會使用 lambda 等處理 container 中的資料，再以處理後的結果進行排序。Container 中原來的資料則不受影響。以下操作先使用 int() 將數字字串轉成 int 後再進行排序：

```
>>> sorted(['21', '12', '3'], key=int)
['3', '12', '21']
```

再使用 lambda 以同樣的方法進行排序：

```
>>> sorted(['21','12','3'], key=lambda x:int(x))
['3', '12', '21']
```

也可以使用 lambda 取得每一個 int 除以 10 的餘數進行排序：

```
>>> d = [15, 11, 42, 14, 54, 21, 12]
>>> sorted(d, key = lambda x: x % 10)
[21, 11, 12, 42, 54, 14, 15]
>>> d
[15, 11, 42, 14, 54, 21, 12]
```

以上的程式，sorted() 是以每一個數字的除以 10 的餘數進行遞增排序。如果要以除以 10 的商進行排序，只要將 lambda 改成 `lambda x: x / 10` 即可：

```
>>> sorted(d, key = lambda x: x / 10)
[11, 12, 14, 15, 21, 42, 54]
```

如果 sorted() 是以每個數字的數字和來進行排序，可以使用 lambda 計算 x 中各位數字的和：

```
>>> d = [99,111,222,1111,3]
>>> sorted(d, key=lambda x:sum(int(d) for d in str(x)))
[111, 3, 1111, 222, 99]
```

由以上對 lambda 的介紹可以了解其對程式架構所造成的影響。善用 lambda 可以使程式架構更具彈性，程式碼更為簡潔。

4.7 Module（模組）及 Package（包裹）

當程式中的變數、函數及其他的資源越來越多，要如何有效進行分門別類的管理，使其可以重複使用，是軟體開發時的一項重要課題。Module（模組）是 Python 用來管理程式資源的一個重要架構。它是比函數更高一層的程式單元。Module 又可分為兩種，一種是一般對應 `.py` 的 module，另一種則是對應目錄路徑的 module，稱之為 package。每一個 `.py` 檔案都是一個 module。每一個 global/top-level scope 中所定義的 identifier，如變數及函數等都成為 module 的 attribute（屬性），可以提供給外界使用。

Package 則是用來管理 module 的一種架構。Python 使用作業系統中檔案系統的目錄架構 package，使其可以快速有效的對 package 及 module 進行分類管理。

程式中可以使用 `import` 及 `from import` 兩種 simple statement 導入使用其他的 module 中全部或是部分資源。

Module 及 package 提供程式在開發及運作上許多的好處：

■ 命名空間的分割

由於 module 及 package 提供了一個獨立的 namespace[19]（命名空間）。在此空間中可以定義各種程式資源，如 global variable 及 class 等。因此，我們無法直接使用其他 module 中的資源，必須要經由如 import 等特定的方式，才能使用。這個機制有效降低了 module 之間的 dependency（相依性），提高了 module 開發的 independency（獨立性）。

■ 系統資源的利用

由之前的介紹，我們知道 Python 程式是由第一行執行到最後一行。將不同的資源以 module 分開管理，在需要時才執行。而不是將所有的資源，不管是否使用都放在同一個 `.py` 中，執行時會耗費 CPU 時間，佔據額外的系統記憶體等資源，進而影響系統效能。

---

[19] 此 namespace 不同於 scope 的 namespace。

■ 程式碼的再利用

　　module 及 package 提供一個機制將已開發完成的程式工具包裹起來，需要時再以 import 使用。使用這個機制組織管理程式碼，使 package 具備整體性，許多的工具可以對它進行有效的管理，不易遭人惡意篡改。同時，以這些機制將不同功能的程式碼分離，各個 module 中的資源不會互相干擾，可以重複使用，提高了程式碼的再用性也間接地提高了程式設計師的工作效率。

4.7.1 Module 與 Import（導入）

　　Module 必須以 import statement 導入到程式後才能使用。import statement 是一個 simple statement。Python 對於 module 的名稱有一定的規則，在導入後的使用也如同變數一樣要遵從 name resolution 的規則，否則就會引發錯誤。

　　Python 執行環境本身就提供了許多的 module 供程式使用，其中一些常見的有：

- os：提供作業系統基本操作。如：`os.open()`、`os.pipe()` 及 `os.write()`。

- time：提供與時間相關的功能。如：`time.clock_gettime()` 及 `time.localtime()`。

- re：提供 regular expression（常規運算式）的相關操作。如：`re.match()` 及 `re.search()`。

● 什麼是 Module ？

　　在 Python 中每一個 `.py` 檔案都是一個 module。檔案名稱除去 `.py` 副檔名後，所剩餘的就是 Python 為其設定的 module 名稱。因為如此，每一個 `.py` 檔案都是可以被重複使用的 module。

　　Python 官方建議 module 的名稱應該要簡短且以全小寫英文字母為主，如：Python 提供的 os、sys、datetime 及 third-party 提供的 numpy、django 及 matplotlib 等。

　　舉例來說：Python 檔案名稱為 `a.py`，其 module 名稱就是 `a`。檔案名稱為 `a_b.py`，其 module 名稱就是 `a_b`。Python 檔案名稱中不可使用一個以上的小數點，違反規則會引發 import 錯誤。舉例來說：檔案名稱為 `a.b.py`，module 名稱就是 `a.b`。這是一個錯誤的名稱，其原因會在 4.7.3 中說明。

同時 module 也 是 一 個 object。Python 使 用 import 或 是 from statement 產 生 module object。在導入 module 時，該 module 就會被執行。一個 module 如果被多次導入也只有第一次會被執行。這個機制在以下為大家說明。

● Import Statement

Import statement 是一個 simple statement，同時也是一個 assignment statement（雖然沒有等號）。每一次 import 都會將一個 module object 綁定到一個 identifier。此外，它一次可以導入一個或多個以逗號分隔的 module。由於每一個 .py 檔案都是一個 module，因此使用 import 開發程式時，程式是由一個起始執行的 .py 檔案，稱為主程式，配合多個 .py 中的資源，每一個 .py 都是一個 module。以下為 import statement 的文法：

```
import module₁, module₂, …, moduleₙ
```

先看一個實際的例子。在目錄中有一個 ch4_35.py 的檔案，在同一個目錄中的另外一個 Python 檔案要使用 ch4_35.py 中的資源，只要在程式的第一行使用 import keyword 加上 ch4_35 即可：

程式 4-35　ch4_35.py

```
01. def f():
02.     print('ch4_35')
03.
04. i = 10
```

程式 4-36 使用 import 將 module ch4_35 導入到程式中：

程式 4-36　ch4_36.py

```
01. import ch4_35
02.
03. print("in main:")
04. ch4_35.f()
05. print(ch4_35.i)
```

執行結果：

```
$ python ch4_36.py
in main:
```

```
ch4_35
10
```

所有以 import statement 導入的資源，如程式 4-35 中的 **f** 與 **i**，在導入之後，這些資源名稱的前方都會自動被加上 module 名稱：

module 名稱 . 資源名稱

這種在 identifier 前加註 module 名有一個專有名稱：Fully Qualified Name（完全限定名稱）也可以簡稱為 Qualified Name。它的目的在於可以清楚標示資源的出處。如程式 4-36 中的 **ch4_35.f()** 及 **ch4_35.i**，標示 **f()** 及 **i** 是來自於 module **ch4_35**。

雖然 qualified name 可以幫助我們了解資源的來源。但有時加上 module 名稱會使整個名稱過於冗長。因此，import statement 也可以使用 **as** keyword 將導入的 module 改名。更改後的名稱也必須遵循 Python identifier 的命名規則。同時，module 使用 **as** 改名後，該 module object 會綁定於新名稱，原來的名稱不能再使用。其文法為：

import module₁ as identifier₁, module₂ as identifier₂, ⋯, moduleₙ as identifierₙ

也可以將直接導入與改名後導入兩種方式混用在同一行 import：

import module₁, module₂ as m₂

使用 **as** 對導入的 module 改名後，原有的名稱即不存在：

```
>>> import ch4_35 as m1
>>>
>>> m1.f()
ch4_35
>>> ch4_35.f()
Traceback (most recent call last):
  File "<stdin>", line 1, in <module>
NameError: name 'ch4_35' is not defined
```

在以上程式中，我們使用 **as** 將 **ch4_35** 改名成 **m1**。因此，global scope 就只有 **m1** 而沒有 **ch4_35** 的存在。之後再使用 **ch4_35** 就會造成 **ch4_35** 沒有定義的 **NameError**。

要注意的是：被導入的 module，其 global scope 中的 identifier 將會被加入 caller 中 import statement 所在的 scope。比如說，在程式 4-36 中，ch4_35 中的 f 與 i 被加入到 ch4_36 的 global scope 中。

如果在 local scope 中使用 import statement 導入的 module，基於 Python name resolution 的機制，離開了 local scope 後，該 module 中的 identifier 就會消失，無法使用，如同 local variable 的運作方式：

```
>>> def f():
...     import ch4_35 as m1
...     m1.f()
...
>>> f()
ch4_35
>>> m1.f()
Traceback (most recent call last):
  File "<stdin>", line 1, in <module>
NameError: name 'm1' is not defined
```

以上程式中的 m1 是在 f 的 local scope 中導入。離開 local scope 後再要使用就會觸發 **NameError**，因為 m1 這個名稱已經不存在了。

此外，Python 在執行程式時，執行環境中有一個 built-in variable：**__name__**，功能是記錄該 module 的名稱。如果該 module 是直接被 Python 執行，不是被導入。該 module 自動被命名為 **__main__**。請看程式 4-37 程式及程式 4-38 的示範說明。

程式 4-37　ch4_37.py

```
01. print("ch4_37.py, module_name:",__name__)
```

程式 4-38　ch4_38.py

```
01. import ch4_37
02. print("ch4_38.py, module_main:", __name__)
```

執行結果：

```
$ python ch4_38.py
ch4_37.py, module_name: ch4_37
ch4_38.py, module_main: __main__
```

由於程式 4-38 被當作主程式執行,因此它的 **__name__** 中記錄著 **"__main__"**,而不是本身 module 的名稱。如果我們將 ch4_38 當成 module 導入時,它的 **__name__** 就會是 module 原來的名稱了:

```
>>> import ch4_38
ch4_37.py, module_name: ch4_37
ch4_38.py, module_main: ch4_38
```

Python 程式設計師時常利用 **__name__** 的這個行為模式,將 module 的主要程式邏輯或測試程式放在 if statement 之中。如此一來,只有當該程式被作為主程式執行時,該段程式才會執行。可以避免如程式 4-38 中 top-level 的程式邏輯在導入時被無條件的執行。

基本上 **.py** 的主要邏輯都如同程式 4-39 一樣,如果是以主程式的方式才會被執行。

程式 4-39   ch4_39.py

```
01.  import ch4_37
02.
03.  if __name__ == "__main__":
04.      print("ch4_39.py, module_name:", __name__)
```

執行結果:

```
>>> import ch4_39
ch4_37.py, module_name: ch4_37
```

前文曾經提到 Python 在執行程式時對於同一個 module 只會導入一次。我們利用程式 4-40 中的開頭及結尾的 **print()** 來說明這一機制。

程式 4-40   ch4_40.py

```
01.  print('ch4_40 begins...')
02.  m = 'first'
03.
04.  def f():
05.      print(m)
06.
07.  print('ch4_40 ends.')
```

接著在 Python shell 中多次導入 ch4_40：

```
>>> import ch4_40 as m
ch4_40 begins...
ch4_40 ends.
>>> m.f()
first
>>> import ch4_40 as m2
>>> import ch4_40 as m2
```

程式 4-40 的第一行印出 **"ch4_40 begins..."**，最後一行印出 **"ch4_40 ends."**。在第一次導入時，由執行結果可以看出這 2 行已被執行。這也意味著，ch4_40.py 已被執行完畢。但是接下來兩次的 import statement 都不再產生任何輸出，説明了 Python 對同一個 module 的確只會執行一次。

程式 4-40 也可以驗證 **as** 將 module 導入後改名的機制。在以下的程式的 module 中有兩個名稱，分別是：**m2** 及 **ch4_40**。使用 **is** 比較這兩個 module 中的 **m** 是否為同一個 object，來驗證這個概念：

```
>>> import ch4_40 as m2
>>> import ch4_40
>>> ch4_40.m is m2.m
True
```

由結果得知，**ch4_40.m** 與 **m2.m** 確為同一個 object。

● From-Import Statement

另外一種 import 方式是使用 **from** keyword。From 是 import 的一項附加功能。不像 import statement 只能導入整個 module。From statement 除可以導入整個 module 外也可以只導入 module 中特定的資源。

藉由程式 **4-40**，也可以驗證 from statement 與 import 一樣，導入同一個 module 時，只會導入一次。首先我們先使用 from statement 來導入 **ch4_40**：

```
>>> from ch4_40 import m
ch4_40 begins...
ch4_40 ends.
```

由結果可知使用 from 導入 module 時，雖然只導入其中的變數，可是 module 還是會被完整執行。接下來，我們重新啟動 Python shell 再看看重複執行 import 及 from 會有什麼結果：

```
Python 3.12.4 (main, Jun 15 2024, 10:14:29) …
Type "help", "copyright", "credits" or "license" for more information.
>>> import ch4_40 as m2
ch4_40 begins...
ch4_40 ends.
>>> from ch4_40 import m
>>>
```

使用 import 及 from 分別導入同一個的 module 時，第二次的導入並沒有重新執行 ch4_40。因此可以知道，Python 導入一個 module 時不會因為多次導入或是使用不同的方式而有重複執行的問題。

如果要導入 module 中所有 top-level 的資源時，可以在 from statement 中使用 * 達成。以此方式導入的資源名稱可以直接使用，不需要在前方加上 module 名稱：

```
>>> from ch4_35 import *
>>> f()
ch4_35
>>> i
10
```

由以上操作可以看到，使用 * 導入後，可以直接使用 ch4_35.py 中所有的 top-level 的資源。使用 from 也可以單獨指定將 module 中的個別資源導入到 from 所在的 scope 中直接以原有名稱使用：

```
>>> from ch4_35 import f
>>> f()
ch4_35
```

在導入資源時，不建議使用 * 方式導入。由於 Python 是以最後一次的 binding 決定該名稱所綁定的 object，如果以此方式同時導入許多的 module，如果一旦發生名稱衝突問題，難以直接由名稱了解是哪一個 module 發生問題，造成許多不必要的困擾，因此不建議使用。

要避免 module 的使用者濫用 * 一次導入所有資源，可以對 module 中的 top-level 資源的名稱前加上 _，如程式 4-41 所示。

程式 4-41　ch4_41.py

```
01. _x = 1
02.
03. def _f():
04.     print("ch4_41.f()")
05.
06. def g():
07.     print("ch4_41.g()")
```

以下程式將 ch4_41 中所有 top-level 資源，以 `import *` 方式導入，無法使用 `_x` 及 `_f()`：

```
>>> from ch4_41 import *
>>> _x
Traceback (most recent call last):
  File "<stdin>", line 1, in <module>
NameError: name '_x' is not defined
>>> _f()
Traceback (most recent call last):
  File "<stdin>", line 1, in <module>
NameError: name '_f' is not defined. Did you mean: '_'?
>>> g()
ch4_41.g()
```

這些以 _ 開頭命名的 identifier，還是可以使用 `import` 及 `from` 的方式導入使用：

```
>>> import ch4_41 as m3
>>> m3._x
1
>>> from ch4_41 import _x
>>> _x
1
```

另外一種避免濫用 `import *` 方式則是使用 Python 的 built-in variable `__all__`。將 top-level 的的 identifier 以 string 的方式全部或是部分設定於 `__all__` 中的 list 以避免使用者濫用。如果 `__all__` 是一個空的 list，那麼使用 `import *` 無法導入任何 top-level 的資源。請看程式 4-42 的示範。

程式 4-42　ch4_42.py

```
01. x = 1
02. def f(): pass
03. def g(): pass
04.
05. __all__ = ["f"]
```

執行結果：

```
>>> from ch4_42 import *
>>> f
<function f at 0x102bef1a0>
>>> g
Traceback (most recent call last):
  File "<stdin>", line 1, in <module>
NameError: name 'g' is not defined
```

　　程式 4-42 中，在 __all__ 只設定了 **"f"**。因此使用 import * 導入時，只能使用 f，不能使用 x。如果使用一般的 import 導入，則不受影響：

```
>>> from ch4_42 import f,x
>>> f
<function f at 0x100af31a0>
>>> x
1
```

4.7.2　Import 的工作機制

　　在此之前範例中的 .py 檔案與主程式都在放置在同一目錄中，module 可以正確無誤地被導入。但是，現實的程式開發及運作環境不可能如此單純。如果將 built-in 與 third-party 的各種 module，還有我們自己所開發的 module，全部放在同一個目錄中，會使目錄中過度雜亂，難以有效管理。Import 本身有一個搜尋機制，依照模組不同的屬性在檔案系統中進行搜尋、載入。依據這個搜尋機制，Python 將各類型的 module 依據需要安裝在特定的地方，以供搜尋。搜尋成功後，import 會使用一個特定方式處理載入的 module 以有效執行程式。

　　Import 的執行分為 2 個步驟：

1. 依循內定規則，搜尋 module 檔案。

2. 搜尋確定後，如果是第一次導入，Python 將它 compile 並執行，如果已經導入則不再執行。

● 步驟 1：搜尋 module

　　Python 是依據 **sys.path** 的內容對 module 名稱進行搜尋。sys.path 是一個定義在 sys module 中由 string 組成的 list。其中的每一個 string 都是檔案系統中的 path[20]。**sys. path** 的內容是 Python 依據下列 5 個項目，由 1 至 5 逐步新增到 **sys.path** 之中：

1. 程式執行時所在的目錄。

2. 作業系統的環境變數 PYTHONPATH。

3. Python built-in module。

4. 任何 **.pth** 檔案的內容。

5. **lib/site-packages** 第三方提供的函示庫。

　　以下的程式片段是在 Ubuntu 24.04 安裝 Python 3.12.4 後執行 shell 中的 **sys. path**：

```
>>> import sys
>>> sys.path
['', '/usr/lib/python312.zip', '/usr/lib/python3.12',
'/usr/lib/python3.12/lib-dynload',
'/usr/local/lib/python3.12/dist-packages',
'/usr/lib/python3/dist-packages']
```

　　另外一個則是在 macOS Sonoma，使用 pyenv 安裝 Python 3.12.4 時的 **sys. path**[21]：

```
>>> import sys
>>> sys.path
['', '/Users/user_name/.pyenv/versions/3.12.4/lib/python314.zip',
```

---

[20] 請參看 **4.8.1** File Path（檔案路徑）的說明。

[21] 其中的 **user_name** 部分會因不同 **user** 的帳號名稱而有所不同。

```
 '/Users/user_name/.pyenv/versions/3.12.4/lib/python3.14',
 '/Users/user_name/.pyenv/versions/3.12.4/lib/python3.14/lib-dynload',
 '/Users/user_name/.pyenv/versions/3.12.4/lib/python3.14/site-packages']
```

由以上兩個作業環境中顯示的 `sys.path` 可以了解，`sys.path` 的組成會因為所使用的作業系統、Python 版本及 virtual environment（虛擬環境），如 poetry、venv、pyenv 及 virtualenv 等而有所不同。如要詳細說明這些與作業系統及軟體相關的基本概念，使用方式及搭配不同組合時對 `sys.path` 所造成的影響，已超過本書範圍。因此，我們在此僅說明基本的組成方式。

首先新增到 `sys.path` 的是執行主程式所在目錄的 path（以 `''` 表示）。這也是為什麼在之前的範例中我們所導入的 module 都必須與執行主程式存放在同一個目錄中的原因。其次是 `PYTHONPATH`。這是設定在作業系統中的 environment variable[22]（環境變數），可以依照自己的需求設定。

第三個加入的 path 是 Python built-in module 所在的 path。這個 path 與所安裝的虛擬環境系統相關。第四個是 `.pth` 檔案，它是一個可以自行設定的文字檔案，檔案名稱可自訂但是其附加名稱必須要是 `.pth`。每行都是一個包含所需 module 的絕對路徑。Python 在執行時會將其中設定路徑逐行新增至 sys.path 之中。最後則是 third-party module 所安裝的目錄位置，一般都是 `site-packages`。

Python 執行 import 時是以 `sys.path` 開始搜尋。如果 **ModuleNotFoundError** 發生，可以檢查 `sys.path` 是否有包含該 module 的 path，或是確認 module 名稱是否與導入 module 名稱一致。

● 步驟 2：compile 及 run

當 module 被成功搜尋，如果是第一次導入，Python 會將 compile 後所得到的 bytecode 存放於一個檔名為 `module 名稱 .cpython 版本 .pyc` 的檔案，這個檔案存放在主程式所在目錄中的一個名為 `__pycache__` 的子目錄中。舉例來說，如果原始檔案為 `mod_1.py`，編譯後的檔案名稱即為 `mod_1.cpython-312.pyc`。

---

22 關於 environment variable，可以參考市面上關於作業系統操作的書籍。

如果之前的導入已經產生了這個 `.pyc` 檔案，Python 會略過 compile 的過程直接將它載入並執行，以提升系統執行的效能。

此外，在載入 module 時，Python 也會主動比較 `.py` 檔案的產生或是修改時間是否晚於 `.pyc` 檔案，以確認是否有新版本。如果已有新版本，該 module 就會被重新 compile 後再導入執行。如果 module 的原始 `.py` 檔案沒有更新且已經被導入，則該 module 不會再被執行。

4.7.3 Package 與 Import

相較於 module 對應 `.py` 檔案，Python 提供了另一種 module，稱之為 package（包裹）。每一個 package 都對應到檔案系統中的一個特定的目錄。Package 可以儲存其他的 package 及 module，形成一種多層次的架構。藉由現今作業系統中檔案系統的 hierarchical structure（階層式結構）或稱 tree structure（樹狀結構）。Python 利用此目錄架構，產生了 package 的階層式架構。

換句話說，package 中可以包含其他的 package 及 module。而 module 就只能是一個 `.py` 檔案，不能儲存其他的 package 或是 module。這種設計如同作業系統中的檔案系統：目錄是一種特殊的檔案，可以儲存其他的目錄及檔案，而檔案是最終的儲存個體，不能儲存目錄及檔案，只能儲存資料。

階層式架構的好處在於，發展複雜的系統時，可以將所開發的 module 分門別類地整理儲存。每一層的 package 如同一個特定的分類，有著自己的命名空間以儲存功能相近的模組。在垂直關係中的 package，低一層的 package 提供了上層 package 在功能上的細分；而水平關係的 package 則有著不同的角色或是功能。

以 Django web framework 為例，每一個 Django application 都是一個 project，每一個 project 都是由多個 app 組成，每一個 app 中都有自己的 `view`、`model` 及 `template` 等子目錄及相關檔案，如以下的樹狀目錄圖所示。

```
./demo
|-- app1
|   |-- __init__.py
|   |-- admin.py
|   |-- apps.py
|   |-- migrations
```

```
|   |   `-- __init__.py
|   |-- models.py
|   |-- templates
|   |   `-- app1
|   |-- tests.py
|   `-- views.py
|-- app2
|   |-- __init__.py
|   |-- admin.py
|   |-- apps.py
|   |-- migrations
|   |   `-- __init__.py
|   |-- models.py
|   |-- templates
|   |-- tests.py
|   `-- views.py
|-- demo
|   |-- __init__.py
|   |-- asgi.py
|   |-- settings.py
|   |-- urls.py
|   `-- wsgi.py
`-- manage.py
```

　　其中最上層的目錄是 Django project demo 的專屬目錄。demo 中的 manage.py 是 Django 系統管理程式，其中與 project 同名的子目錄 demo 則是存放 demo 系統的設定及運作所需命令。app1 及 app2 是 demo 系統中的兩個 app，也是 demo 系統的子系統。每個 app 中都存放各個子系統中 Django 運作時所需的目錄，如：migrations 及 templates，檔案則有：admin.py、apps.py、migrations、models.py、tests.py 及 views.py 等。這些目錄及檔案均為 Django 自動產生，開發時使用者再依據系統需求新增修改各個子系統中的相關內容即可。

　　由於 package 由一個以上的目錄組成。因此，將 module 放置在 package 中也可以減少 module 搜尋路徑的設定。只要 package 所在的 path 被設定在 sys.path 中，package 中的程式就可以導入該 package 中所有其他的 module。舉例來說，以 d0 為首的子目錄，如：d0/d1/d2、d0/d1/d3 及 d0/e1 等子目錄中的 .py 都可以存取 d0 中其他子目錄中的 module。

Python package 在使用上十分簡單，將原先電腦檔案路徑中的分隔符號[23]由 **/** 轉換為 **.** 即可。這種方式形成了一個以 **.** 為分隔符號的 module path（模組路徑）。Module path 在 Python 中也被稱為 dotted path（點分隔路徑）。如：`dir1/dir2/m1.py` 轉換為 dotted path 後則是 `dir1.dir2.m1`。

在 module path 中，第一個 module 是 package，最後一個是對應到 `.py` 的 module，中間的 module 則被稱為 subpackage（子包裹）。以 `dir1.dir2.dir3.m1` 為例，`dir1` 是 package，`dir2` 及 `dir3` 是 subpackage，`m1` 則是一般的 module，對應到 `m1.py`。

在導入 package 時，Python 會以漸進的方式逐層尋找 package，直到搜尋完全部的 module path。以 `dir1.dir2.m1` 為例，Python 先嘗試導入 package `dir1`，再嘗試導入 `dir1.dir2`，成功後再由 `dir1.dir2` 的 package 中尋找 `m1`。過程中任何的搜尋失敗都會引發 **ModuleNotFoundError**。

由於 package 與目錄相對應，因此 package 與 module 不同之處在於 package 中有 **__path__** attribute，而 module 沒有。因此，在 package 中導入的 subpackage 及 module 可以使用 **__path__** 而不需要搜尋 `sys.path`。請看以下操作說明：

先在工作目錄 **ex1** 中產生一個子目錄 **d1**，再在其中產生一個空的 **f1.py**，其目錄架構如下：

```
.
`-- ex1
    `-- d1
        `-- f1.py
```

在工作目錄 **ex1** 中啟動 Python shell，進行如下操作：

```
>>> import d1.f1
>>> d1.__path__
_NamespacePath(['/Users/user_name/pylab/ex1/d1'])
>>> d1.f1.__path__
Traceback (most recent call last):
```

---

[23] Linux 及 macOS 等 Unix-like 作業系統的 file path 分隔符號為 **/**，微軟 Windows 的分隔符號為 ****。

```
File "<stdin>", line 1, in <module>
AttributeError: module 'd1.f1' has no attribute '__path__'. …
```

由以上結果可知，**d1** 是一個目錄，資料型態為 **_NamespacePath**。導入時 Python 會將它視為一個 package，因此具有 **__path__** attribute。如果有 subpackage 存 在 於 module path 時，Python 會 依 據 **__path__** 進 行 搜 尋；而 **d1.f1** 是 一 個 module，對它查詢 **__path__** 會引發 **AttributeError**。

依據導入 package 的方式，Python 將 import 分為兩種 [24]，分別是 absolute import （絕對導入）及 relative import（相對導入）。

● Absolute Import（絕對導入）

Absolute import 就是在 import statement 中所設定的 dotted path 是一個完整的 module path。Dotted path 的第一個 module path 必須存在於 **sys.path**，否則就會產 生 **ModuleNotFoundError**。

Absolute import 能夠清楚的表示 module 的來源，避免混淆。將需要的程式模 組放在 **sys.path** 需要的目錄中，就可以使用 import 導入使用。以下是一個簡單的 absolute import 操作。先在工作目錄建立目錄 **ex1** 及兩個子目錄 **d1**、**d2** 及兩個 **.py** 檔案：

```
./ex1
|-- d1
|   `-- mod1.py
`-- d2
    `-- mod2.py
```

程式 mod1.py：

```
01. def m1f():
02.     print("mod1.m1f()")
```

---

[24] 如同檔案的 path 有 absolute path（絕對路徑）及 relative path（相對路徑）兩種方式表示，詳 見 4.8.1 File Path（檔案路徑）的說明。

程式 **mod2.py**：

```
01. def m2f():
02.     print("mod2.m2f()")
```

　　將工作目錄設定在 **ex1** 後，我們就可以在 Python shell 中使用 absolute import 導入這些 module，並執行以下操作：

```
>>> import d1.mod1
>>> d1.mod1.m1f()
mod1.m1f()
>>>
>>> import d1.mod1 as d1m1
>>> d1m1.m1f()
mod1.m1f()
```

　　或是使用 `from import` 導入：

```
>>> from d1.mod1 import m1f
>>> from d2.mod2 import m2f
>>> m1f()
mod1.m1f()
>>> m2f()
mod2.m2f()
```

```
>>> import d1
>>> d1.mod1.m1f()
mod1.m1f()

>>> from d1 import mod1
>>> mod1.m1f()
mod1.m1f()
```

　　使用 `import` 及 `from import` 導入 package 時要注意：在 `from` 之後的 dotted path 必須是一個 module；`import` 之後則必須是單獨的一個 module 或是 module 中的 attribute，否則就會引發錯誤。

在工作目錄 **ex1** 建立以下目錄架構：

```
./ex1
`-- d1
    `-- e1
        `-- f1.py
```

f1.py 的內容如下：

```
01.  x = y = 1
```

進行以下操作，觀察各種 import 及 from import 在導入 module 的使用差異及結果：

```
>>> import d1.e1.f1.x          # d1.e1.f1.x 不是 module
Traceback (most recent call last):
  File "<stdin>", line 1, in <module>
ModuleNotFoundError: No module named 'd1.e1.f1.x'; 'd1.e1.f1' is not a package

>>> import d1.e1.f1
>>> d1.e1.f1                    # d1.e1.f1 是 module
<module 'd1.e1.f1' from '/Users/Max/pylab/ex1/d1/e1/f1.py'>
>>> f1.x
1


>>> from d1.e1.f1 import x
>>> x
1


>>> from d1.e1 import f1
>>> d1.e1                       # d1.e1 是 module
<module 'd1.e1' (namespace) from ['/Users/Max/pylab/ex1/d1/e1']>
>>> f1                          # f1 是 module
<module 'd1.e1.f1' from '/Users/Max/pylab/ex1/d1/e1/f1.py'>
>>> f1.x
1


>>> from d1 import e1.f1        # e1.f1 不是 module 或 attribute
  File "<stdin>", line 1
    from d1 import e1.f1
                    ^
SyntaxError: invalid syntax
```

```
>>> from d1 import e1.f1.x    # e1.f1.x 不是 module 或 attribute
  File "<stdin>", line 1
    from d1 import e1.f1.x
                    ^
SyntaxError: invalid syntax
```

● Relative Import（相對導入）

Python 對於 package 的導入方式除了 absolute import 外，還有 relative import（相對導入）。所謂 relative import 就是所導入 module 的 path 是相對於本身 module 的位置；而非絕對的位置。

由於 absolute import 必須要參照 `sys.path`。在複雜的專案如 Django，每一次的導入如果都需要完整的 dotted path，將過於繁瑣。同時，當系統開發完成後可能被安裝在不同的路徑中。如果都使用 absolute path，每次的安裝都需要重新設定 `sys.path`，也會造成許多困擾。因此，relative import 提供我們一個簡單的解決方案，藉由檔案系統中相對路徑的概念以導入同一專案中不同 package 中的 module，大幅簡化了 import path 的設定。

使用 relative import 時，Python 限制程式只能使用 from import statement，不能使用 import statement。在 from import 中設定 dotted path 時，必須使用 `.` 開頭，以表明此 module path 是一個 relative path，不是 absolute path。

在表示 relative module path 時，一個 `.` 代表 module 與主程式屬於同一個 package；`..` 代表該 module 位於主程式上一層的 package；如果是 `...` 則表示 module 是位於上上層的 package，以此類推。

我們先建立一個簡單的環境及相關 `.py` 檔案，介紹 relative import 的基本用法：

```
./simple
`-- d1
    |-- a.py
    `-- b.py
```

程式 **a.py**：

```
01. from . import b
02.
03. print('d1.a')
```

程式 **b.py**：

```
01. print('d1.b')
```

以目錄 `simple` 為工作目錄，啟動 Python shell 後，執行以下指令：

```
>>> import d1.a
d1.b
d1.a
```

當執行 `import d1.a`，利用第一次導入 module 時會被執行的特性，**d1/a.py** 被執行。**a.py** 的第一行是 `from . import b`。由於 . 表示的是由所在工作目錄同一個的 package（不需列出此 package 的名稱）導入 module b。因此，Python 會執行 **b.py**。在印出 **d1.b** 後，再回到 **a.py** 輸出 **d1.a**。

當然也可以使用 absolute import 在 **a.py** 中導入 b，只需要將 **a.py** 的 `from import` 改為：

```
import d1.b
```

即可。

在 package 中執行 relative import 的程式時要注意：直接執行程式或是啟動 Python shell 的工作目錄必須要在所設計 package 的最上層，否則就會引發 **ImportError** 或是 **ModuleNotFoundError**。比如說，在以上的範例中，如果我們在 **./simple/d1** 中啟動 Python shell 就會得到以下錯誤：

```
>>> import a
Traceback (most recent call last):
  File "<stdin>", line 1, in <module>
  File "/Users/user_name/pylab/simple/d1/a.py", line 1, in <module>
    from . import b
ImportError: attempted relative import with no known parent package
```

```
>>> import d1.a
Traceback (most recent call last):
  File "<stdin>", line 1, in <module>
ModuleNotFoundError: No module named 'd1'
```

在執行 relative import 時，Python 必須了解整個 package 的目錄架構，才能判斷 **.** 或是 **..** 分別表示哪一個 package module。如果起始的工作目錄不是最上層的 package 目錄，就會造成 Python 無法定位正確的目錄位置而導致錯誤。

此外，在使用 relative import 時，如果會使用到不同 package 的 module，也就是所謂的 intra-package 時，其 top-level package 只能有一個，做為所有 package 及 module 的最上層 package，否則會引發錯誤。請看以下的說明。

我們先建構一個有著平行關係的 package，先建立一個目錄 **duel**，在其中建立 **d1** 及 **d2** 兩個子目錄，其目錄架構如下：

```
./duel/
|-- d1
|   `-- a.py
`-- d2
    `-- b.py
```

建立以下程式 **duel/d1/a.py**：

```
01. from ..d2 import b
02.
03. print('d1.a')
```

及程式 **duel/d2/b.py**：

```
01. print('d2.b')
```

我們在工作目錄 **./duel** 中啟動 Python shell，以互動方式執行以下程式：

```
>>> import d1.a
Traceback (most recent call last):
  File "<stdin>", line 1, in <module>
  File "/Users/user_name/pylab/ex1/re_import/duel/d1/a.py", line 1, in <module>
```

```
    from ..d2 import b
ImportError: attempted relative import beyond top-level package
```

由於 **a.py** 在導入 **d2.b** 時，使用了 **..d2**，這表示 **d2** 與 **a** 並不在同一個 package 中。屬於 intra-package 的 module 存取。由於 package **d1** 及 **d2** 沒有一個共同的 package，因此產生這種錯誤。我們將它修正如下：

先建構一個有著共同 top-level 的 package 架構，其最上層 package 名稱為 **top**，目錄 **d1** 及 **d2** 為其子目錄，**a.py** 及 **b.py** 的內容不變。其架構如下：

```
./duel-ok/
`-- top
    |-- d1
    |   `-- a.py
    `-- d2
        `-- b.py
```

將工作目錄移動到 **./duel-ok**，執行同樣的程式就可以得到正確的結果：

```
>>> import top.d1.a
d2.b
d1.a
```

● Regular Package（一般包裹）

Regular package 是 Python 原有的 package，為了與後來的 namespace package 有所區分，因而有了 regular package 這一名稱。在 Python 3.3 之前如果一個目錄要成為 package，必須要在目錄中存放一個特殊的檔案，名稱為：**__init__.py**。其內容是一般的 **.py** 檔案，特別之處有兩點：

- Python 3.3 之前要將目錄設定為 package，該目錄中必須要有 **__init__.py**。

- 在 package 第一次被導入時，Python 會主動執行該目錄中的 **__init__.py**，作為初始化該 package 之用。也有許多人將它留白，只是為了產生 package 而已。

以下我們設計了兩個 regular package，在其中各存放一個 **__init__.py**，其目錄架構如下：

```
.
`-- d1
    |-- __init__.py
    `-- d2
        `-- __init__.py
```

程式 **d1/__init__.py** 的內容：

```
01. print('package d1 init.')
```

程式 **d1/d2/__init__.py** 的內容：

```
01. print('package d1.d2 init.')
```

在 Python shell 中導入 **d1.d2** 後，可以看到兩個目錄中的 **__init__.py** 均被 Python 主動執行：

```
>>> import d1.d2
package d1 init.
package d1.d2 init.
```

● Namespace Package（命名空間包裹）

Namespace package 是從 Python 3.3 開始提供的一種 package。設計的主要目的在於設計者可以將 package 分開儲存在不同的實體目錄中，在導入時，Python 會將它視為是一個 package，共享一個 namespace。

這種機制的好處在可以將系統中的不同功能的 module，分配給不同的研發團隊進行開發。開發完成後可以分階段將各個子系統整合在一個 namespace package 中；或是不同儲存位置的 package 整合，不需要再重新調整目錄架構。Namespace package 對 package 的使用者不會造成使用上的影響，同時也簡化了系統架構。

Namespace package 作為 regular package 的後來者，在設計及使用上必須要考慮不能影響到現有 regular package 的使用方式。因此要成為 namespace package 的目錄中不可以存在 **__init__.py**。也就是 package 不可能同時是 regular package 及 namespace package。設計者必須二者擇一。

由於 package 有可能是 regular 或是 namespace。Python 在建立 package 的方式也要在不影響 regular 的前提下需要作出調整。首先，在搜尋目錄導入 module 時，必須以 sys.path 的內容為準。

假設我們要導入一個名為 mypkg 的 module，Python 對它的處理步驟如下：

1. 如果在 sys.path 中搜尋到的目錄為 path/mypkg/__init__.py，則直接產生 regular package 並傳回。

2. 如果在 sys.path 中搜尋到 path/mypkg.py 或是 path/mypkg.pyc 等，則產生一般的 module 並傳回。

3. 如果在 sys.path 中搜尋到 path/mypkg，並且 mypkg 是一個**目錄**，這個 path 會被記錄下來，再繼續搜尋 sys.path 中下一個 path。

4. 如果以上的搜尋都沒有結果，則繼續搜尋 sys.path 中記錄的下一個 path。

所有的搜尋結束後，如果沒有回傳任何的 regular package 或是 module，可是有至少一筆的 path/mypkg 紀錄，Python 將對其產生一個 namespace package，將所有搜尋到的 path/mypkg 記錄在其中的 __path__。

要注意的是 namespace package 在使用上與 regular package 是完全一樣的，都適用 absolute import 及 relative import。只是產生 package 的方式不一樣而已。其次，namespace package 中會有 __path__ 記錄著有關這個 namespace 的所有路徑；而 regular package 不會產生 __path__。

接下來示範 namespace package 的使用方法。首先在工作目錄中建立以下的目錄架構及相關檔案：

```
.
|-- d1
|   `-- d2
|       `-- f.py
`-- md1
    `-- d2
        `-- g.py
```

為了要能夠正確的搜尋到 namespace package，我們必須將 namespace package 的 parent directory（父目錄）加入 PYTHONPATH 中，屆時該設定才會被 Python 加入到 sys.path 中：

```
$ export PYTHONPATH=./d1:./md1
$ echo $PYTHONPATH
./d1:./md1
```

啟動 Python shell，檢查 `sys.path` 中是否已有相關 path 的設定：

```
>>> sys.path
['', '/home/user_name/pylab/pkg/d1', '/home/user_name/pylab/pkg/md1', …
'/usr/local/lib/python3.12/dist-packages', '/usr/lib/python3/dist-packages']
```

接著導入 namespace package d2。導入成功後，檢查 `d2.__path__` 的內容：

```
>>> import d2
>>> d2.__path__
_NamespacePath(['/home/user_name/pylab/pkg/d1/d2', '/home/user_name/pylab/pkg/md1/d2'])
>>> d2
<module 'd2' (namespace) from ['/home/user_name/pylab/pkg/d1/d2',
    '/home/user_name/pylab/pkg/md1/d2']>
```

除了在作業系統中直接修改 PYTHONPATH 外，也可以在程式中直接修改 `sys.path`，得到同樣的結果：

```
>>> import sys
>>> sys.path.append("./d1")
>>> sys.path.append("./md1")
>>> import d2
>>> d2.__path__
_NamespacePath(['/home/user_name/pylab/pkg/d1/d2', '/home/user_name/pylab/pkg/md1/d2'])
```

在 namespace package 產生後，與 regular package 相同的使用方式，可以直接導入 d2 中的 module：

```
>>> from d2.f import f1
>>> from d2.g import f2
>>> f1()
d1/d2/f.f1(): d2.f
>>> f2()
md1/d2/g.f2() d2.g
```

4.8 Text File Input/Output （文字檔案輸入 / 輸出）

Python 在處理資料時，除了我們之前提到的互動方式，如：`input()` 及 `print()` 之外，還有一個十分重要的處理方式就是以 file（檔案）為主的輸入 / 輸出。

檔案是電腦系統在處理資料時的主要方式。當系統需要直接了解使用者的需求或者是使用者需要即時了解系統狀況時，才需要與使用者互動。

檔案是電腦 file system（檔案系統）中儲存資料的基本單位。存取檔案時首先要確定其在檔案系統中的位置，否則就有可能發生檔案找不到，或是將檔案存放到錯誤的位置等錯誤。

4.8.1 File Path（檔案路徑）

在 4.7.3 討論 package 時曾經提到現今的檔案系統主要以目錄與檔案組成。目錄中存放著目錄及檔案，檔案中則存著各種的資料，如文字，二進位及影音資料。

檔案的位置是由 path（路徑）表示。Path 有 absolute path（絕對路徑）及 relative path（相對路徑）兩種。Absolute path 是以 root directory（根目錄）為開頭表示的 path，如：`/usr/bin`、`/windows/system` 及 `/homework/ex1`；relative path 則是以 working directory（工作目錄）為基準位置開始表示的 path，如：`ex1/try.py` 及 `../ex2/f.py`。它們主要的區別在於 path 開始時是否是根目錄。如果是以根目錄起頭則為 absolute path。如果不是，則是 relative path。

Absolute path 之所以稱為絕對路徑在於其表示方式是以根目錄開始。由於根目錄位於檔案系統的最上層，有其唯一性。因此每個目錄或是檔案的 absolute path 是唯一的。而 relative path 則是決定於工作目錄或是操作所在的目錄位置，並沒有唯一性，因此稱為相對路徑。

表示 relative path 有兩個特殊的符號十分重要：`.` 及 `..`。目前所在的工作目錄以 `.` 表示，上一層的目錄則是以 `..` 表示。

假設有以下的目錄架構。圖中以 **()** 表示的是所有目錄及檔案的 absolute path：

```
/ (/ 或是 ..)
|-- A (/A)
|   `-- main.py (/A/main.py)
|-- students.py (/students.py)
`-- test2 (/test2)
    |-- B (/test2/B)
    |   `-- a.py (/test2/B/a.py)
    |-- C (/test2/C)
    |   |-- D (/test2/C/D)
    |   |   `-- c.py (/test2/C/D/c.py)
    |   `-- b.py (/test2/C/b.py)
    `-- m.py (/test2/m.py)
```

如果以 **/A** 作為 working directory（以 ***** 標示）。下圖在 **()** 中是所有目錄及檔案相對於 **/A** 的 relative path：

```
/ (..)
|-- *A
|   `-- main.py (./main.py)
|-- students.py (../students.py)
`-- test2 (../test2)
    |-- B (../test2/B)
    |   `-- a.py (../test2/B/a.py)
    |-- C (../test2/C)
    |   |-- D (../test2/C/D/)
    |   |   `-- c.py (../test2/C/D/c.py)
    |   `-- b.py (../test2/C/b.py)
    `-- m.py (../test2/m.py)
```

如果以 **/test2/B** 作為 working directory，下圖的 **()** 中是所有目錄及檔案相對於 **/test2/B** 的 relative path：

```
/ (../..)
|-- A (../../A)
|   `-- main.py (../../A/main.py)
|-- students.py (../../students.py)
`-- test2 (..)
    |-- *B
    |   `-- a.py (./a.py)
```

```
|-- C (../C)
|   |-- D (../C/D)
|   |   `-- c.py (../C/D/c.py)
|   `-- b.py (../C/b.py)
`-- m.py (../m.py)
```

了解 path 的觀念之後，就可以開始說明 Python 檔案方面的基本操作。

4.8.2 open() 及 close()

在使用檔案讀取或寫入資料前，必須先以 Python 的 built-in function：open() 取得相對應於檔案的一個 file object。open() 有多個參數及預設值。其完整定義如下：

```
f = open(file, mode='r', file, mode='r', buffering=-1, encoding=None,
         errors=None, newline=None, closefd=True, opener=None)
```

open() 中各項參數的基本意義如表 4-1 所示。

表 4-1 open() 各個參數的意義

Parameter	預設值	意義
file	無	Path-like object, 主要是以 str 表示的 file path。
mode	'r'	開啟模式，預設為 **rt**（以文字模式讀取）。
buffering	-1	設定 buffering（緩衝處理）方式，預設方式為 line buffering。
encoding	None	編碼或是解碼方式，用以處理文字檔案。預設值與系統相同。
errors	None	設定當 encoding 出錯時的處理方式。
newline	None	設定如何處理資料中的 newline 字元。
closefd	True	設定 file close 時，系統的處理方式。
opener	None	設定檔案開啟的處理器。

由於篇幅所限，以下主要以 file 及相關 mode 設定為主進行說明，以配合基本使用需求及相關的範例說明 [25]。open() 的基本使用可簡化如下：

```
f = open(file, mode='r')
```

首先 f 是 open() 依所給定的 file 及 mode 參數所產生的一個 file object。程式中需要使用 f 及其相關方法才能對檔案進行存取。在 open() 中的 file 可以是 file-path string 或是 file descriptor[26]（檔案描述子）。File-path string 可以是以上所說的 absolute path 或是 relative path。使用 open() 開啟檔案時，需配合 mode 設定 file 的存取模式。當 f 產生後，相關的 mode 即無法改變。file mode 如表 4-2 所示。

表 4-2　File Mode 的相關設定

Mode	意義
r	read，讀取資料（預設模式）。
w	write，寫入資料。如果檔案已經存在，其內容會先刪除！
a	append，新增資料於檔案末端。
b	binary，二進位模式。
t	text，文字模式（預設模式）。
x	exclusive，當檔案不存在時才會以 w 開啟檔案，若已存在則產生 **FileExistsError**。
+	配合其他 mode 可同時讀寫檔案。

檔案開啟後就可以使用依其 mode 設定對檔案進行存取，直到該檔案被 close（關閉）為止。File 關閉後，就不能再對其存取，除非重新以 open() 開啟。關閉檔案需使用 file object，因為 close() 是 file object 的 method。其方式如下：

```
f = open("data.txt")
...
f.close()
```

---

[25] 如要進一步了解各項 parameter 如何使用，請參閱 https://docs.python.org/3/library/functions.html#open。

[26] 在 Python 中需使用 file object 中的 `fileno()` 取得 file desciptor。

關閉檔案對系統正常運作十分重要。每一個開啟的檔案 object 都需要使用記憶體以維持其正常運作。使用 `close()` 關閉檔案，除了可以保證作業系統檔案系統及檔案中資料的正確性也可以加快 file object 所佔用記憶體的回收。

在了解檔案相關的基本概念後，接著說明檔案的讀入及輸出，均以 text file 為操作對象。

4.8.3 Text File Input（文字檔案輸入）

要讀入一個 text file 的內容，需先使用 `open(filepath, mode='r')` 或是直接使用的 `open(filepath)` 取得 file object 後，再呼叫 `read()` 將整個檔案的內容一次讀入，或是使用 `readlines()` 取得檔案中以 `'\n'` 作為結尾的所有資料，並存於 list 傳回。也可以使用 `readline()`，一次讀取一行以 `'\n'` 結尾的資料。讀入時可使用以下 3 個工具：

- `read(size=-1)`：由檔案讀入最多 `size` 的字元並存成一個 string 回傳。如果 `size` 為負數或是 None 則讀入內容直到 EOF 為止。

- `readline(size=-1)`：由檔案讀入內容直到 `\n` 或是 EOF 並存成一個 string 回傳。如果已在 EOF 則回傳空字串。如果 `size≥0`，則最多讀入 `size` 個字元，直到 `'\n'` 為止。

- `readlines(hint=-1)`：由檔案一次讀入所有以 `\n` 結尾的 line，並存成一個 list 回傳 [27]；或是一次讀入最多以 `hint` 設定行數的資料。如果 `hint≤0`，則讀入整個檔案。

假設在 working directory 中有一個 text file 稱為 **lines.txt**，其內容如下：

```
The 1st line.
The 2nd line.
The 3rd line.
```

---

[27] 注意：file 是一個 iterable。此功能應使用 `for line in file: …` 方式取代！

當檔案使用讀取模式 **r** 開啟後，不能對其寫入資料，否則將觸發
io.UnsupportedOperation：

```
>>> f = open('lines.txt')
>>> f.write('a')
Traceback (most recent call last):
  File "<stdin>", line 1, in <module>
io.UnsupportedOperation: not writable
>>> f.close()
```

如果要寫入資料，必須以 **w** 相關模式開啟。

使用 open( ) 後，f 存有 file object 的資料型態及相關設定：

```
>>> f = open('lines.txt')
>>> f
<_io.TextIOWrapper name='lines.txt' mode='r' encoding='UTF-8'>
```

由 f 的內容可以得知其資料型態為 **_io.TextIOWrapper**，還有 name、mode
及 encoding 等資訊。接著使用 read( ) 方式將整個 text file 內容一次讀入：

```
>>> s = f.read()
>>> s
'The 1st line.\nThe 2nd line.\nThe 3rd line.\n'
```

使用 read( ) 讀入整個檔案後，如果再使用 read( ) 讀取，只會讀到一個空
字串：

```
>>> t = f.read()
>>> t
''      # 一個空字串
>>> f.close()
```

使用 readlines( ) 將檔案所有內容一次讀入：

```
>>> f = open('lines.txt')
>>> for line in f.readlines():
...     print(line,end='')
...
The 1st line.
```

```
The 2nd line.
The 3rd line.

>>> f.close()
```

也可以使用 `readlines()` 一次讀取檔案的全部內容存在 list，再以 while loop 或是 for loop 將其印出：

```
>>> f = open('lines.txt')
>>> lines = f.readlines()

>>> print(lines)
['The 1st line.\n', 'The 2nd line.\n', 'The 3rd line.\n']

>>> for l in lines:
...     print(l, end='')
...
The 1st line.
The 2nd line.
The 3rd line.

>>> while lines:
...     l, *lines = lines
...     print(l, end='')
...
The 1st line.
The 2nd line.
The 3rd line.
>>> f.close()
```

接著說明 `readline()`，以一次一行的方式讀取資料：

```
>>> f = open('lines.txt')
>>> f.readline()
'The 1st line.\n'
>>> f.readline()
'The 2nd line.\n'
>>> f.readline()
'The 3rd line.\n'
>>> f.readline() # 沒有資料可供讀取
''
>>> f.close()
```

以上操作以多次的 `readline()` 讀入資料，可以看到每一行的結尾處都有 `\n`。當讀到檔案末端時，`readline()` 會傳回一個空字串作為 EOF 標記（End of file，檔尾符號）。有了 EOF 作為 FP 已到檔案末端的信號，就可以使用 while loop 讀入整個檔案：

```
>>> f = open('lines.txt')
>>> while True:
...     s = f.readline()
...     print(s, end='')
...     if s == "":
...         break
...
The 1st line.
The 2nd line.
The 3rd line.
>>> f.close()

>>> f = open('lines.txt')
>>> while ((line := f.readline()) != ''):
...     print(line, end='')
...
The 1st line.
The 2nd line.
The 3rd line.
>>> f.close()
```

由於 **file object** 本身是一個 **iterator**，因此可以直接以 for loop 處理檔案內容：

```
>>> '__iter__' in dir(f)
True

>>> f = open('lines.txt')
>>> for s in f:
...     print(s, end='')
...
The 1st line.
The 2nd line.
The 3rd line.
>>> f.close()
```

更直接的做法是直接在 for loop 中執行 open() 取得 for 所需的 iterable：

```
>>> for s in open('lines.txt'):
...     print(s, end='')
...
The 1st line.
The 2nd line.
The 3rd line.
```

這三種讀取方式最重要的分別在於 read() 及 readlines() 是一次將檔案所有內容讀入記憶體。而 readline() 則是一次讀入一行。前兩種方式雖然不會影響程式的正確性，但是卻是會對程式效能造成影響。如果檔案過大，一次將全部內容讀入將會增加系統反應時間。如果記憶體不足，甚至會影響系統執行。因此在使用上要特別小心。

4.8.4 File Pointer（檔案指標）的管理

存取檔案時，Python 使用一個 file pointer（檔案指標，簡稱為 fp）管理該檔案的存取位置。Fp 隨著指令或是資料存取做出相對應的移動，標示著下一次資料存取的起始位置。Python 提供 tell() 及 seek() 對 fp 做基本的管理。tell() 傳回 fp 在檔案中的位置，seek() 用來移動 fp 在檔案中的位置：

```
>>> f = open('lines.txt')
>>> f.tell()
0
>>> s = f.readline()
>>> s
'The 1st line.\n'
>>> len(s)
14
>>> f.tell()
14
>>> f.close()
```

seek() 可以重置 fp 到特定位置，也會觸發 4.8.6 在討論 I/O Buffer 時所提到的 flush。其定義如下：

```
seek(offset, whence=os.SEEK_SET)
```

其中 offset 是與 fp 的差距值，以 int 表示。當檔案以 binary 方式開啟時，offset 才可為正負數。在 text file 中的功能則相對單純，只能為大於等於 0 的數。seek() 的行為由 whence（由何處）設定，whence 有以下三種設定：

1. 0 或是 os.SEEK_SET：為 whence 預設值。將 fp 移動至相對於由檔案開始的 offset 的位置。offset 可以是大於或是等於 0 的數。若為其他數字，可能造成無法預期的結果。

2. 1 或是 os.SEEK_CUR：fp 保持不動，offset 必須為 0。

3. 2 或是 os.SEEK_END：將 fp 移動至檔案尾端。offset 必須為 0。

第一種設定，當 whence 為 os.SEEK_SET 或是 0 時，seek() 將 fp 重置於檔案開始位置：

```
>>> f = open('lines.txt')
>>> f.readline()
'The 1st line.\n'
>>> f.tell()
14
>>> f.seek(0)     # 移動 fp 至檔案起始位置，whence 預設為 os.SEEK_SET
0
>>> f.readline() # 重新讀取第一行
'The 1st line.\n'
>>> f.close()
```

或是額外設定 offset 將 fp 設定於檔案起始的特定位置[28]：

```
>>> f = open('lines.txt')
>>> f.seek(5,os.SEEK_SET) # 移動 fp 至檔案開始第 6 個字元處
5
>>> f.readline()
'st line.\n'
>>> f.close()
```

---

[28] 如果檔案內容存在英文以外的文字，使用 seek() 將 fp 設定於特定 offset 可能會使後續的讀取產生 UnicodeDecodeError。

由以上操作可以了解，將 seek 中的 offset 設為 5 時，fp 被設定於 lines.txt 的第五個字元。因此，後續的 readline() 讀取的是第一行部分的資料 st line.\n。

第二種設定，當 whence 為 os.SEEK_CUR 或是 1 時，seek() 將 fp 設定於 fp 當下的位置：

```
>>> import os
>>> f = open('lines.txt')
>>> f.read(5)
'The 1'
>>> f.tell()      # fp 所在位置
5
>>> f.seek(0,os.SEEK_CUR)  # 也可使用 f.seek(0,1)，將 fp 移動至所在位置
5
>>> f.tell()      # 確認 fp 位置
5
>>> f.close()
```

第三種設定，當 whence 為 os.SEEK_END 或是 2 時，seek() 將 fp 移動至檔案尾端：

```
>>> f = open('lines.txt')
>>> f.tell()      # fp 所在位置
0
>>> f.seek(0,os.SEEK_END)  # 也可使用 f.seek(0,2)，移動 fp 至檔案尾端
43
>>> f.tell()      # 確認 fp 位置
43
>>> f.close()
```

4.8.5 Text File Output（文字檔案輸出）

對 text file 寫入資料時，須以 w 相關模式開啟。Python 中關於寫入的相關模式有 x、a、a+、r+、w+ 及 x+ 等。由於 text 為預設模式，使用 w 模式相當於使用 wt 模式。以下的說明均使用 text 模式。

以 w 模式開啟檔案寫入資料。當檔案以 w 開啟，無法讀取資料。因此需要一個方式了解檔案內容是否產生改變，Python 提供了 `pathlib.Path(file).stat().st_size` 取得檔案大小方面的資訊 [29]。

要特別注意在使用 w 模式開啟檔案時，如果檔案已經存在，它的所有內容將被清空，不復存在！這也是為何會有 x 模式存在的原因。因此，使用 w 模式處理檔案時，一定要特別小心！

假設有一個檔案名為：a.txt，內容如下：

```
1 2 3
```

以下操作使用 w 模式開啟 a.txt，請注意它的檔案大小變化：

```
>>> import os, pathlib
>>> p = pathlib.Path('a.txt')
>>> p.stat().st_size
6
>>> f = open('a.txt','w')
>>> p.stat().st_size   # 檔案內容已被清空
0
>>> f.close()
```

a.txt 的大小由 6 變為 0，也就是說，a.txt 的內容已被清除了！要避免這種狀況，必須使用 x 模式開啟檔案。在 x 模式下，如果 a.txt 已存在，就會停止開啟檔案並產生 **FileExistsError**，此時就可以使用 exception handler 進行處理：

```
>>> import pathlib
>>> pathlib.Path('a.txt').stat().st_size
6
>>> f = open('a.txt','x')
Traceback (most recent call last):
  File "<stdin>", line 1, in <module>
FileExistsError: [Errno 17] File exists: 'a.txt'
```

---

[29] 為了一致化 Windows 及 Linux 的路徑處理方式，Python 由 3.4 開始建議使用 `pathlib` 進行檔案路徑相關的操作，不再用舊有的 os.path。

```
>>> try:
...     f = open('a.txt','x')
... except FileExistsError:
...     print('a.txt exists!')
...
a.txt exists!
```

因此，w 及 x 的差別就是在開啟已經存在的檔案時，w 會無條件地將檔案內容移除；而 x 則會停止開啟並產生 exception，防止檔案內容意外銷毀。如果檔案不存在時，它們都會直接產生檔案，再執行寫入工作。接著示範以 write() 寫入資料：

```
>>> f = open('data.txt','w')
>>> pathlib.Path('data.txt').stat().st_size
0
>>> f.write('abc')
3
>>> pathlib.Path('data.txt').stat().st_size  # 資料還沒有寫入
0
>>> f.flush()      # 強制執行 flush，將資料寫入 f
>>> pathlib.Path('data.txt').stat().st_size
3
>>> f.close()
```

每次執行 write() 後，write() 都會將寫入檔案的資料數目傳回。可是以上操作在寫入 'abc' 後，data.txt 的大小依舊是 0 而不是 3！這是什麼問題？請看接下來的說明。

4.8.6　I/O Buffer（緩衝區）及 Flush（清空）

這是由於 Python 在存取資料時使用了 buffer（緩衝區）所產生的結果。所謂的 buffer，就是在存取資料時，並不是直接讀入到記憶體或是寫出到儲存媒體，而是經由一塊系統設定的 buffer memory（緩衝記憶體）作為中介。當 buffer 儲存空間已滿，才會一次讀入或是寫出到儲存媒體，以提高系統效能。這個機制稱為 **flush**。

將 buffer 的內容 flush 到預定的儲存媒體有多種情境及可使用方式：

* 當 buffer 已無額外空間，系統將 buffer 內容一次輸出或是讀入到儲存媒體。

* 當執行 close() 時，系統將 buffer 中剩餘的資料全部輸出。

- 當 Python 正常結束執行時，系統將 flush 所有的 buffer。如果不正常結束系統，如 ctrl-c 或是發生未處理的 exception 等，則無法保證 flush 正常執行。

- 當檔案在 text 模式中處理到 \n，會觸發 flush。

- 當呼叫 seek() 時，會觸發 flush。

- 程式直接使用 flush() 強制執行 flush。

- 在 print() 中可以設定 flush=True，對於每一次的 print() 都會執行強制輸出。

  因此，以上操作在執行了 f.flush() 之後，data.txt 的大小就正確無誤了。

4.8.7 文字檔案輸出時的 '+' 模式

接著說明 w+ 及 x+ 的差異。它們之間對於檔案的處理差異如同 w 及 x 一樣。新增的功能就是可以使用 read()、readline() 及 readlines() 讀取寫入的資料：

```
>>> import os , pathlib
>>> f = open('a.txt','w+')
>>> pathlib.Path('a.txt').stat().st_size
0
>>> f.write('the first line\n')
15
>>> f.seek(0)
0
>>> f.readline()
'the first line\n'
>>> f.seek(0)
0
>>> f.readlines()
['the first line\n']
>>> f.seek(0)
0
>>> f.read()
'the first line\n'
>>> f.close()
```

接著說明 a 及 a+ 的功能。

a 是 append（附加）的意思。使用 a 及 a+ 開啟已存在的檔案時，不會將其內容刪除。重點是在寫入時，它們都是由檔案尾端開始寫入。

對單純使用 a 模式開啟的檔案是不允許使用 seek() 重置 fp 也不允許讀取檔案。如果需要以 a 模式寫入資料且又要從頭讀取資料時，則需要使用 a+ 方式開啟檔案。

假設有一個檔案名稱為 data.txt，內容為：

```
The 1st line.
The 2nd line.
```

進入 Python shell 對 data.txt 進行如下的操作：

```
>>> import os
>>> f = open('data.txt','a')
>>> f.tell()              # 已在檔案尾端
28
>>> f.seek(0)            # 無效的操作
0
>>> f.write('123\n')
4
>>> f.tell()             # 資料已寫入 28->32
32
>>> f.seek(0)
0
>>> f.read()             # 不允許 read()
Traceback (most recent call last):
  File "<stdin>", line 1, in <module>
io.UnsupportedOperation: not readable
>>> f.close()
```

操作結束後再檢查 data.txt 的內容為：

```
The 1st line.
The 2nd line.
123
```

以 a+ 方式開啟檔案，繼續操作 data.txt 如下：

```
>>> f = open('data.txt','a+')
>>> f.write('abc')
```

```
3
>>> f.read()    # 已在檔案尾端
''
>>> f.seek(0)   # 將 pointer 移至檔案開頭
0
>>> f.read()
'The 1st line.\nThe 2nd line.\n123\nabc'
```

最後是以 r+ 模式開啟檔案。以 r+ 模式開啟檔案時，其基本功能與 a+ 相同，都可以執行讀寫，差異是在於開啟後，fp 的所在位置。File 以 a+ 模式開啟後，其 fp 置於檔案尾端；以 r+ 開啟後，其 fp 置於檔案的開頭，寫入的資料將會覆蓋原有的資料。

繼續使用 data.txt，內容為：

```
The 1st line.
The 2nd line.
```

將 data.txt 以 r+ 模式開啟，使用 tell()、seek()、read() 及 write() 對其操作：

```
>>> f = open('data.txt','r+')
>>> f.tell()
0
>>> f.write('123')
3
>>> f.seek(0)                   # 重設 fp 於檔頭
0
>>> f.readline()                # '123' 覆寫 'The'
'123 1st line.\n'

>>> import os
>>> f.seek(0,os.SEEK_END)       # 重設 fp 於檔尾
28
>>> f.write('hello\n')
6
>>> f.read()                    # fp 在檔尾
''
>>> f.seek(0)                   # 重設 fp 於檔頭
0
>>> f.read()
'123 1st line.\nThe 2nd line.\nhello\n'
```

351

4.8.8　With Statement

　　使用檔案時，頻繁的開啟及關閉檔案有時令人不勝其擾。不慎遺漏的 close() 也可能造成系統問題。對於這些問題，Python 設計了一個 with statement。這是一個 compound statement。With statement 在結束時，所開啟的檔案都會被關閉。其文法如下：

```
with expression_with as target:
    block_with
```

　　File 必須在 expression_with 中開啟，with 才能將其納入管理。開啟後，使用 as 將開啟的資源命名為 target。實際上，with statement 是一個 context manager（情境管理者），如同 for loop 可以自動處理 iterable，with 在 statement 結束後也會自動關閉在 with 中開啟的資源。

　　使用以上的 data.txt，進行以下操作：

```
>>> with open('data.txt') as f:
...     f.read()
...
'The 1st line.\nThe 2nd line.\n'
>>> f.read()
Traceback (most recent call last):
  File "<stdin>", line 1, in <module>
ValueError: I/O operation on closed file.
>>> f
<_io.TextIOWrapper name='data.txt' mode='r' encoding='UTF-8'>
```

　　由以上的操作結果中可以得知：在 with statement 結束後，由於 f 已被關閉，導致接下來的 f.read() 產生 ValueError。要注意的是，雖然 f 已被關閉，但是 f 還是存著已關閉檔案的相關資訊，並沒有被同時移除，但是已不能存取檔案。

　　如果需要同時開啟一個以上的資源，可以使用以下三種文法架構處理：

```
with expression_1 as target_1, ..., expression_n as target_n:
    block_with
```

也可以寫成巢狀形式：

```
with expression₁ as target₁:
    with expression₂ as target₂:
        ….:
        block_with
```

或是以 ( ) 處理多個資源：

```
with (
    expression₁ as target₁,
    expression₂ as target₂,
…):
        block_with
```

4.9 模組化程式設計

　　本書進行到此已將 Python 的開發過程，內建的資料型態，結構化程式設計，例外處理，函數中一般及遞迴的執行方式及參數的傳遞及接收機制，package 的種類、架構及使用方式、檔案等相關處理機制均做了基本的說明。

　　在本節中，我們開始說明程式要如何以模組的方式來設計，也就是如何以 top-down 的方式來思考程式？如何以多個函數相互呼叫的方式來解決問題？什麼樣的程式架構是好的模組化，什麼是不好的。我們希望在本節中的說明可以回答這些問題。

4.9.1 Top-Down Programming (由上而下的程式設計)

　　在本章開始時曾經提到模組化設計就是由上而下的設計，也就是在思考程式邏輯時是以**功能性**為主要考量，而非細部的程式邏輯。如：需要哪些變數？何時需要 if、for 或是 while？儘可能地以重點、功能性、步驟化的方式思考，再將其轉化為個別的函數。對每一個函數重複以這種方式進行設計，直到每個函數的功能達到單一目的或是不可分割為止。

因此在模組化的程式設計中,每一個函數都是一個功能單元,對應著每一個規劃的功能、步驟。藉由參數及傳回值與其他的函數互動。上層的函數的工作多是藉由下層或是其他函數的合作來完成;越是基礎的函數,功能越是單純,越可以被重複使用。

尤其是在 top-down 的設計方式下,複雜的問題不斷的被切割成較小的問題。在不斷細分的過程中,每一個問題變成越來越單純,也更加容易處理。這種化繁為簡的設計過程,也可以將問題凸顯出來,使我們能夠了解真正的問題所在,有效地進行處理。

模組化程式設計也特別適合小組間的分工合作及進度管理。小組成員各自負責模組的開發測試,只要設計好各個函數的功能及相關的介面,每一個開發完的函數就如同工具一般,有著特定的功能,給定特定的資料就可以得到正確的結果,提高程式的開發效率。

此外,在如今多核處理器,電腦網路,雲端系統遍布的環境中,系統必須要高度的模組化才有可能部署在這些電腦環境中。當然,模組化程式設計也是物件導向技術的基礎,物件中 method(方法)的設計與使用就是從模組化程式的觀念而來。凡此種種,都表明了模組化程式的重要性,也是要成為一位程式設計師必須要切實掌握的能力。

我們先以一個簡單的加法程式來說明這個概念。

4.9.2 一個加法程式

假設我們要寫一個計算兩個 int 的加法程式,如果直接以程式邏輯思考,我們首先會想到的是:先由鍵盤輸入兩個 int,相加得到結果後,再將結果輸出。將其轉化為程式邏輯後,如程式 4-43 所示。

程式 4-43　ch4_43.py

```
01. x = int(input("Enter an int: "))
02. y = int(input("Enter an int: "))
03. print(f"{x} + {y} = {x+y}")
```

執行結果：

```
$ python ch4_43.py
Enter an int: 1
Enter an int: 2
1 + 2 = 3
```

如果是以 top-down 的方式設計程式，其過程可以分為 3 個步驟：

1. 取得使用者輸入的資料。

2. 計算結果。

3. 輸出結果。

以上的每一個步驟都可以是一個功能單元。每一個功能單元對應到一個函數，如下所示：

1. 取得使用者輸入的資料：get_input()。

2. 計算結果：add_numbers()。

3. 輸出結果：print_results()。

接下來，我們必須要考慮如何在函數間分享資料。

在 4.4 說明 scope 時，我們曾經說明 function scope 的觀念，了解到在函數間傳遞、分享資料時，最簡單的方式莫過於使用 global variable。使用 global variable 的方便之處在於不再需要在函數中設計參數及傳回值。在程式 4-44 中，我們先嘗試使用 global variable 來設計。

程式 4-44　ch4_44.py

```
01. first = 0
02. second = 0
03. total = 0
04.
05. def get_data():
06.     first = input("get first int: ")
07.     second = input("get second int: ")
08.
09. def add_numbers():
10.     total = int(first) + int(second)
11.
```

```
12. def print_results():
13.     print(f"{first} + {second} = {total}")
14.
15. if __name__ == "__main__":
16.     get_data()
17.     add_numbers()
18.     print_results()
```

執行結果：

```
$ python ch4_44.py
get first int: 1
get second int: 2
0 + 0 = 0
```

　　程式 4-44 的執行結果發生了錯誤，輸入的資料並沒有被正確的處理。這是因為函數中的 **first** 雖然與 global scope 的 **first** 同名，但是這兩個變數分屬兩個 scope，Python 並不會自動共用他們的儲存空間，我們必須要在函數中使用 **global**，Python 才會將 local 及 global scope 中的兩個 **first** 視為同一個變數，如程式 4-45 所示。

程式 4-45　ch4_45.py

```
01. first = 0
02. second = 0
03. total = 0
04.
05. def get_data():
06.     global first, second
07.     first = input("get first int: ")
08.     second = input("get second int: ")
09.
10. def add_numbers():
11.     global total
12.     total = int(first) + int(second)
13.
14. def print_results():
15.     print(f"{first} + {second} = {total}")
16.
17. if __name__ == "__main__":
18.     get_data()
19.     add_numbers()
20.     print_results()
```

執行結果：

```
$ python ch4_45.py
get first int: 1
get second int: 2
1 + 2 = 3
```

現在程式 **4-45** 可以得到正確的結果。可是，這樣的程式能夠稱為模組化程式設計嗎？很明顯的，當然不是！不過很多同學在學習模組化時，常常認為所謂的模組化程式設計就是在程式中定義且有呼叫這些函數，就算是模組化了！

時常見到的做法就是將程式 **4-43** 中每一行提取出來寫成函數後，依照原來的執行順序，依次呼叫這些自定義的函數。如果函數間需要共享變數，就使用程式 **4-45** 的 global variable 來解決。實際上這種做法不是模組化程式設計，只是自欺欺人而已！

前文曾經提到：模組化中的函數是一個功能單元，能夠獨立運作。所謂的功能單元就是其運作方式必須僅使用參數及傳回值與其他的函數溝通。除非萬不得已，在程式中是不會使用 global variable 的。

程式設計師必須要有一個觀念：函數只要一旦使用 global variable，該函數就與外界產生了關連，這類型的程式稱為 tightly coupling（緊耦合）。與 tightly coupled 相對的是 loosely coupled（鬆耦合）。Loosely coupled 架構是模組化程式設計時的重要準則。

在 tightly coupled 的程式中，global variable 的正確與否會影響到所有使用到它的函數。如果將這個變數由 list 改為 dictionary，那麼所有與其相關的函數都要配合修改，模組的獨立性蕩然無存。這種現象是模組化程式中必須要極力避免！

舉例來說，之前提到的 `sys.path` 是 Python 執行時搜尋 module 的重要依據，它的內容攸關整個系統是否能夠正確運作，如果對它的認識不夠，做了一些不正確的修改，就會影響到整體系統的正確性，就是一個很好的例子。但是我們能夠不使用 `sys.path` 嗎？除非 Python 能夠提出 loosely coupled 的做法，現今沒有其他更好的選擇。

話說回來，程式 **4-45** 可以不使用 global variable 設計嗎？當然可以！請看程式 **4-46** 的示範。

程式 4-46　ch4_46.py

```
01. def get_data():
02.     first = input("get first int: ")
03.     second = input("get second int: ")
04.     return first, second
05.
06. def add_numbers(first, second):
07.     return int(first) + int(second)
08.
09. def print_results(first, second, total):
10.     print(f"{first} + {second} = {total}")
11.
12. if __name__ == "__main__":
13.     first, second = get_data()
14.     total = add_numbers(first, second)
15.     print_results(first, second, total)
```

執行結果：

```
$ python ch4_46.py
get first int: 1
get second int: 2
1 + 2 = 3
```

在程式 4-46 中使用參數傳遞所需的資料；將計算結果傳回給 caller。get_data() 取得資料；add_numbers() 將資料相加後傳回總和；print_results() 將計算式印出。

這種模組化的設計，給予 caller 極大的彈性。我們可以利用參數及傳回值的特性將 function call 整合在 expression 中，因此，主程式可以寫成：

程式 4-47　ch4_47.py

```
01  def get_data():
02      first = input("get first int: ")
03      second = input("get second int: ")
04      return first, second
05
06  def add_numbers(first, second):
07      return int(first) + int(second)
08
09  def print_results(first, second, total):
```

```
10      print(f"{first} + {second} = {total}")
11
12  if __name__ == "__main__":
13      first, second = get_data()
14      print_results(first, second, add_numbers(first, second))
```

在程式 4-47 的第 6 行中，利用程式語言中參數的計算先於 function call 的特性，Python 先執行 add_numbers()，得到其傳回值後，再將其當成參數傳送給 print_results() 計算。在模組化程式中時常使用此種方式將數個 function call 整合在一個 expression 中，程式因此可以十分精簡。這種方式是程式設計的基本能力，初學者要勤加練習才能徹底掌握。

也可以將程式 4-46 當成 module 導入另一個程式。如程式 4-48 所示。

程式 4-48　ch4_48.py

```
01.  import ch4_47 as m
02.
03.  if __name__ == "__main__":
04.      first, second = m.get_data()
05.      m.print_results(first, second, m.add_numbers(first, second))
```

4.9.3 　找出功能單元

對於初學者來說，剛接觸了資料型態及循序式的程式邏輯，要馬上能夠以 top-down 的思路設計功能單元有時並不是一件容易的事。

在學習新的程式範型，由循序式邏輯轉變為模組式邏輯，將原來已寫過的循序式程式重寫，常常是一個快速有效的學習方法。在這裡列出一些模組化的原則，供大家參考：

● 重複出現的邏輯片段。

● 功能明確的邏輯片段。如：搜尋、排序、測試、選取、輸入、輸出等。

● 功能近似但有些許差異。如：執行次數或是資料量多寡、處理對象不同。

當程式邏輯出現以上狀況時，就應該將這些程式片段改為函數，再呼叫該函數，達到模組化的目的。舉例來說，在處理功能表的程式中時常會有以下邏輯：

```
while opt != "5":
    print("1. insert")
    print("2. delete")
    print("3. move forward")
    print("4. move backward")
    print("5. exit")
    opt = input("Enter your choice: ")
```

While statement 中的這些 print() 的作用是印出一些功能選項，這就是一個功能單元，使用函數設計如下：

```
01. def print_menu(menu_str):
02.     for i, m in enumerate(menu_str, start=1):
03.         print(f"{i}. {m}")
```

While 就可以改為：呼叫 print_menu() 印出功能選單：

```
01. menu = ["insert","delete", "move forward", "move backward", "exit"]
02. while opt != 5:
03.     print_menu(menu)
04.     opt = input("Enter your choice:")
```

4.9.4 Function 設計要點

Function 的本質是一個功能單元，要能夠被重複使用。在設計函數時，有幾個要點需要注意：

- 功能應該清楚明確，與其名稱的意義一致。

- 功能應該要儘量的單純，其中不應有與設計功能無關的程式碼。

- 功能應該要有彈性，能夠因應環境的需要重複使用。

就第一點而言，函數的功能應與其名稱意義相一致。以程式 4-46 而言，如果將 get_data() 的名稱取為 data()、get() 或是 f() 就不適合了。因為 data 是一個名詞，get 則過於籠統而 f 更是不知所云。既然函數是一個功能單元，其名稱應以動詞為主，名詞為輔，如：get_data() 甚或是 get_data_from_keyboard()。當函數名稱不能反映其主要功能時，會使程式失去可讀性，難以理解。

其次是功能應該儘量的單純，不應摻雜不相干的程式邏輯。當函數的功能越單純，可再用性就會越高。還是以程式 4-46 中的 `get_data()` 與 `add_numbers()` 為例。如果將它們合併寫成一個函數會如何？程式如下：

```
01. def add_user_data():
02.     first = input("get first int:")
03.     second = input("get second int:")
04.     return int(first) + int(second)
```

當然，這個函數的名稱應該是不太適當。不過就其內容來看，要如何重複使用這個函數呢？有什麼程式是只需要輸入兩個 int，加總後再傳回呢？應該是十分有限，可再用性也就無從談起。再比如說將 `add_numbers()` 與 `print_results()` 的功能合併，得到以下的函數：

```
01. def print_results(first, second):
02.     print(f"{first}+{second}={first+second}")
```

這個函數看起來十分簡短，可是它的問題在於其名稱與內容並不一致！除了輸出還做了加總。其次，其功能被限縮在計算兩個 int 的總和後將其加法運算式輸出，在使用上毫無彈性可言。是一個失敗的模組設計。初學者在設計函數時，時常會不假思索的將計算後結果直接輸出。這種做法時常會破壞函數的可再用性，要特別注意。

在 object-oriented programming（OOP，物件導向程式設計）中有一項設計原則是 single responsibility principle（SRP，單一職責原則）就是這個意思。SRP 不僅適用於 OOP，也適用於模組的設計。每一個模組的功能應該單一，使得模組不僅容易理解、易於維護也方便測試。

第三點是功能應該要有彈性，能夠因應環境所需。函數在使用上的彈性主要來自於參數及傳回值的設計。請看程式 4-49 示範如何設計不限資料筆數的加法計算。

程式 4-49　ch4_49.py

```
01. def get_data(msg):
02.     data = []
03.     while True:
04.         print('\nenter "end" to exit!!!')
05.         num = input(msg)
06.         if num == "end":
```

```
07.              break
08.          data.append(num)
09.      return data
10.
11.  def add_numbers(data):
12.      return sum([int(n) for n in data])
13.
14.  def print_results(data, result):
15.      print(' + '.join(data),"=", result)
16.
17.  if __name__ == "__main__":
18.      data = get_data("Enter an int:")
19.      result = add_numbers(data)
20.      print_results(data, result)
```

執行結果：

```
$ python ch4_49.py
enter "end" to exit!!!
Enter an int:1

enter "end" to exit!!!
Enter an int:2

enter "end" to exit!!!
Enter an int:end
1 + 2 = 3
```

也可以輸入 3 筆資料，計算及輸出：

```
$ python ch4_49.py
enter "end" to exit!!!
Enter an int:1

enter "end" to exit!!!
Enter an int:2

enter "end" to exit!!!
Enter an int:3

enter "end" to exit!!!
Enter an int:end
1 + 2 + 3 = 6
```

　　程式 **4-49** 示範如何處理無限筆資料加總的做法。`get_data()` 不再僅限於取得 2 筆資料。Python list 在理論上可以儲存無限多筆資料；配合使用 `"end"` 作為終止輸入信號。同時 `get_data()` 也設計了一個參數 `msg`。使用者可以視狀況自訂輸入時的提示語。`add_numbers()` 使用 Python 的 `sum()` 進行計算。在計算總和前使用 list comprehension 確保 list 中均為 `int`。`print_results()` 在輸出時先使用 Python 的 `join()` 將 list 轉為加法式後再與加總結果一併輸出。

　　由程式 **4-49** 的示範，大家可以了解為什麼 Python 在參數的設計上提供了如此多的選項，這些 parameter 傳送機制都是為了能夠極大化函數的再使用性。當然，要能夠熟練的運作這些機制在模組設計上絕非一日之功。要靠平日的不懈努力，還要多觀摩他人好的設計，這是學習專業的必由之路。

4.9.5 Caller 與 Callee 的互動設計

　　相對於 top-down 的設計，就是 bottom-up（由下而上）的設計。所謂的 bottom-up 簡單說就是以設計底層元件為出發點。能夠有能力一開始就設計系統底層架構的大都是對該領域已有豐富經驗的設計者。就一般的系統開發而言，大都是以 top-down 的方式為主。

　　不過，雖然我們很少能以 bottom-up 的方式開發系統。可是 Python 系統及 third-party 已經提供許多的基礎元件供我們在程式中運用。在第二章介紹資料型態時，我們已介紹了許多可供我們直接運用的工具元件，如：`len()`、`sum()` 及 `join()` 等等。將這些工具融入程式為我們所用，也是在學習模組化程式設計時的一項重要課題。

　　在這兩種設計思路的交互影響下，以 top-down 的方式設計函數時，是以 caller 的角度進行設計。要如何呼叫，函數就須配合設計；如果是使用已經設計好的元件，在函數的使用介面已無法更動的情況下，caller 的程式邏輯就必須配合 callee 所提供的介面設計。

　　舉例來說，如果在 top-down 的設計時要印出 5 次 `Hello`，程式如下：

```
01. for i in range(5):
02.     print_message()
```

那麼在 function/callee 就要將 print_message() 設計如下：

```
01. def print_message():
02.     print("Hello")
```

反之，如果要使用以上定義的 print_message() 印出 5 個 Hello，caller 就必須使用 for loop 或是 while loop 設計程式。

如果將 print_message() 設計成：

```
01. def print_message(int count):
02.     for x in range(count):
03.         print("Hello")
```

在使用時，就必須以 print_message(5) 的方式呼叫，反之亦然。

假設我們希望用 print_message("Hello",5) 的方式執行，那麼，print_message() 就必須設計成：

```
01. def print_message(msg, count):
02.     for x in range(count):
03.         print(msg)
```

由以上的說明可以了解，程式設計不是一成不變的，沒有標準答案，只有準則可以依循。必須視狀況來決定當下的程式應該要如何設計。如果是由上而下，那麼函數的設計就必須配合所拆解得到的功能單元進行設計；如果是要運用他人已經設計好或是系統提供的模組，那在 top-down 設計的過程中就必須配合特定模組的介面，作出相對應的調整。

4.9.6 Command-Line Argument（命令列參數）

Python 程式取得運算資料的方式除了使用 input() 以互動方式取得、在程式中直接設定或是以亂數產生之外，還有一種是在執行程式時直接給予資料。這種類似於函數中傳遞參數的資料給予方式，稱之為 command-line argument（命令列參數）。

Python 為 command-line argument 設計了三種運作方式，在此介紹最基本的方式：`sys.argv`。

如同 `sys.path` 一樣，`sys.argv` 也是定義在 `sys` module 之內的變數。程式 4-50 是一個簡單的示範。

程式 4-50　ch4_50.py

```
01. import sys
02.
03. print(sys.argv)
```

執行結果：

```
$ python ch4_50.py 1 2 3
['ch4_50.py', '1', '2', '3']

$ python ch4_50.py 1 hello world 2
['ch4_50.py', '1', 'hello', 'world', '2']
```

如程式 4-50 所示，在 command-line 使用 python 執行程式時，將資料直接置於 .py 之後，中間以空白隔開。Python 會將這些資料以 str 的資料型態連同 .py 檔名一起存放於 `sys.argv` 的 list 之中，便於程式中使用。

4.9.7　Docstring（功能單元註解）

Python 對於個別 module、function 及 class 提供了一種特殊的註解，稱為 docstring（documentation string）。Docstring 的特別之處在於這些 comment 可以程式化的方式處理。許多的 Python IDE 如：PyCharm、Visual Studio Code、Jupyter Notebook 及 Spyder 等都對其提供了支援。

Docstring 是以表示多行 string 時使用成對的 `'''` 或是 `"""` 建立的 string[30]。註解可以出現在程式的任何位置，如果要使 Python 將多行註解辨識為 docstring，則該 docstring 在個文法單元中必須符合以下條件：

---

30 單行的 string 也可以是 docstring。可是一般的註解均超過一行，故一般均使用多行註解。

- Module 的 docstring 必須由 module 中 block 第一行開始。

- Function 或是 method 的 docstring 必須由 function 或是 method 中 block 的第一行開始。

- Class[31] 的 docstring 必須由 class 中 block 的第一行開始。

Python 提供了 `help()` 支援 docstring。假設 `f()` 中有 docstring，示範 `help()` 的使用如下：

```
>>> def f():
...     '''
...     a simple comment for function f().
...     '''
...     pass
...
>>> help(f)
```

在 Python shell 中使用 `help()` 後，Python 會自動進入瀏覽模式供使用者閱讀 docstring：

```
Help on function f in module __main__:

f()
    a simple comment for function f().
(END)
```

對於 function 或是 class 中的 method 註解時，應以下列順序對相關程式進行說明：

1. 模組主要功能說明。

2. 個別 formal parameter 的資料型態及相關說明。

3. 傳回值的資料型態及相關說明。

---

31 Class 是物件導向的機制，不在本書討論範圍。

以下列 add() 示範說明：

```
>>> def add(a,b):
...     '''
...     Add two numbers: a, b
...
...     Parameters:
...     a (int): The first number.
...     b (int): The second number.
...
...     Returns:
...     int: The sum of the two numbers.
...     '''
...     return a+b
...
>>> help(add)
```

使用 `help(add)` 後，Python 會將 add() 中的 docstring 以下列格式出現：

```
Help on function add in module __main__:

add(a, b)
    Add two numbers: a, b

    Parameters:
    a (int): The first number.
    b (int): The second number.

    Returns:
    int: The sum of the two numbers.
```

4.9.8 Type Hint（資料型態提示）

Python 是一個動態資料型態的程式語言，程式中的 identifier/ 變數可以隨著程式的需求參考到不同資料型態的 object 並檢查其計算是否與該 object 相容。這個特性提供給程式設計者極大的方便性，但是這種彈性也使許多強調資料型態重要性的程式設計師在接受 Python 上有些望而卻步，心存疑慮。

的確，動態資料型態與靜態資料型態[32]在程式語言設計上本就爭論不休，各有各的堅持。動態型態強調的是軟體的再用性、彈性；靜態型態則是強調安全性。從 Python 3.5 開始對資料型態的檢查提供一種彈性的做法稱為 type hint。它主要是以 annotation（註解）的方式對使用到資料的各項文法架構標註可接受的資料型態。從 Python 3.5 發展至今，type hint 在實務中已十分普遍。

Type hint 是在彈性與固定資料型態間採取的一種折衷方案。Type hint 並不會被 Python 所執行[33]，而是被 Python 社群所提供的工具使用，如：mypy、pytype、PyCharm、VS Code、pylint 及 flake8 等等。

所以 type hint 之所以稱為 hint（提示），就是這些 annotation 並不是限制，而是一種善意的提醒。程式設計師可以在程式架構中加上 annotation，也可以不寫。如果在使用函數時參數與傳回值的資料型態與 annotation 的資料型態不符，在撰寫程式時，這些開發工具會主動採用 type hint 並予以提醒。如果我們置之不理，也不會影響 Python 的執行，只是執行的過程或是結果可能有錯罷了。

由於 Python 支援多種的程式範型，尤其是 object-oriented 範型，因此牽涉的是一個十分龐大複雜的型態系統，我們在此僅介紹 type hint 的基本機制及使用方式[34]。我們使用 mypy[35] 示範 type hint 的運作。

Python 常見的 built-in 資料型態：int、float、bool、str、list、dict、tuple 及 None 可以在程式中直接使用作為 type hint。

在對變數或是函數的參數加上 annotation 時，需在 identifier 後方加上 :，再將該 identifier 所允許使用的資料型態列於其後即可。

首先示範簡單的變數資料型態檢查，如程式 4-51 所示。

---

[32] 所謂動態與靜態資料型態是指 identifier 是否可在程式執行時指向不同資料型態的 object。

[33] 如果被執行，Python 就不是 Python 了！

[34] 有興趣的讀者可以參考 https://docs.python.org/3/library/typing.html 的說明。

[35] 使用 `pip install mypy` 安裝。

程式 4-51　ch4_51.py

```
01. a: int = 'hi'
02. b: str = 'hello'
03. c: bool = 1
```

再使用 mypy 對 ch4_51.py 進行型態檢查：

```
$ mypy ch4_51.py
ch4_51.py:1: error: Incompatible types in assignment (expression has type "str",
    variable has type "int")  [assignment]
ch4_51.py:3: error: Incompatible types in assignment (expression has type "int",
    variable has type "bool")  [assignment]
Found 2 errors in 1 file (checked 1 source file)
```

由以上結果可以看到 mypy 指出第 1 行程式中，a 希望的資料型態是 int，可是 RHS 提供的卻是一個 str。第 3 行中 c 希望的資料型態為 bool，可以所得到的卻是一個 int。

再以程式 4-52 示範對函數的參數進行檢查。

程式 4-52　ch4_52.py

```
01. def f(msg: str):
02.     print(msg)
03.
04. f(1)
```

使用 mypy 對 ch4_52.py 進行型態檢查：

```
$ mypy ch4_52.py
ch4_52.py:4: error: Argument 1 to "f" has incompatible type "int"; expected
  "str" [arg-type]
Found 1 error in 1 file (checked 1 source file)
```

由結果得知 mypy 指出第 4 行 f 的 actual parameter 是 int，並非是 type hint 中所希望的 str。

　　對函數的傳回值加上 annotation 時，要在 function header 的 `()` 後加上 `->` 及傳回值可能的資料型態於 `:` 前。因此函數使用 type hint 時會以如下形式出現：

```
def func(x1: type1, x2: type2, ...) -> return_type:
block
```

　　現在我們以程式 4-53 示範函數使用 type annotation 對傳回值檢查。

程式 4-53　ch4_53.py

```
01. def f(a: int) -> int:
02.     return str(a)
03.
04. f(1)
```

　　使用 mypy 對 `ch4_53.py` 進行型態檢查：

```
$ mypy ch4_53.py
ch4_53.py:2: error: Incompatible return value type (got "str", expected "int")
    [return-value]
Found 1 error in 1 file (checked 1 source file)
```

　　由結果也可以看到 mypy 指出第 2 行的傳回值是 `str`，並非是 type hint 中所希望的 `int`。

　　Type hint 也可以檢查 container 中的型態，當 container 中的型態為固定時，表 4-3 示範多種 container 資料型態相關的 annotation 說明其意義與符合及不符合的相關 literal。

表 4-3　內建 Container 資料型態的 Type Annotation

Annotation	意義	符合	不符合
`list[int]`	list 由 int 組成	`[]`,`[1]`, `[1,2,3]`	`[1,[2]]`, `[1,'2']`
`tuple[int,int]`	tuple 以兩個 int 組成	`(1,2)`	`(1,)`, `(1,2,3)`
`tuple[int, …]`	tuple 以一個以上 int 組成	`(1,2,)`, `(1,2,3)`	`(1,)`, `(1,"hi")`
`dict[int,str]`	dict 以 int:str 組成	`{1:'1'}`, `{1:'1',2:'2'}`	`{'1':1}`, `{1:[]}`
`list[tuple]`	list 以 tuple 組成	`[(1,)]`, `[(1,),]`	`[(1)]`, `[1,2]`
`dict[str,list]`	dict 以 str:list 組成	`{'1':list()}`, `{'1':[1,(2,)]}`	`{'1':(1,))}`, `{1:[(2,)]}`

Annotation	意義	符合	不符合
`set[int]`	set 以 int 組成	`set(), {1,}, {1,2}`	`{},{'1'}, {1, '2'}`
`frozenset[int]`	frozenset 以 int 組成	`frozenset(),` `frozenset([1,2])`	`set(), set(1)`

在表 4-3 中要注意 tuple 的型態設定。由於 tuple 是 immutable，因此可以將它的內容，如：有幾個值，各為哪種資料型態，以正面表列的方式設定。

如果 tuple 中允許單一型態的多筆資料，需要在第一個參數設定 container 中接受的型態，後面以 ... literal[36] 表示可以接受多筆資料。

其次對 list、dict、set 及 tuple 等設定 annotation 時，在 Python 3.9 之前必須要以 `typing.List`、`typing.Dict`、`typing.Set` 及 `typing.Tuple` 方式設定。Python 3.9 以後可以直接使用 Python 提供的資料型態表示，如表 4-4 所示。

Type annotation 也可以設定為多種資料型態的混合。從 Python 3.10 開始，type annotation 可以使用 | 將多個資料型態結合以表示變數中可以接受的型態。使用程式 4-54 進行測試。

程式 4-54　ch4_54.py

```
01. a: int | str
02.
03. a = 1
04. a = '1'
05. a = 1.0
```

使用 mypy 對 `ch4_54.py` 進行型態檢查：

```
$ mypy ch4_54.py
ch4_54.py:5: error: Incompatible types in assignment (expression has type "float",
    variable has type "int | str")  [assignment]
Found 1 error in 1 file (checked 1 source file)
```

接著再以程式 4-55 示範檢查一個接受混合型態參數的函數。

---

36 Ellipsis contstant 是 Python 的 built-in constant，使用在 index 以表示不定數量。

程式 4-55　ch4_55.py

```
01. def f(x: int|str) -> None:
02.     pass
03.
04. f(1)
05. f('1')
06. f(1.0)
```

使用 mypy 對 ch4_55.py 進行型態檢查：

```
$ mypy ch4_55.py
ch4_55.py:6: error: Argument 1 to "f" has incompatible type "float";
    expected "int | str"  [arg-type]
Found 1 error in 1 file (checked 1 source file)
```

如果要設定參數或是傳回值為函數時，需要使用 typing.Callable。typing 是 Python 標準函式庫所提供專用於 type hint 的 module，功能十分強大，其中提供了一些已定義好的資料型態可直接使用，表 4-4 中列出一些基本常用的資料型態。

表 4-4　typing 中相對應於 Python 可使用的內建資料型態

typing	Python	typing 使用範例
List	list	List, List[int]
Tuple	tuple	Tuple[int,int,int], Tuple[int,...]
Dict	dict	Dict, Dict[int,int], Dict[int,List]
Set	set	Set, Set[int]
FrozenSet	frozenset	FrozenSet, FrozenSet[int]
Callable	無	Callable, Callable[[str],int]
Union	無	Union[str,list], Union[int,str,List[int]]
Optional	type|None	Optional[int], Optional[List]

在表 4-4 中，除 Union、Optional 及 Callable 外，其他的在 Python 中都有直接對應的資料型態可供使用。

Python 中可以被呼叫的 object，如 function、lambda 及 object 中 method 的 type hint 都是使用 typing.Callable 作為 annotation。單獨使用 Callable 代表該參數接受一個 function、lambda 或是一個 method。以下使用程式 4-56 進行測試。

程式 4-56　ch4_56.py

```
01. from typing import Callable
02.
03. def f(x: Callable) -> None:
04.     x()
05.
06. f(1)
```

使用 mypy 對 ch4_56.py 進行型態檢查：

```
$ mypy ch4_56.py
ch4_56.py:6: error: Argument 1 to "f" has incompatible type "int";
    expected "Callable[..., Any]"  [arg-type]
Found 1 error in 1 file (checked 1 source file)
```

將其修改為程式 4-57，即可通過檢查。

程式 4-57　ch4_57.py

```
01. from typing import Callable
02.
03. def f(x: Callable) -> None:
04.     x()
05.
06. def g(): pass
07.
08. f(g)
09. f(lambda x:x)
10. f(sum)
```

使用 mypy 對 ch4_57.py 進行型態檢查：

```
$ mypy ch4_57.py
Success: no issues found in 1 source file
```

也可以使用 Callable 標註傳回值，代表函數執行完畢傳回一個 callable。使用程式 4-58 進行測試。

程式 4-58　ch4_58.py

```
01. from typing import Callable
02.
03. def f(x: Callable) -> Callable:
04.     return x
05.
06. def g():
07.     print('hi')
08.
09. def h() -> Callable:
10.     def w():
11.         return "hello"
12.     return w
13.
14. f(g)()
15. f(h)
16. f(h())
```

使用 mypy 對 ch4_58.py 進行型態檢查：

```
$ mypy ch4_58.py
Success: no issues found in 1 source file
```

Callable 也可以建議其中參數及傳回值的型態。做法是在 Callable 後使用 []，其中的第一個 value 須為 list，表示該 callable 的參數及各自的資料型態。第二個 value 則為傳回值的 type annotation。比如 **Callable[[int], None]** 表示一個 callable 接受一個 int 參數，None 表示沒有傳回值。使用程式 4-59 示範如下。

程式 4-59　ch4_59.py

```
01. from typing import Callable
02.
03. def f(x: int) -> None:
04.     print(x)
05.
06. x : Callable[[int], None] = f
07. x = lambda x:None
```

使用 mypy 對 ch4_59.py 進行型態檢查：

```
$ mypy ch4_59.py
Success: no issues found in 1 source file
```

再看一個較為複雜的例子，使用程式 4-60 做測試。

程式 4-60　ch4_60.py

```
01. from typing import Callable, List
02.
03. def f(x: int, y: List) -> List:
04.     return [x]+y
05.
06. x: Callable[[int, List], List] = f
07. print(f(1,[2]))
08.
09. y = lambda x,y: [x]+y
10. print(y(1,[2]))
```

型態檢查沒有問題後，執行結果如下：

```
$ python ch4_60.py
[1, 2]
[1, 2]
```

4.9.9 Function 實例設計

由以上的說明，大家已經了解設計函數需要掌握的重點：

- 函數的名稱要明確，與其功能一致。名稱要以動詞為主。

- 函數的功能，應該要單純、簡單化。

- 參數的傳遞機制，要儘可能有彈性。

- 將工作結果回傳給 caller，使其可以整合為 expression 的一部分。

- 除非十分必要，不使用 global variable。

如果能夠掌握這些原則,相信應該能夠寫出有一定水準的模組化程式了。現在以一些實際的例子來為大家說明函數的設計及使用。

● 測試 int 是否為奇數

首先要思考的是函數的名稱,我們將它稱為 is_odd()。其次以參數方式來接收被測試的數字。奇偶數的判斷結果是由傳回值表示,如果是奇數則是傳回 True,偶數則傳回 False。奇數的數學特性是無法被 2 整除。程式設計如程式 4-61 所示。

程式 4-61　ch4_61.py

```
01. def is_odd(num):
02.     if num % 2 != 0:
03.         return True
04.     else:
05.         return False
06.
07. if __name__ == "__main__":
08.     num = 11
09.     print(f"{num} is {"odd" if is_odd(num) else "NOT odd"}")
```

執行結果:

```
$ python ch4_61.py
10 is NOT odd
```

也可以使用 Python 的三元運算將 is_odd() 改寫為更精簡的形式,以下邏輯要注意的是 num % 2 如果有餘數則為 True,否則為 False。可以將 if num % 2 != 0 簡略寫為 if num % 2:

```
01. def is_odd(num):
02.     return True if num % 2 else False
```

也可以使用 bool() 將 num % 2 的結果轉為 True 或是 False:

```
01. def is_odd(num):
02.     return bool(num % 2)
```

如果要以互動方式輸入資料，可以導入方式使用程式 4-49 中的 **get_data()** 及程式 4-61 中的 **is_odd()**，如程式 4-62 所示。

程式 4-62　ch4_62.py

```
01. import ch4_49 as addm
02. import ch4_61 as oddm
03.
04. if __name__ == "__main__":
05.     num = addm.get_data("Enter an int to test:")
06.     print(f"{num[0]} is {"odd" if oddm.is_odd(int(num[0])) else "NOT odd"}")
```

或是以 command-line argument 取得資料，如程式 4-63 所示。

程式 4-63　ch4_63.py

```
01. import sys
02. import ch4_61 as oddm
03.
04. if __name__ == "__main__":
05.     print(f"{sys.argv[1]} is {"odd" if oddm.is_odd(int(sys.argv[1])) \
06.             else "NOT odd"}")
```

執行結果：

```
$ python ch4_63.py 10
10 is NOT odd

$ python ch4_63.py 11
11 is odd
```

這就是模組化後可再用性所帶來的好處。

● 取得一整數的所有因數

此函數的名稱為 **get_factors(x)**，也就是取得 x 中所有因數的意思。其傳回值就是一個 list，其中存放著 x 所有的因數。如程式 4-64 所示。

程式 4-64　ch4_64.py

```
01. def get_factors(num: int)->list[int]:
02.     factors = []
```

```
03.        factor = 1
04.        while factor <= num:
05.            if num % factor == 0:
06.                factors.append(factor)
07.            factor = factor + 1
08.        return factors
09.
10.  if __name__ == "__main__":
11.      num = 22
12.      print(f"{num} has factors: {get_factors(num)}")
```

執行結果：

```
$ python ch4_64.py
22 has factors: [1, 2, 11, 22]
```

測試 get_factors() 時，也可以將資料放在 list 中，這樣就不需要每次測試都要重複修改、執行。如程式 4-65 所示。

程式 4-65   ch4_65.py

```
01.  from ch4_64 import get_factors
02.
03.  if __name__ == "__main__":
04.      data = [2,10,13,15,20]
05.
06.  for n in data:
07.      print(f"{n} has factors: {get_factors(n)}")
```

執行結果：

```
$ python ch4_65.py
2 has factors: []
10 has factors: [2, 5]
13 has factors: []
15 has factors: [3, 5]
20 has factors: [2, 4, 5, 10]
```

● **質數測試**

質數測試的設計為 is_prime(n)。與上一節的因數計算一樣，參數 n 表示測試的對象，當 n 為質數時，傳回 True，否則傳回 False。在數學的定義上，質數是只有 1 與其本身能將它整除的數,因此,我們可以使用迴圈由 2 開始到 n-1 為止,如程式 4-38 所示。也可以利用程式 4-54 的 `get_factors()` 的傳回值進行判斷。如果是質數,則除了 1 及其本身外沒有因數,傳回的 list 其長度為 0。如程式 4-66 所示。

程式 4-66　ch4_66.py

```
01. from ch4_64 import get_factors
02.
03. if __name__ == "__main__":
04.     data = [2,4,12,23]
05.
06.     for n in data:
07.         print(f"{n} {"is NOT" if len(get_factors(n)) else "is"} a prime")
```

執行結果:

```
$ python ch4_66.py
2 is a prime
4 is NOT a prime
12 is NOT a prime
23 is a prime
```

⬤ **Bubble Sort**(泡沫排序)

　　排序是程式設計時一個常用的功能。Python 也有提供內建的 `sort()` 對 list 排序。對初學者而言,排序的演算法有一定的複雜度,是研讀 data structures(資料結構)時的基礎功課,瞭解並學習排序的過程有助於我們對於迴圈及 list 相關的運用。在此我們介紹在排序演算法中一個常見的方法:Bubble sort(泡沫排序)。

　　排序的方式有兩種,一種稱為 ascending(遞增),是由小到大排序;另一種則是 decending(遞減),順序是由大到小。

　　Bubble sort 的基本邏輯是將 list 中的每一個元素與其相鄰元素比較,如果順序錯誤,就交換位置。因此如果最小的元素恰好在最後的位置,每次的比較都會將它前移一個位置。這種現象就像是泡泡上浮一般,因此稱為泡沫排序。換一個角度來說,如果最大的元素恰好在第一個位置,每一次與相鄰元素的比較都會將它後移一個位置。如果有 n 筆資料,比較 n-1 次,該筆資料就會被交換到最後一個位置。程式 4-67 為其程式碼。

程式 4-67　ch4_67.py

```
01. def bubble_sort(d):
02.     data = d[:] # make a copy
03.     length = len(data)
04.
05.     for i in range(length): # for every element in data
06.         for j in range(length - i - 1): # compare every pair
07.             if data[j] > data[j+1]:
08.                 data[j], data[j+1] = data[j+1], data[j] # swap two elements
09.     return data
10.
11. if __name__ == "__main__":
12.     data_list = [4,3,2,1,0]
13.     sorted_data = bubble_sort(data_list)
14.     print(data_list, "->", sorted_data)
```

執行結果：

```
$ python ch4_67.py
[4, 3, 2, 1, 0] -> [0, 1, 2, 3, 4]
```

在程式 4-57 中，加上一些輸出，以幫助我們了解 bubble sort 的運算過程，如程式 4-68 所示。

程式 4-68　ch4_68.py

```
01. def bubble_sort(d):
02.     data = d[:]
03.     length = len(data)
04.
05.     print("original:",data)
06.     for i in range(length):
07.         print(f"The {i}-round:" if length-i-1 > 0 else "")
08.         for j in range(length - i - 1):
09.             if data[j] > data[j+1]:
10.                 print(f"\tswap data[{j}]:{data[i]},data[{j+1}]:{data[j+1]}", \
11.                     end="->")
12.                 data[j], data[j+1] = data[j+1], data[j]
13.                 print(data)
14.     return data
15.
16. if __name__ == "__main__":
17.     data_list = [4,3,2,1,0]
18.     sorted_data = bubble_sort(data_list)
19.     print(data_list, "->", sorted_data)
```

執行結果：

```
$ python ch4_68.py
original: [4, 3, 2, 1, 0]
The 0-round:
        swap data[0]:4,data[1]:3->[3, 4, 2, 1, 0]
        swap data[1]:3,data[2]:2->[3, 2, 4, 1, 0]
        swap data[2]:3,data[3]:1->[3, 2, 1, 4, 0]
        swap data[3]:3,data[4]:0->[3, 2, 1, 0, 4]
The 1-round:
        swap data[0]:2,data[1]:2->[2, 3, 1, 0, 4]
        swap data[1]:3,data[2]:1->[2, 1, 3, 0, 4]
        swap data[2]:1,data[3]:0->[2, 1, 0, 3, 4]
The 2-round:
        swap data[0]:0,data[1]:1->[1, 2, 0, 3, 4]
        swap data[1]:0,data[2]:0->[1, 0, 2, 3, 4]
The 3-round:
        swap data[0]:3,data[1]:0->[0, 1, 2, 3, 4]

[4, 3, 2, 1, 0] -> [0, 1, 2, 3, 4]
```

觀察程式 4-68 的運作過程，可以了解有幾筆資料要排序，就要有幾個回合的排序。每一個回合所需的比較次數會依次減少，因為每一回合都會將一個數移至它的最終位置。

程式 4-68 示範的是遞增排序，如果要改為遞減排序，只要將其中的第 9 行的 > 改為 < 即可。如程式 4-69 所示。

程式 4-69　ch4_69.py

```
01. def bubble_sort(d):
02.     data = d[:]              # make a copy
03.     length = len(data)
04.
05.     for i in range(length): # for every element in data
06.         for j in range(length - i - 1):   # compare every pair
07.             if data[j] < data[j+1]:        # if data[j] < data[j+1], swap them
08.                 data[j], data[j+1] = data[j+1], data[j]   # swap two elements
09.     return data
10.
11. if __name__ == "__main__":
12.     data_list = [0,1,2,3]
13.     sorted_data = bubble_sort(data_list)
14.     print(data_list, "->", sorted_data)
```

執行結果：

```
$ python ch4_69.py
[0, 1, 2, 3] -> [3, 2, 1, 0]
```

由於遞增與遞減排序在邏輯上只有 > 與 < 的差別，那麼有沒有方法可以將這兩種排序整合成一個函數呢？

答案是可以的。由於其差異在於 if 在比較兩筆資料時，當條件成立時才會交換。因此，如果這個比較由函數來處理，if 的比較就可以寫成：

```
...
for j in range(length - i - 1):
    if comp_func(data[j], data[j+1]): # uses function comp_func()
        data[j], data[j+1] = data[j+1], data[j] # swap
...
```

遞增時使用 asc_comp()：

```
01. def asc_comp(x,y):
02.     return x > y
```

遞減時使用 desc_comp()：

```
01. def desc_comp(x,y):
02.     return x < y
```

剩下的問題就是 bubble_sort() 中的 comp_func() 要如何依需要選擇使用 desc_comp() 或是 asc_comp() 呢？這時就需要使用參數提供執行上的彈性了。我們可以新增一個參數，用來存放函數。請看程式 4-70 的示範。

程式 4-70　ch_70.py

```
01. import typing
02.
03. def bubble_sort(d:list, comp_func: typing.Callable) -> list[int]:
04.     data = d[:]
05.     length = len(data)
06.
07.     for i in range(length):
```

```
08.          for j in range(length - i - 1):
09.              if comp_func(data[j],data[j+1]): # uses cmpf()
10.                  data[j], data[j+1] = data[j+1], data[j]
11.      return data
12.
13. def asc_comp(x,y): # for ascending sort
14.      return x > y
15.
16. def desc_comp(x,y): # for descending sort
17.      return x < y
18.
19. if __name__ == "__main__":
20.      data_list = [8,1,0,5,10]
21.
22.      sorted_data = bubble_sort(data_list, asc_comp)  # 遞增排序
23.      print('ascending', data_list, "->", sorted_data)
24.
25.      sorted_data = bubble_sort(data_list, desc_comp) # 遞減排序
26.      print('descending:', data_list, "->", sorted_data)
```

執行結果：

```
$ python ch4_70.py
ascending [8, 1, 0, 5, 10] -> [0, 1, 5, 8, 10]
descending: [8, 1, 0, 5, 10] -> [10, 8, 5, 1, 0]
```

由於 asc_comp() 及 desc_comp() 都是單行的函數。在這種狀況下，使用 lambda function 更為適合。請看程式 4-71 的示範。將 lambda 寫在 actual parameter，使程式碼更為簡潔。

程式 4-71　ch4_71.py

```
01. import typing
02.
03. def bubble_sort(d: list, comp_func: typing.Callable) -> list[int]:
04.      data = d[:]
05.      length = len(data)
06.
07.      for i in range(length):
08.          for j in range(length - i - 1):
09.              if comp_func(data[j], data[j+1]): # uses comp_func()
10.                  data[j], data[j+1] = data[j+1], data[j]
11.      return data
```

```
12.
13. if __name__ == "__main__":
14.     data_list = [8,1,0,5,10]
15.
16.     sorted_data = bubble_sort(data_list, lambda x,y: x>y) # 遞增排序
17.     print('ascending', data_list, "->", sorted_data)
18.
19.     sorted_data = bubble_sort(data_list, lambda x,y: x<y) # 遞減排序
20.     print('descending:', data_list, "->", sorted_data)
```

● Selection Sort（選擇排序）

　　Selection sort（選擇排序）是排序方法中的一種。Selection sort 的基本概念是：每次都選擇／尋找序列中最小的 key，置放於序列的最前方。接著對剩餘序列中的資料再重複以上的做法，直到序列中沒有剩餘資料為止。

　　舉例來說，如果要將 10 位同學依身高以遞增方式排隊。一開始，剩餘同學的序列為全部 10 位同學所組成。每次都在剩餘同學（未排序序列）中挑選身高最矮同學出列，排在已出列同學（已排序序列）之後。在進行過程中，剩餘同學人數將越來越少，排序完成的人數將越來越多，直到剩餘同學序列為空時停止。

程式 4-72　ch4_72.py

```
01. def selection_sort(data):
02.     num_data = len(data)
03.
04.     for i in range(num_data):
05.         # set data[i] to be the default minimum
06.         minimum = data[i]
07.
08.         # search for min of data[i+1:]
09.         print(f"The {i}th selection: {data}")
10.         for j in range(i+1, num_data):
11.
12.             # if the min < minimum then exchange
13.             if data[j] < minimum:
14.                 print(f"\tThe temp min -> data[{j}]:{data[j]}")
15.                 minimum = data[j]
16.                 print(f"\tswap: {data[i]} <-> {data[j]}", end=' => ')
17.                 data[i], data[j] = data[j], data[i]
18.                 print(f"{data}")
```

```
19.
20.          print(f"The {i}th selection result:\
21.                [{','.join([str(x) for x in data[:i+1]])} | \
22.                {','.join([str(x) for x in data[i+1:]])}]\n{'-'*50}")
23.
24.          return data
25.
26.  if __name__ == "__main__":
27.      data = [2,5,3,4,1]
28.      print(data,"->",selection_sort(data[:]))
```

執行結果：

```
$ python ch4_72.py
    The 0th selection: [2, 5, 3, 4, 1]
    The temp min -> data[4]:1
    swap: 2 <-> 1 => [1, 5, 3, 4, 2]
The 0th selection result:[1 | 5,3,4,2]
--------------------------------------------------
The 1th selection: [1, 5, 3, 4, 2]
    The temp min -> data[2]:3
    swap: 5 <-> 3 => [1, 3, 5, 4, 2]
    The temp min -> data[4]:2
    swap: 3 <-> 2 => [1, 2, 5, 4, 3]
The 1th selection result:[1,2 | 5,4,3]
--------------------------------------------------
The 2th selection: [1, 2, 5, 4, 3]
    The temp min -> data[3]:4
    swap: 5 <-> 4 => [1, 2, 4, 5, 3]
    The temp min -> data[4]:3
    swap: 4 <-> 3 => [1, 2, 3, 5, 4]
The 2th selection result:[1,2,3 | 5,4]
--------------------------------------------------
The 3th selection: [1, 2, 3, 5, 4]
    The temp min -> data[4]:4
    swap: 5 <-> 4 => [1, 2, 3, 4, 5]
The 3th selection result:[1,2,3,4 | 5]
--------------------------------------------------
The 4th selection: [1, 2, 3, 4, 5]
The 4th selection result:[1,2,3,4,5 | ]
--------------------------------------------------
[2, 5, 3, 4, 1] -> [1, 2, 3, 4, 5]
```

由程式 4-72 每次排序的結果中可以得知在排序的過程中，整個 list 被分為了 sorted（已排序）及 unsorted（未排序）兩個部分，由於每次排序都會由 unsorted 找出最小值再新增於 sorted，因此，每次排序都會使 sorted 的個數遞增，而 unsorted 則遞減直到所有資料都歸於 sorted，排序也就完成。

分析程式 4-72 中第 10 行至第 17 行的功能是在 unsorted 中尋找最小值。我們可以使用 Python 提供的 min() 來執行這項工作。可是 min() 的功能是計算 iterable 中的最小數值，而我們除了最小值外，還需要該值的 index，以便於交換位置。因此，我們使用 enumerate() 產生 index。但是 enumerate() 所傳回的是以 (index, value) 組成的 iterable object。因此，我們使用 lambda x: x[1] 告知 min() 使用 x[1] 也就是 (index, value) 中的 value 以尋找最小值。

由以上討論，程式 4-72 可以進一步簡化為程式 4-73。

程式 4-73　ch4_73.py

```
01. def selection_sort(data):
02.     for i in range(len(data)-1):
03.         minimum = data[i]
04.
05.         m_ndx,m_value = min(enumerate(data[i+1:]), key=lambda x: x[1])
06.         if m_value < minimum:
07.             data[i], data[m_ndx+i] = data[m_ndx+i], data[i]
08.     return data
09.
10. if __name__ == "__main__":
11.     data = [2,5,1,3,4]
12.     print(f"{data} -> {selection_sort(data[:])}")
```

執行結果：

```
$ python ch4_73.py
[2, 5, 1, 3, 4] -> [1, 2, 3, 4, 5]
```

● Insertion Sort（插入排序）

Insertion sort（插入排序）對於排序又提出一種不一樣的思路。它的概念來自於人們在玩撲克牌遊戲時，一次拿取一張牌，再拿第二張牌時，可以依花色或是大小放置在第一張牌的前方或是後方，第三章則可以插入前兩張牌中的三個可能位置。

依此規則不斷將牌**插入**已排序完成的手牌。當桌上無牌時，手中的牌組也就完成排序。

因此，insertion sort 是由第 2 筆資料開始插入，第一筆（已在手中）資料預設為已排序。第 2 筆資料可能插入在第一筆資料的前方或是後方。第三筆資料則有 3 個可能插入的位置，以此方式將牌插入至合適位置。

在 insertion sort 的過程中，整個序列也如同 selection sort 可以分為 sorted 及 unsorted 兩部分。與 selection sort 不同的是：在 selection sort 中，資料排序後的位置是**絕對位置**，一旦就位就不會改變；而在 insertion sort 中，排序後的位置是**相對位置**，在後續的排序過程中，資料位置還是有可能改變。Insertion sort 程式碼請見程式 4-74，其中的 `<>` 表示資料插入位置。

程式 4-74　ch4_74.py

```
01.  def insertion_sort(data):
02.  # sorted: [:i], unsorted: [i+1:]
03.      for i in range(1, len(data)):
04.          insert_value = data[i] # data[i] is the one to insert
05.          j = i # mark the pos for sorted part
06.
07.          # to find the right place for insertion
08.          while j > 0 and data[j - 1] > insert_value:
09.              data[j] = data[j - 1]  # make [j] available for insertion
10.              j -= 1 # try to compare the one before it
11.          print(f"\tinsert {insert_value} to -> sorted:[{','.join(str(v)
12.                      if p!=j else '<>' for p,v in enumerate(data[:i+1]))}]")
13.
14.          # insertion goes
15.          data[j] = insert_value
16.
17.          print(f"The {i}th insertion -> sorted: {data[:i+1]}, \
18.              unsorted: {data[i+1:]}\n{"-"*50}")
19.
20.      return data
21.
22.  if __name__ == "__main__":
23.      data = [2,5,1,3,4]
24.      print(data,"->",insertion_sort(data[:]))
```

執行結果：

```
$ python ch4_74.py
    insert 5 to -> sorted:[2,<>]
The 1th insertion -> sorted: [2, 5], unsorted: [1, 3, 4]
--------------------------------------------------
    insert 1 to -> sorted:[<>,2,5]
The 2th insertion -> sorted: [1, 2, 5], unsorted: [3, 4]
--------------------------------------------------
    insert 3 to -> sorted:[1,2,<>,5]
The 3th insertion -> sorted: [1, 2, 3, 5], unsorted: [4]
--------------------------------------------------
    insert 4 to -> sorted:[1,2,3,<>,5]
The 4th insertion -> sorted: [1, 2, 3, 4, 5], unsorted: []
--------------------------------------------------
[2, 5, 1, 3, 4] -> [1, 2, 3, 4, 5]
```

● 動物數量統計

　　假設動物園要清點動物數量，而管理員只想統計某些而非全部動物。我們被要求開發一個函數 count() 能夠統計動物清單中各種動物的數量。動物園的動物清單及統計表中的動物都是以 str 所組成的 list，如：

```
animal_list = ["dog", "cat", "fish", "elephant", "dog", "dog", "cat"] # 動物清單
animal_filters = ["dog", "elephant", "bird"]      # 動物統計清冊
```

　　在設計 count() 時，我們必須要考量的是哪些是 formal parameter，傳回值為何？在這個問題中，很明顯的，animal_list 及 animal_filters 是 formal parameter。不過站在 callee 的角度應該說 formal parameter 應該是兩個 list[str]：一個是 animal_list，另一個則是 animal_filters。

　　至於傳回值，當然是動物的統計清冊，其中包含了所要統計動物的名稱及其統計數量。在 Python 的資料型態中，最適合的當然是 dictionary，資料型態是 dict[str:int]，其中的 str 是名稱，int 則是數量。

　　我們先嘗試最直覺的做法。以產生九九乘法表的邏輯概念思考：先逐個取出 animal_list 中的動物名稱，再逐個取出統計清冊中的動物名稱，兩相比較。如果相同，就在清冊中紀錄，否則就繼續比較 animal_list 中下一隻動物的名稱。如程式 4-75 所示。

程式 4-75　ch4_75.py

```
01. def count_1(animals: list[str], filters: list[str]) -> dict[str, int]:
02.     count_result = {}
03.     for animal in animals:
04.         for filter in filters:
05.             if filter == animal:
06.                 if animal not in count_result:
07.                     count_result[filter] = 0
08.                 count_result[filter] += 1
09.     return count_result
10.
11. if __name__ == "__main__":
12.     animal_list = ["dog", "cat", "fish", "elephant", "dog", "dog", "cat"]
13.     animal_filters = ["dog", "elephant", "bird"]
14.
15.     print(count_1(animal_list, animal_filters))
```

執行結果：

```
$ python ch4_75.py
{'dog': 3, 'elephant': 1}
```

在程式 4-75 中，逐個比較 animal_list 與 animal_filters 中的每筆資料，當成立時就記錄在清冊 count_result 中，這種方法雖然可以得到結果，但是缺乏效率。

此外，還有一個執行錯誤：清冊中需要清查 bird 的數量，可是在結果中卻沒有 bird 的統計數量。這是因為我們將結果紀錄在 count_result 之中，可是動物名單中並沒有 bird，因此在 count_result 中不會產生以 bird 為 key 的紀錄。

對這些問題修正後，得到了程式 4-76。

程式 4-76　ch4_76.py

```
01. def count_2(animals: list[str], filters: list[str]) -> dict[str, int]:
02.     count_result = {}
03.     for filter in filters:
04.         count_result[filter] = 0
05.     for animal in animals:
06.         if animal in count_result:
07.             count_result[animal] += 1
08.     return count_result
09.
```

```
10.  if __name__ == "__main__":
11.      animal_list = ["dog", "cat", "fish", "elephant", "dog", "dog", "cat"]
12.      animal_filters = ["dog", "elephant", "bird"]
13.
14.      print(count_2(animal_list, animal_filters))
```

執行結果：

```
$ python ch4_76.py
{'dog': 3, 'elephant': 1, 'bird': 0}
```

　　要修正動物清冊的漏失，需要先以清冊列表將 `count_result` 初始化，如此才不會因為該動物不存在而導致疏漏。接著要解決的是效率問題。

　　我們知道 `count_result` 是一個 dictionary。Dictionary 可以使用 in 進行 membership test，也就是使用 in 測試該動物是否位於清冊中，不需要如同程式 4-65 採取逐筆比較進行統計。同時也因為 Python dictionary 的 key 使用 hash 實作，因此在執行 in 時，比其他資料型態如：list 或是 tuple 等更有效率[37]。

　　在處理這類計算出現頻率的問題，Python 提供一個十分好用的工具：`collections.Counter()`。Counter() 的作用在於統計 list 中 hashable object 的次數並將結果存於 dictionary 傳回。舉例來說，可以使用 `Counter()` 計算 `list[str]` 的發生頻率：

```
>>> from collections import Counter
>>>
>>> print(Counter(["a","b","a","c","c"]))
Counter({'a': 2, 'c': 2, 'b': 1})
```

　　Counter object 中的 `most_common(n)` 還可以找出前 n 筆發生頻率最多的資料：

```
>>> Counter(["a","b","a","c","c"]).most_common(1)  # 發生次數最多的
[('a', 2)]
>>> Counter(["a","b","a","c","c"]).most_common(2)  # 發生次數最多的前 2 位
[('a', 2), ('c', 2)]
```

---

[37] 在演算法分析中，hash 的複雜度是 O(1)，list 的複雜度是 O(n)。

使用 collection.Counter()，只要將動物列表傳送給 Counter() 即可得到所需的統計清單 count_result。

接著使用 dictionary comprehension 將動物清冊（animal_filters）名單對照統計結果（count_result），再補上其中缺漏的動物即可。如程式 4-77 所示。

程式 4-77　ch4_77.py

```
01. from collections import Counter
02.
03. def count_3(animals: list[str], filters: list[str]) -> dict[str, int]:
04.     count_result = Counter(animals)
05.     return {filter: count_result.get(filter, 0) for filter in filters}   #補入缺失
06.
07. if __name__ == "__main__":
08.     animal_list = ["dog", "cat", "fish", "elephant", "dog", "dog", "cat"]
09.     animal_filters = ["dog", "elephant", "bird"]
10.
11.     print(count_3(animal_list, animal_filters))
```

執行結果：

```
$ python ch4_77.py
{'dog': 3, 'elephant': 1, 'bird': 0}
```

● 帳單分攤

朋友相聚時時常會先各自付帳最後再共同分攤費用。寫一支程式可以依付款清單計算各人的分攤金額，多退少補。假設帳單名稱為 payments.csv，其內容如下：

```
Name,Payment
Alice,100
Bob,200
Alice,50
Alice,100
Bob,100
Charlie,200
```

　　資料檔 payment.csv 的第一行說明各欄位的名稱並以 comma（逗號）分隔，其為：名字，已付金額。該費用資料檔的 appendix name（附加名稱）為 csv（comma-separated values，以逗號分隔的資料），這是一種具有特殊格式的 text file，每一行中的資料均需以 comma 分隔。第二行開始則是每個人支出的金額清單。

　　程式結果的輸出格式如下：

名字：分攤金額

　　分攤金額如果為正數，表示應再支付的款項；如果為負數，表示可退回的金額。

　　首先我們命名該函數為 bill_splitting()，以清單檔案名稱為 formal parameter，資料型態為 str；以個人的分攤金額為傳回值，資料型態為 dict[str,int]。首先我們必須先由清單中的資料統計出幾項資訊。一是總支出金額，二是各人已支出的金額，三是應分擔金額（可由一、二項資訊得知）。如程式 4-78 所示，其中使用了 assert 測試程式執行的結果是否正確。

程式 4-78　ch4_78.py

```
01.  def bill_splitting(filename: str) -> dict[str, int]:
02.      payment_summary = {}
03.      total = 0
04.
05.      # 讀入清單，統計總金額及各人支出金額
06.      with open(filename) as file:
07.          line_number = 0
08.          for line in file:
09.              line_number += 1
10.              # 略過第一行資料格式的說明
11.              if line_number == 1:
12.                  continue
13.              parts = line.split(",")
14.              name = parts[0]
15.              payment = int(parts[1])
16.
17.              if name not in payment_summary:
18.                  payment_summary[name] = 0
19.              payment_summary[name] += payment
20.
21.              total += payment
22.              line_number += 1
```

```
23.
24.        # 計算應分擔金額
25.        average = total // len(payment_summary)
26.
27.        # 計算差額清單，多退少補
28.        expense = {}
29.        for name in payment_summary:
30.            expense[name] = average - payment_summary[name]
31.
32.        return expense
33.
34.  def main():
35.        filename = "payments.csv"
36.        expected_expense = {
37.            "Alice": 0,
38.            "Bob": -50,
39.            "Charlie": 50,
40.        }
41.        assert bill_splitting(filename) == expected_expense
42.
43.  if __name__ == "__main__":
44.        main()
```

使用 assert 驗證程式的正確性時，需要提供正確答案（定義於 main() 中的變數 expected_expense）與程式輸出進行比對。如果沒有錯誤，程式執行時不會有任何輸出：

```
$ python ch4_78.py
$
```

在程式 4-78 中需要先測試 name 是否已存在於 payment_summary 及 expense 兩個 dictionary。因為當 name 不存在於 dictionary 時，如果使用不存在的 name 儲存資料會觸發 **KeyError**。使用 dictionary 中的 get() 也無法對不存在的 key 設定其 value 的初始值。在這種狀況下，我們需要一種方式對於不存在的 key 可以在存放資料時自動初始化其 value 的初始值，以便於後續計算。

Python 提供了一個工具 collections.defaultdict 解決了以上所提到的問題。以 defaultdict 所產生的 dictionary，可以直接使用 key 存取其 value。其 value 的初始值，在產生 defaultdict 時以 callable 設定。如果需要將 value 的初始值設為 0，

在產生 defaultdict 時，以 `defaultdict(int)` 的方式設定，因為 `int()` 會得到 0。如果 value 的初始值需要為一個空的 list，就使用 `defaultdict(list)` 的方式產生 dictionary：

```
>>> from collections import defaultdict

>>> def_dict = defaultdict(int)

>>> def_dict[1] += 3        # def_dict[1] = 0 + 3
>>> def_dict.items()
dict_items([(1, 3)])

>>> def_dict = defaultdict(list)

>>> def_dict[0] += 'a'    # def_dict[0] = []+'a'
>>> def_dict[1] += [1,2]  # def_dict[1] = []+[1,2]
>>> def_dict.items()
dict_items([(0, ['a']), (1, [1, 2])])
```

將程式 4-79 改為使用 defaultdict 進行計算。此外在其中的第 13 行使用了 `payment_summary.values()` 取得每個人的花費後再呼叫 sum() 直接對其加總，也更為直接。

程式 4-79 ch4_79.py

```
01. from collections import defaultdict
02.
03. def bill_splitting_1(filename: str) -> dict[str, int]:
04.     payment_summary = defaultdict(int)
05.
06.     with open(filename) as file:
07.         for line_number, line in enumerate(file):
08.             if line_number == 0:
09.                 continue
10.             name, payment = line.split(",")
11.             payment_summary[name] += int(payment)
12.
13.     total = sum(payment_summary.values())
14.     average = total // len(payment_summary)
15.
16.     expense = {}
17.     for name, payment in payment_summary.items():
18.         expense[name] = average - payment
```

```
19.
20.        return expense
21.
22.  def main():
23.        filename = "payments.csv"
24.        expected_expense = {
25.            "Alice": 0,
26.            "Bob": -50,
27.            "Charlie": 50,
28.        }
29.        assert bill_splitting_1(filename) == expected_expense
30.
31.  if __name__ == "__main__":
32.        main()
```

在取得各人的花費時，也可以使用 match statement。利用 match 中 guard 可以篩選 payments.csv 第一行的 title。由於該欄位為 letter，因此可以使用 `isdigit()` 將其濾除。其程式部分如下：

```
...
with open('payments.csv') as f:
    for p in f:
        match p.strip().split(","):        # p.strip() 移除 '\n'
            case name,payment if payment.isdigit():
                payment = int(payment)
                payment_summary[name] += payment
...
```

由於該資料檔案為 csv 格式，Python 提供了一個工具 `csv.DictReader` 對其進行處理。`DictReader` 可以自動將遵循其格式的 csv，將每一行整理產生一個 dictionary。簡單來說，`DictReader` 所產生的是一個儲存著多個 dictionary 的 iterable。

能夠被 `DictReader` 處理的 csv 第一行必須是以逗號分隔的 header row（標題列），其中的每一個 string，都會成為新的 dictionary 中的 key，第二行開始則會自動成為 key 對應位置中的 value。我們以 payments.csv 為例，使用 `DictReader` 對 csv 進行操作：

```
>>> with open('payments.csv') as csvfile:
...        reader = DictReader(csvfile)
...        for d in reader:
```

```
...          print(d)
...
{'Name': 'Alice', 'Payment': '100'}
{'Name': 'Bob', 'Payment': '200'}
{'Name': 'Alice', 'Payment': '50'}
{'Name': 'Alice', 'Payment': '100'}
{'Name': 'Bob', 'Payment': '100'}
{'Name': 'Charlie', 'Payment': '200'}
```

使用 DictReader 及 defaultdict，程式邏輯可以更進一步的簡化，也提高了可讀性，如程式 4-80 所示。

程式 4-80　ch4_80.py

```
01. from csv import DictReader
02. from collections import defaultdict
03.
04. def bill_splitting_2(filename: str) -> dict[str, int]:
05.     payment_summary = defaultdict(int)
06.
07.     with open(filename, "r", encoding="utf-8") as file:
08.         reader = DictReader(file)
09.         for row in reader:
10.             name = row["Name"]
11.             payment = int(row["Payment"])
12.             payment_summary[name] += payment
13.
14.     total = sum(payment_summary.values())
15.     average = total // len(payment_summary)
16.     expense = {name:(average - spend) for name,spend in payment_summary.items()}
17.
18.     return expense
19.
20. def main():
21.     filename = "payments.csv"
22.     expected_expense = {
23.         "Alice": 0,
24.         "Bob": -50,
25.         "Charlie": 50,
26.     }
27.
28.     assert bill_splitting_2(filename) == expected_expense
29.
30. if __name__ == "__main__":
31.     main()
```

4.10 結論

　　模組化程式設計是繼結構化設計後，在程式設計學習上的一個重要的里程碑。在結構化程式設計時，我們思考的重點總不脱離單純的 if、while 及 for 等 compound statement 的各種排列組合。一旦開始進行模組化設計，我們就必須面對將結構化的程式邏輯以 top-down 或是以功能化的方式思考及設計。

　　在以函數為計算單元進行程式設計時，我們必須面對的是 caller 與 callee 之間的關係設定。如何傳送，如何接收參數。Python 在傳送及接收參數有許多的方式，提供函數的使用者及設計者相當大的彈性，如：positional parameter、keyword parameter 及 default parameter 等，還可以限制 caller 只能夠以特定方式傳送。

　　由於 Pyhton 中萬物皆物件，因此在參數的傳遞機制上所使用的是 pass-reference-by-value 也稱為 pass-by-assignment。為避免 side-effect 的發生，可以在函數中將 mutable object 轉為 immutable 型態。

　　由於模組化程式產生了許多的函數及函數中的函數。因此在其中產生的變數與外部的變數需要有一定的規則約束其行為。由此產生了 scope 及 name resolution 用來處理當存取的變數與計算產生的位置並不在同一個 scope 時，Python 應該如何處理。我們解釋了 LEGB 的處理原則及 global、local scope 的概念及如何以 `global` 及 `nonlocal` 存取位於其他 scope 的變數，還有這些規則對程式所造成的影響。

　　在函數的運作方式中，遞迴是一個十分重要的方式，一般同學時常對其設計感到困擾。我們將 recursive function 的運作過程以圖解説明。同時也説明了不當的 recursive 設計所可能對系統帶來的負面影響及如何使用 dynamic programming 解決這個問題。Lambda 是一種簡化版的函數。由於 lambda 的精簡性使其可以用於 expression 之中，使函數的彈性得到進一步的提升。

　　在學習模組化的設計時，不能不提到 module 及 package。Python 中的每一個 module 都對應到一個特定的 `.py`，而每一個 package 都是由 module 所組成。我們説明了 module 及 package 在系統組成及運作時的重要性。在導入 module 時，Python 使用了 `sys.path` 進行搜尋，也設計了一套機制以產生 `sys.path` 的內容。此外，我們説明了如何使用 absolute import 及 relative import 導入 package，還有 package 的兩種組成方式：regular package 及 namespace package。

程式對於資料需要長時間保存時，都是以檔案處理為主。因此，我們在此介紹了 Python 在 text file 的基本處理方式，以滿足大家在基本程式設計能力培養上的需求。由於檔案處理需要了解電腦中檔案系統關於 path 的觀念及操作，在此也介紹了 absolute path 及 relative path 及相關實例的應用說明。

Type hint 機制可以對函數中參數及傳回值的資料型態使用 annotation 進行相關的建議及檢查。我們對其機制及使用方式做了基本的說明。還有如何使用 docstring 對函數進行註解。

在將所有與模組化程式設計相關的觀念都說明之後，我們提供了許多的範例及解題方式，希望大家能夠了解程式設計是一門需要不斷練習，活學活用的專業技術。打好模組化設計的基礎後才能在物件導向的世界中大展身手。

Note

Note

Note

Note

Note

Note